Endorsements

I would like to thank Ann for dedicating her time and efforts to writing this book which pays homage to her uncle and the many young men that were put on the front lines during WW2 and were forgotten. These brave young men were our fathers, uncles, brothers, and grandfathers. Some of these heroes were not fortunate enough to live to tell their stories. Ann's research for the book has connected descendants from around the world and her work will be treasured for years to come.

- California state Assemblymember 25th District, Kansen Chu

我要感謝李安為了完成這本書傾注了許多時間和精力, 以此向她的叔叔和其他在二戰中奔赴前線卻又被遺忘了的許多年輕人致敬。這些勇敢的年輕人是我們的父親, 叔叔, 兄弟和祖父。這些英雄中有許多人未能在殘酷的戰爭中倖存下來, 講述他們自己的故事。李安在此書的寫作過程中將來自世界各地的空軍後代們聯繫在一起, 她的作品會在今後獲得珍視。

——空軍官校15期第六批赴美空軍學員朱傑之子、
加利福尼亞州議員 (第25區) 朱感生

In this impeccably researched tribute to her uncle and his fellow pilots, Ann touches our hearts deeply as she chronicles the supreme sacrifices they made in service to their country. Training together with pilots from the United States and fighting wing to wing in the air above China to defeat a common enemy, our fathers and uncles established a mutual trust that can continue to evolve between China and the United States today.

- James E. Bryant, Jr, son of 1st Lt. James E. Bryant,
74th Fighter Squadron, China

為尋找叔叔和其他在美國殉職的飛行培訓班隊友們, 作者通過一系列詳盡的研究, 以感人的筆觸記述了中國空軍為保家衛國而獻身的歷程, 深深地打動了我們。中國空軍戰士們與美國飛行員共同訓練, 為打敗共同的敵人在中國領空比翼齊飛, 一起戰鬥, 與我們的父輩們建立了深厚的友誼, 這種相互信任將繼續促進今天的中美關係健康發展。

—— 第74戰鬥機中隊中尉飛行員

詹姆斯·布萊恩特 (James E. Bryant) 之子,

小詹姆斯·布萊恩特 (James E. Bryant)

獻給我的祖父母，為國犧牲的二叔
以及我的父母親……

壹嘉個人史

尋找塵封的記憶

抗戰時期民國空軍
赴美受訓歷史及空難探秘

李 安

壹嘉出版
1 Plus Books

舊金山 San Francisco 2021

尋找塵封的記憶
抗戰時期民國空軍赴美受訓歷史及空難探秘

作　　者／李　安
出 品 人／劉　雁
封面設計／高　嵐
裝幀設計／壹嘉出版（美國）
出　　版／壹嘉出版（美國）
　　　　　網址：http://www.1plusbooks.com
印製銷售／秀威資訊科技股份有限公司
　　　　　114 台北市內湖區瑞光路 76 巷 69 號 2 樓
　　　　　電話：+886-2-2796-3638
　　　　　傳真：+886-2-2796-1377
網路訂購／秀威書店：http:/store.showwe.tw
　　　　　博客來網路書店：http://www.books.com.tw
　　　　　三民網路書店：http://www.m.sanmin.com.tw
　　　　　讀冊生活：http://www.taaze.tw

出版日期／2021 年 5 月
ＰＯＤ版／2024 年 2 月 二版
ＩＳＢＮ／978-1-949736-28-1
定　　價／NT 980 元

目　錄

附　錄

勿忘為抗擊侵略者而奉獻的人們

約翰·E·伊斯特布魯克　(John E. Easterbrook) [1]

　　在中國抗日戰爭這段歷史時期，英雄主義、愛國主義、艱辛、生存、死亡、友誼和犧牲的事例數不勝數。許多往事似乎已經消失了幾十年，而今又浮出了水面。李安女士（Ms. Ann Lee）所著的這本獨特並且經過深入歷史考察的《尋找塵封的記憶》就是一個令人信服的例子。

　　1941年末美國參與太平洋戰爭之前，已經陸續向中國提供援助。那時，中日交戰達十年之久，所有的港口被封鎖，唯一的補給路線只能經滇緬公路到達昆明。1942年初，日本入侵緬甸然後佔領仰光，這條補給路線被切斷了。

　　美國對日宣戰後，約瑟夫·史迪威（Joseph Warren Stilwell）中將受命前往中國指揮中緬印戰區，以便增強中國軍隊的作戰能力，提高"租借法案"物資派送效率。

　　美國對中國的援助有多種形式。最緊要的是把軍需用品源源不斷地發送到中國，以幫助中國軍隊抗擊日軍。美國陸軍航空隊與中國航空總公司的飛機從印度阿薩姆邦往返昆明不停頓地運送軍需用品，他們所飛越的這段崎嶇山脈被稱之為"駝峰"。

　　與此同時，在印度的拉姆加（Ramgarh）以及中國昆明和桂林地區，著手大規模訓練中國軍隊，提供軍事裝備。1943年末，史迪威將軍帶領這批在拉姆加地區受過訓的中國師團進入緬甸北部，不僅重新

1. 二戰期間駐華美軍總司令、盟軍中國戰區參謀長約瑟夫·史迪威將軍外孫，美國陸軍退役上校。

佔領該地區，還修建了一條從印度利多（Ledo）連接滇緬公路（舊）通往中國的道路。

除了中緬印戰區的對華援助，一項在美國培訓中國航空人員的計畫也在同期進行。幾年中，數百名中國年輕人在美國接受了飛行培訓，這些飛行員中的絕大多數在受訓完成後返回中國參與反抗侵略者的戰鬥，不幸的是，其中有一些中華民國空軍學員在訓練期間因各類事故而犧牲，被埋葬在德克薩斯州布利斯堡和喬治亞州班寧珀斯特堡軍人墓地。在事故中喪生的學員之一正是本書作者李安的叔叔。

多年以來，李安的家人不知道她叔叔離世的原因，也不知道具體安葬在哪裡。許多年後，當家人終於找到她叔叔的安息之地，竟然發現還有許多中華民國空軍埋葬在一起。李安決意為這些在美國接受培訓而喪生的抗戰空軍尋找他們的家人，由此成就了這本頗具分量的書。這些年輕人滿懷愛國熱情，為了保家衛國，將侵略者趕出家園而來到美國受訓。不幸的是，他們沒有機會回到自己的國家享受和平，結婚生子，繁衍後代，實現他們的希望和夢想，體驗人生的樂趣。

李安全身心地投入抗戰歷史的研究和本書的寫作，夜以繼日地去尋找赴美殉職空軍的家屬，在眾多志願者的幫助下，終於讓這段被塵封的歷史見到一縷陽光……這也是抗日戰爭時期美國對中國援助的一部分。

這本書為那些殉職空軍學員提供了大量的佐證，足以讓他們的親人存放到家族史中，讓我們緬懷這些空軍和他們的戰友在抗日戰爭中所做的犧牲。這本書也提醒我們：勿忘曾經有許多人為他們的國家抗擊侵略者所做的奉獻。

延續友誼, 為子孫後代創造更美好的未來

尼爾·陳納德·嘉蘭惠　（Nell Chennault Calloway）[2]

　　當我看到家屬們從遙遠的中國前往布利斯堡，去尋找長期失散親人墓地的那些照片時，再次意識到：歷史對我們來說是多麼的重要，是永遠也不應該忘懷的。

　　我的外祖父是克萊爾·陳納德（Claire Chennault）將軍。1937年，他受中華民國政府邀請到中國考查空軍現狀。去之前，他沒有意識到情況會是那麼糟糕，結果發現日本人正在以驚人的速度屠殺中國人民。戰爭在他到達中國幾周後爆發了，1937年夏天，他正式成為中華民國空軍首席顧問。

　　他立刻著手擴大現有的飛行學校。由於中國在航空領域方面非常落後，他不得不把其中一些學生送到美國受訓。在我外祖父的一些回憶錄中，他談到了對中國人民的欽佩之情以及他們為祖國效力的意願。他還談到在訓練和戰鬥中殉職的學生和飛行員，這對一名指揮官來說是何等痛苦！

　　後來，美國也捲入了戰爭，許多年輕人在中國的土地上獻出了生命。美國人和中國人一起受難並犧牲，兩國為這場艱苦的勝利付出了慘痛的代價。倖存者都記得他們曾經像兄弟那樣一起戰鬥，構築了一生的友誼。

　　作為這些勇敢的中美兩國軍人的後代，我們有責任確保他們永遠不被遺忘。陳納德將軍以領導著名的"飛虎隊"而聞名於世，我想分享一下他1949年寫的《戰士之路》（Way of a Fighter）一書中關於戰爭

---

2. "飛虎隊"總指揮、美國陸軍航空隊中將陳納德外孫女，陳納德航空軍事博物館總裁/首席執行官。

經歷的最後一段話：

　　"我最美好的希望是看到飛虎隊的旗幟永遠高高飄揚，並且作為太平洋兩岸這兩個偉大民族為實現共同目標而努力的象徵。"

　　感謝"湖南龍越和平公益發展中心"將空軍家人們帶到艾爾帕索，向他們的親人致以特別的敬意，他們是在第二次世界大戰中參加飛行訓練在美國喪生的52名中國飛行員。我們的先輩在地下緘默無語，但我們必須為他們呼籲。我們需要提醒世界，兩個偉大的民族正在為共同的目標而努力。

　　在戰爭期間他們共灑鮮血，我們必須延續友誼，為子孫後代創造更美好的未來。

抗戰真正激發起中國的民族精神

徐乃力[3]

盼望已久的李安女士大作《尋找塵封的記憶》終於出版了。她為了這部著作付出多年心血，實地考察，訪問有關人物，追究真實性，尋找出版公司，總算有了成果，令我讚歎！

這部著作的主題好像不是"大歷史"的一部分，其實這是一段中華男兒可歌可泣的故事。近代中國的轉變過程中最大的一次考驗是求取國家民族存亡的"抗日戰爭"，而本書所描述的人物都是為了這次奮鬥而間接犧牲的民族英雄。

我與這部書的淵源應從一年多前開始，偶爾在網上看到介紹李安寫作"尋找塵封的記憶"一文，立刻引起我的興趣，主要是此文對我有兩件重要關聯：第一是我的出身，我是空軍子弟，早期二十多年的生活脫離不了空軍的環境，到了現在耄耋之年，也不會忘記這段背景。第二是我選擇了終身從事歷史研究，而以中國近代史為專業，在對專業研究方面又有最少十年的時間致力於對抗戰史研究。李安女士的《尋找塵封的記憶》與我的研究有特別關聯。我請朋友幫忙，在網上取得與李安的聯繫，能有進一步拜讀全文的機會。

家父徐康良年青時投身軍旅，1927年考入中央陸軍軍官學校第六期交通兵科，畢業前考入新成立的"航空隊"，在南京受訓練，1931年畢業。次年在杭州筧橋成立"中央航空學校"，航空班被追認為航校第一期。抗戰發生時家父擔任空軍第一大隊（轟炸隊）中隊長，後升

3. 筧橋中央航校第一期學員、中華民國空軍徐康良將軍之子，加拿大紐布朗斯維克大學歷史系榮休教授。

大隊長，出任務頻繁。1939年初調任當時已遷至雲南昆明的空軍官校（原中央航校）轟炸組長。經過兩年的抗戰，中華民國空軍能作戰的軍機已喪失殆盡，剩下的飛機主要用來訓練學員，培養人才。日本控制了中國的領空，經常空襲中國後方的大都市及軍事目標。中國剩下來教練用的飛機必須儘量躲避損失。

珍珠港事變以後，世界局勢大變，中國與美國成為同盟國的主要成員，美國開始對華經濟及軍事援助。在當時新國際環境下，中國的空軍得以"起死回生"。從1942年下半年開始，成批的中華民國空軍人員被送往美國接受培訓，回國駕駛美國援助的新戰機，抵抗日本，要奪回制空權。

1943年5月中華民國空軍選拔了約三百名軍官、軍士，送到美國接受比較長期的培訓，準備接收美援重型轟炸機B-24，成立轟炸大隊。家父被任命為總領隊，分批由雲南赴印度，然後搭乘輪船繞道南太平洋抵達美國西岸。這批人員受訓到次年年底，然後到1945年春才經由印度，接受了機群回國，組成了空軍第八大隊。

本書所羅列的五十多位赴美受訓期間殉職的空軍人員，有些正是在上述幾批空軍名單內。他們的意志與能夠完成訓練，回國抗日的健兒完全相同，只是他們報國的意願因為意外而未能實現，良可感歎。

在抗戰期間熱血青年踴躍從軍的人數很多，但是加入到空軍行列的人數很有限。一則是因為中華民國空軍規模很小，能容納的從軍人數有限。再則空軍在當時是最危險的軍種，犧牲率最高。而想要加入空軍的青年必須有相當高的教育及健康體能才能通過嚴格的考試及甄選。這是為什麼本書所提到的青年幾乎個個都是當年的"富二代"，有好些是未得家庭同意而自行報考的有志青年。

中國近代的轉變受到整個世界變化的影響，兩百多年來從開疆辟土，雄視天下的大清盛世經歷了前所未有的巨變。先是清廷由盛而衰，到十九世紀中葉內亂外患交相而至。同治朝曾想復興，但是受到各種因素的局限，早期近代化的企圖基本失敗。西方帝國主義乘機蠶食，逼迫簽訂各種"不平等條約"，取得租界地而劃分勢力範圍。清末想變法圖強，也未能突破。辛亥革命終於推翻了兩千年的家族專制，建立了民國。

但是改朝換代並沒有帶來文化、觀念及制度上的大更新，不平等條約的約束無法解除，反而造成中央政權的衰落，各地軍閥割據。更大的憂患是東鄰日本的崛起，成為侵略中華的急先鋒。新文化運動在革新圖強的過程中產生了相當作用，然而民國初期社會、經濟及文化的發展基本上局限於大城市，對廣大及占人口絕大多數的農村沒有發生很大的影響。

1926-1928年間的國民革命軍北伐，改變了中國的政治局面，基本上結束了軍閥割據，建立了統一的國民政府，但是在北伐的過程中，國共兩黨由合作而分裂成為死敵。而國民政府也由廣州時代的 "親蘇" 而轉變成中蘇交惡。在以後的幾年，國民政府在外交上取得了相當成績，得到國際的承認，與很多國家簽訂新約，廢除了不平等條約。但是最大的隱憂是中日關係。

日本從明治維新以來，國家的近代化取得急速進展，在甲午戰爭及日俄戰爭的兩場勝利，及英日同盟的訂立，使日本成為與西方列強相等的帝國主義一分子。而在中國北伐及建立國民政府的前後，日本的政局也由政黨政治轉化為軍人當政的軍國主義時代，其想擴張、稱霸的野心首先就指向中國。等到日本關東軍在1931年發動了 "九一八事件"，中日之間任何想要取得和平妥協完全成為空想。日本的軍國主義想乘西方列強無暇兼顧之際，鯨吞中國，終於引發了中國的抗日戰爭。

可能日本人沒能想到的是，他們的侵略真正激發起中國的民族精神。中國各地人民同仇敵愾，奮勇抵抗。李安這本《尋找塵封的記憶》裡所寫的人物就是最好的代表。這些來自各地區，參加空軍到美國受訓而殉職的英雄，正能反映中國青年激發的民族主義，不怕犧牲的堅決意志。

那些犧牲者有一個共同的特徵：只有20多歲

孫春龍[4]

一

李安幫助犧牲在美國的中華民國空軍尋找親人的事情，我及供職的機構有較深度的參與。記得朋友介紹李安給我時，我第一個好奇的是，這位女士出於一個什麼樣的動機來做這件事情。

聽了她的介紹，我無比感動。

李安的二叔李嘉禾是西南聯大的學生，國難當頭，李嘉禾棄筆從戎。在中國抗戰史上，西南聯大是一個標杆，這所流亡大學，歷經戰火而弦歌不輟，更為可貴的是，有834位學子奔赴抗日一線，抱定犧牲一切之決心。

李嘉禾成為一名空軍，前往美國受訓。抗戰時的中國空軍，家世良好，受過高等教育，而犧牲者有一個共同的特徵：大多在二十多歲。

李嘉禾符合所有的特徵。1944年，李嘉禾在訓練時飛機失事，壯志未酬身先死。他的名字和事蹟，本應留存於國家記憶之中，但，歷史有太多的無奈。那些在美國犧牲的空軍如同這段歷史一樣，慢慢沒於塵土。

手足之情，永生難忘。半個多世紀後，李嘉禾的兄弟相繼離世，他們臨終前的遺言，就是委託後人找到李嘉禾埋骨之地。

4. 中國"深圳龍越慈善基金會"創辦者、"老兵回家"公益活動發起人，"止戈傳媒"創辦人。

2010年，後人們開始行動，在臺灣找到檔案，終於在美國布利斯堡國家軍人陵園找到了他的安息地，李安的家人相繼前往祭拜。李嘉禾犧牲66年後，終於等來了他的親人。

李安的哥哥發現，在二叔的墓碑旁邊，還有很多墓碑上寫著：Chinese Air Force （中國空軍）。他在墓園的資料裡看到，"1944年秋天，中國當局正式選定布利斯堡 （Fort Bliss） 軍人墓地，作為遇難中華民國空軍學員安置地，其中55人安葬在布利斯堡國家公墓。"

二

2018年3月，李安和先生前往布利斯堡看望二叔。那天，觸動李安的是，別的墓碑上擺滿了鮮花，而刻著"Chinese Air Force"的墓碑前，空空蕩蕩。

"這些抗戰空軍都是為國捐軀的，我們家是費盡千辛萬苦才找到二叔，那這些空軍的家人呢？他們是不是也不知道遺骸埋葬的地點？"

李安想幫叔叔的戰友，找到他們的親人。正是這樣的機緣，李安和我取得了聯繫。

2011年，我聯合一些志同道合的朋友創辦了深圳市龍越慈善基金會，致力於為戰爭背景下的個體士兵提供人性關懷，最大的項目是抗戰老兵關懷計畫。多年來，我們在大陸找到原國軍抗戰老兵上萬名，為他們提供了致敬禮金、大病補貼、雇請保姆等多項服務。第二個項目是抗戰陣亡將士遺骸尋找與歸葬，在緬甸及國內的荒野，我們找到了上千具烈士的遺骸，並為他們做了DNA鑒定，為他們尋找親人。

最觸動我的項目是尋找戰爭失蹤者。我曾接待了無數個尋找爸爸的孩子，他們出生的時候，爸爸就去打仗了，再也沒有回來，甚至死在哪裡也不知道。如今，他們已是古稀之年，能在爸爸墓前磕一個頭，是人生最後的心願。為此，我們成立了"湖南龍越和平公益發展中心"，專門負責這個項目。

龍越之所以展開遺骸和失蹤者尋找的項目，是因為有一次，我看了前美國總統克林頓在阿靈頓國家公墓前的講話，他說，"我將要去越南訪問，這是越戰之後美國總統第一次訪問越南，我想告訴美國公眾的是，我去談的第一件事情，是尋找在越戰時失蹤士兵的遺骸，因為我們的國家對士兵有一個承諾，無論你戰死沙場或者失蹤，我們一定要接你回家。"

對於中國來說，那場衛國的戰爭已經結束七十五年了，但因為歷史的原因，犧牲者的名字還有很多不為人知，他們的遺骸還有很多橫陳荒野。

只有士兵衣錦還鄉，才是戰爭的勝利和結束。所以，當李安找到我的時候，我特別激動，或許這裡面，就有很多孩子在苦苦等待失蹤多年的爸爸。

三

龍越有多年的尋親經驗，加上媒體報導和廣泛的志願者參與，截至今天，已經有33位英烈的後人被找到。

每一個墓碑後面，都有無數令人心酸的故事。

2018年8月15日，梁清文在朋友圈發微信追憶大舅，感慨全家苦苦找尋七十年仍不知墓地所在。他的大舅叫白致祥，畢業於空軍軍官學校，1943年在美訓練時犧牲，葬於美國。

一名同事看到後說，媒體報導有個叫李安的女士，在幫助犧牲在美國的中國空軍尋親。就這樣，梁清文終於找到了舅舅。那時，大舅還有三個弟、妹尚健在，得知大舅的墓地後，三個老人老淚縱橫。

2019年5月，在龍越的組織下，"中國空軍家屬赴美祭拜團"終於成行，有八位烈士的家人前往祭拜，無一例外的是，沒有一個直系親屬，都是侄輩或外甥。因為那些犧牲者有一個共同的特徵：只有20多歲。他們還沒有成家，就把生命獻給了國家。

在美國達拉斯邊檢處，兩鬢斑白的邊檢官詢問得很仔細，當他們瞭解了情況之後，一臉尊敬地說，"請原諒，不是刁難你們，我見過的中國人都是玩玩玩、買買買，而你們，是為近一個世紀前的事來訪，太讓我感動。"

越來越多的英烈們，在長眠異國他鄉七十多年後，終於等來了與自己血脈相連的親人。大家在偌大的墓園徘徊尋找，最後在墓園的一角停下腳步，上香、磕頭、祭酒，撫碑哭泣。

這一天，布利斯堡國家軍人陵園為祭拜活動下半旗致哀。

四

李安的這本《尋找塵封的記憶》，從尋找自己的二叔開始，到尋找更多烈士的親人，最終讓這段不為人知的歷史，呈現在公眾面前。

對於那些埋骨他鄉的英烈來說，失去生命只是他們肉體上的死亡，而遺忘，才是真正的死亡。這幾年，龍越還在做一件事情，整理抗戰陣亡將士名單，出版成集，讓更多的檔案館、熱心人士收藏。我為這個項目想了一句話：用我們的銘記，讓他們生活在一個美好的世界。

位於雲南昆明的西南聯大舊址，我曾無數次前往，走在校園裡，我依稀聽到當年的讀書聲。我在想，如果李嘉禾沒有棄筆從戎，他很可能成為這個國家的棟樑，就像他的同學鄧稼先、楊振寧、李政道、朱光亞等一樣。

但是，如果沒有像李嘉禾這樣在國難當頭，以匹夫有責之義勇，義無反顧走向戰場的人，這個國家，可能也早亡了。

生命的光輝，不在於長久，不在於顯赫。

2018年，我創辦了止戈傳媒，來講述和平與愛的故事。也正是看了太多個體生命在戰爭中的悲歡離合之後，我堅定地成為一名和平主義者。戰爭是人類文明最大的破壞者，再也不要打仗了。和李安一樣，我們尋找歷史的真相，除了要銘記那些英烈之外，我們還要吸取歷史的教訓，讓歷史的悲劇不要重演。

在布利斯堡軍人公墓

劉 群[5]

　　我是"尋找戰爭失蹤者項目部"的工作人員劉群，作為一名八零後，我沒有親歷過戰爭，戰爭帶給人類、帶給家庭的創傷，我也只是能從電影、電視和書本裡去體會。

　　2018年5月，從接到李安女士尋親郵件，讓我們結緣，開始了長達一年時間的往來，從而也幫助我瞭解葬美空軍這段歷史，從一個個尋親故事中感受到太多太多，這裡面有歷史的煙雲，家族的血脈，還有尋親過程中經歷的一切。

　　戰爭尋親，找的是幾十年前的人，或者是幫助這些戰爭中的亡靈尋找後人，七十餘年，近半個世紀的尋找，何其難？今天，當我走進這裡的時候，我特別想大聲的告訴躺在地下的空軍"我們做到了，我們把你們的親人帶來了！"

　　看著這裡整齊劃一的墓碑，我知道這裡沒有官階之分，在戰場上，每一個士兵都是為國家為人民而戰，他們的犧牲都是平等的，在這裡，每一個生命都是平等尊嚴的。一排排的墓碑，每一個都是一個年輕的生命，每一個都帶走了家人所有的牽掛，他們安眠無語，只等著親人的到來。

　　一年時間，通過中國大陸、臺灣以及美國志願者、媒體朋友300多個日夜的努力，我們找到了28位安葬在美國的中國空軍，作為這個

5. 曾擔任中國"湖南龍越和平公益發展中心--尋找戰爭失蹤者"項目總監，青雲嘉惠文化發展有限公司創辦人。

項目的負責人，我收穫了太多的感動：感動於李安女士的執著，她真的把所有長眠於此地的中國空軍當成了自己的二叔，信守諾言，堅定不移的找尋；感動於我們所有空軍家人的幾十年的尋找，你們沒有放棄，你們的孝道感動了上天；特別讓我感懷的還有今天沒有到現場的全國各地成千上萬的志願者們，正是他們一路走來，默默付出，在互聯網的世界裡支援我們，每一個尋親家庭的背後，都有一長串的名字，我記著他們，記著大家！

也謝謝布利斯堡軍人公墓的相關工作人員，感謝我們使館的領導，代表中國政府趕來參加這次祭拜活動，感謝美國的所有華人朋友對葬美中國空軍的關注，未來的很多日子，還需要你們來看看我們的英雄。

作為民間專注於戰爭尋親的公益機構，我們在這裡緬懷中國抗戰空軍，更想傳遞一種價值觀，我們不能忘記每一位為國出征的英雄。在這裡，我也代表項目部鄭重的承諾，我們將不遺餘力地繼續尋找，我們也期待更多的中國媒體朋友、志願者一起來協助，幫烈士回家。

在這個時光交匯的空間裡，在這個大家庭裡，我是晚輩，請允許我向長眠在地下的英烈，向所有的人，向偉大的時間老人，深深地鞠一躬。

前 言

"曾經有那麼一群年輕人，每一次起飛都可能永別，每一次落地都必須感謝上蒼，他們戰鬥在雲霄，勝敗一瞬間，他們在人類最大的戰爭當中成長，別無選擇。"

這是臺灣導演張釗維拍攝，以中華民國空軍為題材的紀錄片《沖天》裡的一段解說詞。這部紀錄片也是一部紀念抗戰勝利七十周年，展現中華民國空軍為抗擊日本侵略者而浴血奮戰，悲壯恢弘的英雄史詩。

在海峽的另一邊，一部反映清華學子在各個歷史時期為理想而奮鬥的影片《無問西東》，在2018年清華大學百年校慶時上映，由演員王力宏所扮演的空軍沈光耀這一角色，讓抗日戰爭時期的中華民國空軍倍加關注。沈光耀的原型是中央航校第3期學員沈崇誨，1911年出生於名門望族，在國家民族存亡之際，毅然投筆從戎，慷慨赴死，用悲壯的青春熱血踐行了清華的理念"立德立言，無問西東"。

"強國莫急於防空，吾輩今後自當翱翔碧空，與日寇爭一短長，方能雪恥復仇也！"

—— 沈崇誨

在為國捐軀的四千多名中華民國空軍官兵中，絕大多數是像沈崇誨那樣學業有成，家境優越，平均年齡二十多歲，他們沒有結過婚，甚至沒有戀愛過。就像紀錄片《沖天》裡提到的："他們風華正茂、朝氣蓬勃，他們或是名門子弟，或是歸國華僑，他們雖來自五湖四海，卻為了一個夢想聚在了同一片天空。鮮血與淚水定格在他們最好的年紀，光榮與夢想鑄成了他們不屈的脊樑，他們就是中國空軍史上最早的一批戰鬥機飛行員。"在國家最需要的時候，他們挺身而出，奔赴抗日前線，用自己年輕的生命去捍衛祖國的尊嚴。

然而，有多少人知道，在遙遠的美國德克薩斯州和喬治亞州國家軍人陵園裡，還有一批當年懷著保家衛國的宏願，赴美接受飛行培訓，卻不幸以身殉職、長眠在那裡的五十多名中華民國空軍？他們的每一塊墓碑上都銘刻著CHINESE AIR FORCE，標記著他們曾經跨過萬水千山，來自遙遠的中國。他們沒能回到自己的祖國馳騁疆場，在空中與入侵者浴血奮戰，但他們曾經駕機遨遊藍天，用年輕的生命在抗戰歷史上勾畫出濃墨重彩。

我的二叔李嘉禾就是他們中的一個，是那些在訓練場上為國捐軀的烈士之一。他曾經是西南聯大物理系的學生，本可能和他的師兄弟一樣在學術上有所建樹。1942年，在抗戰關鍵時刻，他投筆從戎，成為空軍軍官學校學員，被送到美國學習飛行，不幸從空中隕落，被埋葬在美國德州軍人墓地。

在歷史的風塵中，他和其他五十多位赴美殉職空軍被湮沒了，年輕的生命葬身異國他鄉，七十多年默默無聞……

2018年3月，我和先生到德州陵園為二叔掃墓，站在一座座排列整齊的中華民國空軍墓碑前，整個身心為之震撼！為了抗日，他們從遙遠的中國來到這裡，如今卻躺在大洋彼岸無人問津。他們的親人們承受了怎樣的悲歡離合？空軍學員為抗戰赴美又經歷了什麼樣的故事？

我在二叔墓前發誓："二叔，您的這些戰友都是我的二叔，我不但要把您找回來，也要幫助他們找到自己的親人！"

自那以後，我這個過去幾十年來只關心公司項目進展和高科技的"矽谷人"，懷著對歷史的敬畏及使命感走進了史料堆。我常常感歎自己仿佛穿越了，回到了烽火連天的抗日戰爭，滿腦子所想、所看、所說、所寫，家裡電視機反復播放的全都是那個年代的人和事，希望藉此能將過去缺失的歷史知識補回來。

歷史像是一列飛馳的時光列車，跨越漫長的七十多載，漫天煙塵早已散盡，唇齒相依的同胞們卻依然被一道天然屏障所阻，隔海盼歸遙相呼喚。有關抗戰空軍的絕大部分家庭史料在眾所周知的一場歷史浩劫中灰飛煙滅，海峽對岸又因實行"個人資料保護法"，外人無法從政府機關查詢到任何過往個人信息。沒有這些個人信息，我們又怎麼為那些在埋葬在美國的空軍尋找家人？

美好的尋親願望在起步之時，遇到了出乎意料的困難，查閱抗戰中殉職的民國空軍信息，幾乎成了一件不可能完成的使命。然而，只有讓更多的人們瞭解這段歷史，為那些抗戰空軍先烈找到家人，他們在天之靈才能回歸故土，得以永生。

2018年4月29日，我的長篇紀實報告文學《尋找塵封的記憶》在北美《世界週刊》封面故事【1】發表，受到海內外眾多熱心讀者們的關注，收到不少提供空軍過往信息的郵件。通過與湖南"龍越和平公益發展中心--尋找戰爭失蹤者"項目組對接，海峽兩岸乃至美國的志願者紛紛行動起來，群策群力，一場以民間力量為主導的"為空軍先烈尋親"活動在中國大地鋪開了。在"龍越"的推薦下，央視"等著我"公益尋親節目在8月5日的黃金時段播出了專題節目"時隔74年侄女替'二叔們'尋找家人"。一時間，央視尋人團和"尋找戰爭失蹤者"網站後臺頻頻傳來好消息……

從2018年5月開始尋親到2019年5月空軍家屬集體赴美祭奠，發生了無數感人的故事，也讓我們發現了許多被遺忘的歷史片段。

這是一段鮮為人知的歷史，本書正是為抗戰空軍所寫。

歷史不應該忘記他們！

2021年2月於美國加州矽谷

鳴 謝[6]

湖南龍越和平公益發展中心"尋找戰爭失蹤者"項目組：夏衡芳、劉群、彭拔、夏立強、程杰明。

全國各地志願者團隊：湖南老兵之家，郴州惠眾志願者協會，福建關愛抗戰老兵團隊，廣西壹方慈善基金會，關愛抗戰老兵遼寧志願團，關愛抗戰老兵荊楚聯盟，關愛抗戰老兵河南志願者團隊，關愛抗戰老兵河北團隊，關愛抗戰老兵廣東團隊，關愛抗戰老兵東北群，寧波關愛抗戰老兵志願隊，南京雨花一愛一生志願者聯合會，南昌守望公益服務中心，四川關愛抗戰老兵川軍團，天臺縣紅心社，金華市小腳丫公益基金會，無錫抗戰老兵志願團隊，江南致遠關愛老兵團，山東暖兵築夢志願者服務團。

中國中央廣播電視總台綜合頻道"等著我"：欄目組以及尋人團志願者。

美國航空考古調查與研究（USAAIR）：克雷格·富勒（Craig Fuller）先生。

美國加州議員及助理：朱感生（Kansen Chu）先生, 錢祉中（Chien, Simeone）女士。

美國布利斯堡國家軍人陵園：詹姆斯·波特（James Porter）主任和全體工作人員。

美國空軍後人：斯科特·韋弗（Scott Weaver）先生，史蒂夫·霍查（Steve Hoza）先生。

美國尋找戰爭失蹤者網站：克萊頓·庫爾斯（Clayton Kuhles）先生。

---

6. 排名不分先後，如有遺漏，敬請告知。

美國雷鳥機場檔案館（亞利桑那州立大學）：香農·沃克（Shannon Walker）女士，蘇珊·詹森（Susan Johnson）女士。

南京抗日航空烈士紀念館：高萍萍，杨丽丽。

新聞媒體：《止戈傳媒》，《武安市報》，《華西都市報》，《江南晚報》，《無錫博報》，《寧波晚報》，《浙江日報》，《紹興晚報》，《鄞州日報》，《洛陽晚報》，《洛陽日報》，《鄭州晚報》，《平原晚報》，《今日頭條》，《現代金報》，新華社，《中國日報》，《美國中文電視台》，《世界日報》，《星島日報》，《中國青年報》， 騰訊，網易，《每日頭條》，《搜狐新聞》，新浪網，《彭湃新聞》， 鄞州電視臺，全國各地新聞傳媒網站，以及國內外幫助轉發尋親消息的各公眾號。

赴美殉職空軍秦建林，閻儒香，范紹昌，宋昊，高銳，盧錫基，陳培植，朱朝富，袁思琦，韓翔，白致祥，崔明川，卓志元，白文生，夏孫澐，梁建中，陳衍鑒，陳文波，李益昌，趙光磊，劉鳳瑞，司徒潮，曹旭桂，王小年，梁建中，劉靜淵，程大福，陳約，趙上洽，曹樹錚，趙樹莊，吳志翔之家屬。

來自美國和海峽兩岸的志願者：盧維明，高興華，翟永華，李忠澤，黃勇，黃麒冰，于岳，李礪瑾，黃孝萍，張新德，張天逸，孔祥平，李贊，傅中，吳緣，祖淩雲，張甲，張恩福，朱安琪，章東磐，戈叔亞，黃倩，聶崇彬，江宏章，馬正群，張建營，王衛青，張山林，張清，王虹，王豐，王慧景，青蓮，林華強，徐軍，樓毅，羅志聞，郭惠英，胡瑾蔚，陳紀方，王佩玉，張安，張金，陳凡，郭翔，李軍，張馨仁，劉匯，李偉民，周卓冰，李曉黎，夏永華，張亞男，高宏偉，高樹其，秦海清，袁健，張英凡，魯照寧，王思勤，王晨輝，陳占舉，沈黎明，馮小川，鄭小慧等。

特別感謝抗戰期間中緬印戰區參謀長史迪威將軍外孫、美國陸軍退役上校約翰·E·伊斯特布魯克先生（Mr. John Easterbrook），"飛虎隊"指揮官陳納德將軍外孫女暨"陳納德航空及軍事博物館"館長尼爾·陳納德·嘉蘭惠女士（Mrs. Nell Chennault Calloway），中華民國空軍官校第一期徐康良將軍之子、加拿大紐布朗斯維克大學歷史系榮休教授徐乃力先生，"中美混合團"五大隊29中隊華僑空軍朱傑之子、美國加利福尼亞州議員朱感生先生，美國第74戰鬥機中隊中尉飛行員詹姆斯·布萊恩特（James E. Bryant）之子、小詹姆斯·布萊恩特（Mr. James E. Bryant）先生，中國"深圳龍越慈善基金會"創辦者、"老兵回家"公益發起人孫春龍先生，中國"湖南龍越和平公益發展中心——尋找戰爭失蹤者"項目總監劉群女士為本書撰文或推薦，讓我們有機會重溫七十五年前中美兩國人民為維護世界和平，共同抗擊侵略者而戰的歷史，再次感悟"老兵回家，人性關懷"的重大意義。

在本書出版之際，曾獲得臺灣空軍後人盧維明，抗戰空史研究者高興華，美國達特茅斯學院李忠澤，加拿大紐布朗斯維克大學歷史系榮休教授徐乃力，中緬印抗戰史專家戈叔亞，壹嘉出版社社長劉雁，海外女作家協會融融，加州朋友傅麗天，錢定榕夫婦細心審閱並提出誠懇修改意見。

其中李忠澤、盧維明和高興華先生，不僅是空軍尋親的直接參與者，還對準確記述尋親過程以及抗戰空軍歷史資料提出了許多寶貴的建議。另外，在劉雁的幫助下，讓我幸運地在加州遇到了與我二叔同船赴美受訓的十五期空軍張恩福[7]伯伯。

必須提到"湖南龍越和平公益發展中心——尋找戰爭失蹤者"項目負責人劉群，自2018年5月我們建立聯繫，"為赴美殉職空軍尋親"項目立刻得以組建。她利用龍越的影響力，迅速創建"空軍尋親群"，發動各個省市志願團體，為"大海撈針"般的尋親做推手。為實現"時隔四分之三世紀的相聚"，她親自帶領空軍家屬到德州祭拜，在整個策劃過程中，我倆相互鼓勵，相互支持。

借此機會，我要感謝我們分佈在世界各地的家人，多少年來沒有忘記家族的抗戰英雄，不遺餘力地打探二叔在美國的下落。我也感謝本書第一位讀者，我的同學、同事、先生張勤，三十餘年的支持和理解。尤其在為赴美空軍尋親這件事情上，從2018年3月我們一起去德州祭奠二叔開始，鼓勵我提早退休，全力以赴從事抗戰空史研究。從分享找到每一位空軍家人的喜悅，到後來的文章審閱、攝影視頻、編輯製作，他都事無巨細事必躬親。

還讓我不能忘懷的是美國志願者黃勇寄來許多空史資料和圖片，包括空軍抗戰書籍，對記錄那段真實的歷史，對本書內容的充實起到了很大作用。他是繼李忠澤之後第二位主動聯繫我的美國志願者，為

7. 在本書編輯過程中，張恩福伯伯因患新冠肺炎，不幸於2020年12月22日上午10:20分在美國加州養老院去世，終年100歲。未能看到本書的出版。

幫助尋找赴美空軍這段歷史，自費註冊老報紙、老照片、死亡記錄網站，花大量時間搜尋並購買歷史信息的美籍華人。

他的想法很簡單，只是希望能通過我，將這些歷史老報紙所刊登的有關空軍飛行員信息和他們的照片轉發給家屬，通過這些歷史碎片的收集，讓今天的我們能瞭解歷史上曾經發生過的一些事件，永遠銘記那些來自中國盡忠職守為國捐軀的烈士。他還帶著家人，驅車幾個小時，從亞特蘭大到喬治亞州班寧珀斯特堡軍人陵園，去祭奠埋葬在那裡的五位十二期殉職空軍烈士。

許多熱心的朋友們在2018年"九‧九"公益行動中慷慨解囊，大力支持"尋找戰爭失蹤者"行動。加州抗戰老兵後代張新德，更是幾次掏盡口袋裡的現金，讓帶到德州陵園為烈士們買花。

中國中央電視台"等著我"劇組和尋人團，各個省市新聞工作者和志願團體都為空軍尋親起了很大的推動作用。每當收到各地熱心讀者們提供的信息，看到那些愛心讀者和志願者的無私奉獻，讓我常常感動得不知如何回報！他們的支持讓我明白：自己不是尋親道路上躑躅前行的獨行者。這個時候，"老兵回家"公益發起人孫春龍的話語就會再次在耳邊迴響："我不是一個人在戰鬥，我後面有一個很大的群體在支持我，幫助我去帶老兵回家。"

還有許多默默無聞的志願者，在尋找赴美殉職空軍家屬和關愛抗戰老兵的工作中做出重大貢獻，因無法逐一列舉，在此謹表示由衷的感謝和敬意。志願者們大愛無疆，最好的回饋是我用文字，真實地記錄並還原中華民國空軍赴美培訓這段歷史。

说　明

1，本書所使用的英文資料，包括前言和附錄，除非特別說明，均係由作者翻譯成中文。

2，本書所使用的插圖和老報刊史料，除非特別說明，均經空軍家屬或所屬報刊授權。

"晃晃，晃晃……"一群衣衫襤褸、面黃肌瘦的兒童歡呼著跑出來。在他們的頭頂上空，一架飛機晃動著翅膀，往下空投食物，孩子們一陣狂歡。

電影《無問西東》這一幕，讓我的眼淚下來了，仿佛看見二叔穿越歷史的烽煙，慢慢向我走來……

1. 東北淪陷, 華北告急!

"我的家在東北松花江上"

1931 年 9 月18日，一個讓千百萬中國人刻骨銘心的日子。

日本關東軍蓄意製造事端侵佔中國東北瀋陽，短短四個月時間，東三省全境淪陷，日寇在中國東北建立起所謂"偽滿洲國"傀儡政權。

"我的家在東北松花江上，那裡有森林煤礦，還有那滿山遍野的大豆高粱。我的家在東北松花江上，那裡有我的同胞，還有那衰老的爹娘。……九一八，九一八！從那個悲慘的時候，脫離了我的家鄉，拋棄那無盡的寶藏，流浪！流浪！……"

淒涼，悲壯，飽含著百萬失去了家園、流離失所的關外老百姓的滿腔悲憤。

我母親，一個來自東北的流亡學生，對"國破家亡"有著切膚之痛，每次聽到"九·一八"這首歌都會情不自禁地流淚，給幼時的我留下深刻的印象。

那年，她13歲，隨著拖家攜口、爭先恐後逃離日本佔領軍魔爪的人潮，從東北遼寧興城一路流亡到北平，開啟了餘生顛沛流離之旅。

当她試圖從窗戶爬上擁擠不堪的長途車時，被持槍荷彈的日本憲兵發現了，狠狠一把拉下來，"啪啪"就是兩記耳光！

"幸好沒有被扣押！否則就完了！"

流亡途中幾次險遇生命危機中的第一次，讓當年漂亮的女中學生終身難忘。

大批身無分文的東北學生流亡到了北平，北平社會局在西單皮庫胡同設立難民收容所，撥款解決衣食住，在少帥張學良的支持下，成立"東北學院"大學和中學部。

《巨流河》作者齊邦媛，在書中對東北淪陷後，人們歷盡艱辛卻又不屈不饒的流亡生活有著詳盡的描述，其中多次提到"東北學院"。從1931年建校到1941年解體，這所學院培養出約一千五百余名學生，其中的大部分投身到滾滾抗日洪流之中……

1937年8月17日，空軍第五航空大隊飛行員閻海文，駕機遭日軍高射炮擊中，跳傘落入敵陣，持槍擊斃五名圍捕日軍，最後殺身成仁，義不受辱。閻海文烈士出自東北中學。

為抗擊侵略者而加入空軍，在美國亞利桑那州威廉姆斯軍用機場駕機不幸從空中隕落的朱朝富也是他們中的一個。

美國友人李忠澤先生找到朱朝富於1934年（初九年級）在《東北中學校刊》發表的"本校成立三周年感言"，從字裡行間我們可以體察到一名關外流亡學生內心的悲愴，將國家興衰治亂引為己任的愛國情懷：

時光不斷的流著，很快的，過了三個"九.一八"，又到了在風狂雨急時誕生的本校三周年紀念日，承受本校恩惠，已二載有餘的我，不由自主的，把那往事一幕一幕的回憶在腦中，想到她---不是個普通的學校，那樣安然成立的，她是在萬般困難，國難嚴重的時候，費了許多慈善人的熱血和奮鬥的結果才得成立。她的環境，是如何的惡劣，如何的困苦而艱難哪！現在啊！算是由荊棘掙扎到較坦的途上，較初成立的一年安然得多啦！但是我想無論怎樣的聰明的人，也不能斷定眼前一分鐘內沒有什麼變故，何況現在還是"國難未已"，"華北危急"的時候呢？所以我希望......我希望大家一齊努力，團結起來，熱烈誠懇地維護這個貴重的紀念日，使她永久存在，不但在北平，並且要使她在倭奴鐵蹄下的故鄉裡慶祝。

起來, 不願做奴隸的人們!

東北淪陷, 危機起伏, 無時不震撼著內外交困的中華大地。

1937年7月7日, 蓄謀已久的日軍借機在北平西郊盧溝橋發動攻擊, 29軍將士們忍無可忍開槍自衛。每當敵人逼近陣地, 戰士們奮不顧身躍出掩體, 揮刀與入侵者肉搏, 一次又一次打退侵略者的進攻。

那一天啊, 永定河畔的槍炮聲晝夜不斷, 平漢路鐵橋一度失守, 護橋守軍一個連僅倖存四人……中國人民奮起反抗日本帝國主義侵略的戰爭, 全面開始了!

平津危急! 華北危急! 中華民族到了最危險的關頭!

家鄉淪亡, 山河破碎, 面對虎視眈眈試圖一舉吞併中華大地的日本軍, 每一個不甘心當亡國奴的中國人發出了心中的怒喊: "抗日救亡, 還我山河!"

我們李氏家族曾經是京城知名的中醫世家, 到了第五代, 共七子一婿任職清末太醫院, 先後有三人受欽加二品、三品銜, 是從醫最輝煌的時期。北京琉璃廠一代的老住戶, 在二十世紀四五十年, 還能指認"太醫院李家"的住所。

據《誠德堂李氏族譜》記載:

先祖國佐公, 以茶為業。清中葉由安徽桐城遷至北平。經艱苦奮鬥, 得以定居……

四世萬清, 號選齋, 太醫院右院判, 欽加三品銜, 誥贈通儀大夫, 晉封朝儀大夫。

五世八人:

德立, 號卓軒, 太醫院左院判, 欽加二品頂戴花翎。誥授資政大夫。

德全, 字茂堂, 太醫院御醫, 欽加五品, 誥授奉政大夫, 晉封朝儀大夫。

德名, 字瑞峰, 候選同知。

德昌, 字曉峰, 太醫院右院判。欽加二品頂戴花翎。

德祥，字沛泉，太醫院八品吏目。

德源，字興泉，太醫院御醫。欽加六品銜。

德春，字華亭，太醫院九品吏目。

女兒，名不祥，婿趙際科，太醫院醫士。

……

五世長子李德立是我的高祖，因為同治皇帝和慈禧太后治病幾次險遭殺身之罪，難怪眾人曰"伴君如伴虎"。【1.1】臨終前，他留給子孫後代的遺言是："切勿行醫，尤其不要做御醫！"

六世李氏族人中雖有不少懂醫術之人，但遵循祖訓不行醫、不傳授子女，只是偶為至親看病或分贈藥品。未料，許多年後，李家後代又出一位"禦醫"，只能歸於天命吧。

我的祖父李續祖是北京大學首屆化學系本科生，研究生畢業後留校任教，與從美國普渡大學歸來的程瀛章教授合作編寫的《無機化學工業》和《化學小史》（叢書），現今作為珍貴古書收藏在美國斯坦福大學和加拿大哥倫比亞大學圖書館。在授課的同時，他還擔任北大出版部主任，為中國的化工工業發展可謂嘔心瀝血。

1936年5月，在日本加快侵華步伐，民族危機日益加深的情況下，為了深入瞭解日本，探尋自強救國之路，祖父隨化學系主任曾昭掄（曾國藩曾侄孫）組織的"北大化學系赴日參觀團"自費到日本考察。他們每到一處都詳盡記錄當日參觀所見，回國後曾昭掄應天津《大公報》之約，連載生動的《東行日記》，國人爭先閱讀，後應讀者要求另出單行本發行。【1.2】

祖父母育有三兒一女，我父親是長子，東北淪陷之際，他和弟妹都還在校讀書。李家兄妹四人與北平學生和市民們憤然走上街頭，積極參加抗日救亡運動，強烈抗議日本軍國主義侵略。特別是我父親懷著滿腔憤怒參加馮庸大學組織的"學生義勇軍"，奮不顧身地到關外與佔領東三省的日軍戰鬥。

讓我永遠不能忘懷的是他後來提及：從來沒有打過仗的學生兵，憑一腔愛國熱情走上戰場，槍炮一響就嚇暈了，大批學生、難民和士兵們混雜在潰不成軍的逃難洪流中……

李家大少爺受了傷，一路討飯從抗日最前線熱河回到北平老家，身上那件破棉襖裡鑽滿了蝨子。

"七·七"事變爆發後，北平淪陷在即。國民政府教育部緊急部署平津各院校的疏散工作，除燕京、輔仁等教會大學和私立大學外，平津各國立大學均在教育部的主持下，逐漸向西南方向遷移。

7月28日，南苑機場失守，日本軍隊開進了廣安門，第29軍司令部在空襲中遭受重創，損失慘重！

當天，佔據空中優勢的日本陸軍對華北平津地區實施總攻擊，天津南開大學遭猛烈地面炮火，加上日本空中第六大隊協同作戰，"九二式50千瓦彈"四處開花。教學樓、圖書館、學生宿舍、工廠、實驗室等設施在炸彈的威力下頃刻淪為廢墟，中文圖書10萬冊，西文圖書4.5萬冊以及珍貴的成套期刊、理工科大部分儀器設備，全部教學及辦公用具損失殆盡。

1937年11月，國立北京大學與國立清華大學、私立南開大學三校南遷至長沙，合組為國立長沙臨時大學。

11月12日上海陷落，12月13日南京陷落，緊接著武漢告急，長沙也拉響了空襲警報……戰火繼續往西南延燒。一個月後，三校師生不得不分三路繼續南遷。【1.3】

（一）經廣州、香港乘船到越南海防市，坐火車經滇越鐵路到昆明；

（二）經桂林、柳州到南寧，再過鎮南關到越南河內，也是坐火車經滇越鐵路到昆明；

（三）湘黔滇旅行團336名師生們經過艱苦跋涉到昆明，遷移全程約三千里。

1938年4月2日，國立西南聯合大學在雲南省昆明正式成立。

不願意在日本侵略軍統治下生活的李家人先後撤離北平，父親隨祖父母及北大部分教師一起護送重要圖書資料和儀器設備南下直奔長沙，不久轉遷昆明。

1940年10月，因日機轟炸和戰局緊張，西南聯大印刷所被迫停辦，出版部撤銷。我祖父轉而去民國時期的"資源委員會"工作，參與創辦"中央機器廠"。

"中央機器廠"是民國第一個大型機械工廠，為其他輕重工業提供機器設備及維修，以抵禦強悍的外敵。抗日戰爭期間，在日軍對我國沿海進行經濟封鎖的艱難環境下，祖父與全廠技術人員和工人們一起生產軍需民用機器設備，對支援大後方的經濟建設發揮了重要的促進作用，為堅持抗戰作出了很大的貢獻。後來有學者評價："中央機器廠與西南聯大對中華民族的復興具有偉大功績，形成了不僅是象徵意義，而且是實實在在的復興工業與文化搖籃。"【1.4】

小時候，我特別喜歡翻閱家裡的那些老相冊，探尋父輩們經歷過的年代……尤其是那些穿旗袍、著長衫、西裝革履、帶著別致圓形眼鏡的親戚和學者們，讓幼稚的童年充滿好奇，流連忘返於民國風情畫卷裡。

每當看我聚精會神地翻閱那些老相冊，父親對他的大弟弟總是讚賞有加，說他"聰慧過人，沉穩內斂、為人親和，志向遠大，天文地理無所不通。"最後，還總忘不了再加一句，"天上每一個星座的名字，他居然都能一字不差地說出來"，讓二叔充滿了某種神秘色彩。

我從小就知道，二叔李嘉禾是抗戰時期參加空軍被派送到美國學習飛行而逝世的。

在我的心裡，二叔是英雄！

偌大個華北, 容不下一張安靜的書桌

"七·七事變"爆發的時候，空軍官校十五期第五批赴美空軍張恩福還在"中法大學"高中部上學。日本人強行攻佔北平之後，他只得轉到通縣潞河中學（Jefferson Academy）。那是一個寄宿制教會學校，之所以選擇這個學校，是因為該校處於租借管轄區之內，不受日本人統治。

回憶起那段烽火歲月，張恩福非常感慨，"國難當頭，民不聊生，偌大的華北，再也容不下一張安靜的書桌，沒有了教育部頒發的畢業文憑，還讀什麼書？大家只得想法子紛紛往內地跑。"

張恩福，民國十年出生在北平一個富裕的官宦之家，父親是清朝末代進士，前後擔任四川豐都和河北正定縣縣長。他有一個初中同學叫羅瑾瑜【1.5】，羅父原在清華工作，正在昆明籌建剛從長沙遷移過去的西南聯大。

兩個年輕人暗自商量去昆明投奔羅瑾瑜的父親。他們想：“北平、天津幾所大學都搬到昆明了，還愁沒有學上？”

　　人的一生中往往有很多意外，兩個17歲的男孩，本處於對生命充滿無限憧憬的大好年華，一場戰爭，國土淪喪，國民在日寇的鐵蹄下背井離鄉，飽經流離之苦。和很多人一樣，他們的命運因戰爭而改變了。

　　因為這場戰爭，讓兩條生命的軌跡交匯到一起，直到其中一個生命在空中隕落。

　　張恩福告別依依不捨的父母，懷揣著他們的囑咐和100塊現大洋，和同學羅瑾瑜悄悄從天津港上船，隨船到塘沽上貨。一路顛簸到上海，停滯二天，再捱過幾天幾夜海上航行，總算平安到達英國人統治下的殖民地香港。

　　從北到南，從東到西，逃難人潮如東海之水奔騰四溢，顛沛流離，驚恐淒苦之狀令人心碎。99歲的張伯伯對此記憶猶新：那年頭，香港街頭和旅館擠滿了從佔領區拖家帶口逃難出來的人們，即使是英租界香港，也籠罩著戰爭恐怖的煙雲。他們和其他幾個年輕人住進“太古洋行”，四個人擠一房，已經算是很好了。

　　緊接著，從香港換船去當時的法屬殖民地越南海防。那是一艘小船，他們買的是普通艙，大家都坐在木板凳上，船艙裡連窗戶都沒有。到海防後，轉乘鐵皮火車沿滇越鐵路到達祖國的西南邊陲昆明。

　　幾個星期的折騰，風塵僕僕總算到了目的地。誰知巧遇羅瑾瑜的父親到車站接人，羅父大吃一驚，沒想到兒子擅自丟下三個弟弟和母親，悄悄和張同學跑到昆明來了！

　　亂世中，無奈之下，羅父只得幫兒子在大學找了個文書工作，張恩福就此和羅瑾瑜一起住進了西南聯大。

　　和同學擠在一處不是長久之計，為了生活，張恩福不得不從昆明輾轉去成都投靠姐姐和姐夫。這期間他還聽說，抗日戰爭爆發之後，為了躲避戰火，黃埔陸軍軍官學校1937年8月由南京遷到了成都，第十三期1937年11月11日在廬山開學了。

　　抗戰初期的中華民國空軍數量少，飛機性能落後，訓練差。儘管空軍將士與日軍在空中拼死搏擊，畢竟寡不敵眾，很快損兵折將，難以為繼，只能眼睜睜看著日本空軍在中國大陸的上空耀武揚威、狂轟濫炸而無能為力。

航空委員會急需重建空軍！

早期的空軍學員必須經過黃埔軍校訓練，由陸軍代訓空軍入伍生，接受軍官基本課程，如班排教練，地面戰術等。後來，由於空中力量懸殊，政府決定從空軍官校十五期開始，面向社會，從全國各大學和高中畢業生中直接招收空軍學員。

1939年4月1日，張恩福通過考試，順利成為黃埔軍校第十六期步兵第七隊（空軍代訓班）學員，地點在四川新都寶光寺。

同學羅瑾瑜放著父親安排的輕鬆文書工作不幹，立志參軍報效國家，也考上了黃埔軍校第十六期步兵第七隊。

仿佛聽到了抗擊侵略者的集結號，懷著捨身救國壯志的兩個年輕人，來到同一隊列報到。和他們同校的，還有後來赴美訓練時犧牲的韓翔，白文生，朱朝富。

黃埔軍校，這所偉大的學校，在中國反擊日本軍國主義侵略的戰爭中培養了眾多热血將士，始終戰鬥在抗戰第一線。

2. "我以我血薦軒轅"

從"八‧一四"筧橋空戰開始

塗著刺眼太陽標誌的日本轟炸機群烏壓壓逼近城市上空……

逃難的百姓們驚恐萬狀地形容大轟炸"就像鋪天蓋地的蝗蟲，幾乎連日頭都被擋住了！"

一連串爆炸隨之而起，房屋倒塌、烈焰騰空，狂妄的日軍轟炸機甚至無需戰鬥機護航，肆意踩躪著中華大地。

數不盡的居民區被炸毀，死傷者倒在血泊瓦礫之中，兒童恐怖地尖叫，人們四處逃避，無處躲藏……

1937年8月13日，上海南站日軍空襲下的兒童
（《申報》記者王小亭攝影，美國國家檔案館）

對日開戰初期，敵我空中力量對比極為懸殊，日軍占盡空中優勢，我國空軍真正可用於作戰的主力機（寇蒂斯霍克III）不足百架（91架），剩下盡是些教練機或"萬國雜牌機"，甚至紙面上的飛機（所謂500架）。中國沒有自己的航空工業，後勤維修條件也很差，打掉一架是一架，根本無法與擁有2000多架飛機，年產飛機1580架，工業基礎設施雄厚，設備精良的日本抗衡。

1937年8月，戰火逐漸逼近江南蘇浙地區，淞滬會戰即將開打，日本空軍對於上海等沿海城市的威脅倍增。為加強空防，中華民國空軍發出第一號作戰命令，調遣第四大隊飛赴杭州保衛筧橋機場。

八月十三日，震驚中外的淞滬戰役拉開帷幕，中國軍隊奮起抵抗，中日雙方在戰場上共投入100萬軍隊，整個戰役前後持續三個月，是抗戰歷史上規模最大，也是最慘烈的第一次較量。在這場戰役中，日軍投入8個師團和2個旅團20萬餘人，死傷4萬餘人；中國軍隊投入最精銳的中央教導總隊及八十七師、八十八師等共70余萬人。雖然國軍以傷亡30萬的代價輸掉了這次會戰，但極大地展示了中華民族的抗戰決心，鼓舞和樹立了全國民眾的抗日鬥志，改變了日軍的戰略軸向，粉碎了日本"三個月消滅中國"的狂言。面對"武裝到牙齒"的日本空軍，中華民國空軍不畏強暴奮起還擊，以強大的勇氣和誓死如歸的精神，創造了擊毀敵機3.5架，擊沉敵艦3艘的戰績，首開"八·一四"對日空戰大捷，一舉打破日本空中神話，大漲國人的抗日鬥志！

中華民國空軍歷史上著名的"四大天王"，還有眾多為國捐軀的空軍烈士們，他們的不朽傳奇誕生在那個鐵血年代：

高志航（1907年5月14日—1937年11月21日），18歲留法學習飛行，歷任空軍分隊長、大隊長。以"空軍軍魂"著稱，嚴格訓練治軍，為開戰初期取得輝煌成績，也為整個抗戰中空軍建設起到了不可磨滅的貢獻。筧橋空戰期間，他身先士卒，率領隊員奮力還擊。1937年11月21日，奉命赴新疆接收蘇製伊-16-6戰機飛抵周家口機場，遭敵機突襲，不幸壯烈犧牲。

劉粹剛（1913--1937年10月25日），五大隊24中隊長，飛行技術高超，勇猛無敵，空中一員悍將，日本飛行員的"剋星"。先後擊落11架日機，被稱為"中國紅武士"。1937年10月25日，為了支援八路軍反攻娘子關的戰鬥，連夜飛往山西，受天氣影響，航油將盡，不幸撞到高平城的魁星樓，光榮犧牲，年僅24歲。

樂以琴（1914年11月11日—1937年12月3日），參戰3年打下敵機8架，曾一次性擊落日機4架，創造中國空戰史上的奇蹟，被冠以"飛將軍"、"空中趙子龍"、"江南大鐵盒"等美譽。南京保衛戰時，能飛的戰機不足20架，面對眾多的敵機，他毫不畏懼，用嫻熟高超的技巧與敵機頑強拼搏。激戰中，戰機中彈，為縮短空中跳傘降落時間，減少被日機擊中的機會，不幸落地傷重去世。

李桂丹（1914—1938年2月18日），空軍第四大隊23中隊長。淞滬戰役時擊落敵機8架，戰功卓越，任四大隊代理大隊長。武漢空戰時，大批日軍轟炸機在驅逐機掩護下，襲擊當時的民國政府所在地。李桂丹英勇作戰，先後擊落3架敵機。後不幸陷入敵機的火力網，激戰中被敵彈擊中，血染長空。

閻海文（1916年—1937年8月17日），空軍第五大隊少尉飛行員，"淞滬戰役"激戰時，多次請戰，終爭得出征任務。不幸被日軍高射炮擊中，跳傘誤入敵陣。以隨身手槍反擊包抄而上的日軍並高喊："中國無被俘空軍。"飲彈自盡。

沈崇誨（1911年—1937年8月19日），清華大學土木工程系畢業生，以第一名的成績順利畢業於"中央航空學校"第三期飛行科。理論水準過硬、實戰技術精湛，升至空軍少尉，成為航校中級飛行教官，後任空軍第二大隊第9分隊長。"淞滬戰役"中，接轟炸長江口外佘山附近日航空母艦和白龍港敵艦的命令。突然機尾中彈，他當即離開機群，與轟炸員陳錫純駕駛彈痕累累的飛機沖向敵艦……

陳懷民（1916年12月25日—1938年4月29日），武漢空戰時，擊落一架敵機後受到5架敵機圍攻，油箱中彈起火。他本可跳傘求生，但他猛拉操縱杆，向上翻轉180度，毅然沖向後面的敵機。頃刻，兩架飛機在空中相撞，震耳欲聾的爆炸聲中，巨大的火球劃破武漢上空。

……

"他們風華正茂、朝氣蓬勃，他們或是名門子弟，或是歸國華僑，他們雖來自五湖四海，卻為了一個夢想聚在了同一片天空。鮮血與淚水定格在他們最好的年紀，光榮與夢想鑄成了他們不屈的脊樑，他們就是中國空軍史上最早的一批戰鬥機飛行員。"——《沖天》

"七·七"盧溝橋事變燃起了中華民族抗戰的烽火，"八·一三"淞滬戰場火光沖天的炮聲更寓意著全面對日反擊戰的展開。在國家最需要的時候，我空中勇士跨上鐵鷹飛赴前線，用他們年輕的生命去捍衛祖國的尊嚴，輝煌的戰績寫下了永不泯滅的史詩。

烈士血灑長空終明志

"每次飛機起飛的時候，我都當作是最後的飛行。與日本人作戰，我從來沒想著回來！"烈士陳懷民犧牲前一天，得知第二天空中會有激戰，特意回家看望父母。當夜，陳懷民在宿舍寫了一篇近似"遺言"的日記：

> 在家中，我很想把自己的心情向父母親講講。我怕他們難受，又怕他們為我的安全擔心，故話到嘴邊又咽下去了。我常與日機在空中作戰。打仗就有犧牲，說不定哪一天，我的飛機被日機擊落，如果真的出現了那種事情，你們不要悲傷，也不要難過。我是為國家和廣大老百姓而死，死得有價值。如果我犧牲了，切望父母節哀，也希望哥哥、姐姐、弟弟、妹妹繼續投身抗日，直到把日本侵略者趕出中國。

樂以琴入伍時在自傳中寫道：

> 河山變色了，民族快淪亡了，敵人的兇焰像潮水般湧來，我眼看著日寇這樣橫行，心裡的憤恨如烈火燃燒。我不忍看著同胞們被慘殺，我不願再坐在課堂讀書了，我決意從軍。
>
> 為了爭取民族生存，寧可讓我的身和心永遠戰鬥、戰鬥，直到最後一息！我愛我的父母，但我更愛我的國家，更熱愛我全民族。我決以鮮血灑出一道長城，放在祖國江南的天野！

烈士哪裡是在寫自傳啊？分明是一腔熱血在胸中噴發！

讀王牌飛行員劉粹剛寫給夫人許希麟的信，再次催人淚下：

我最親愛的麟，假如我要是為國犧牲，殺身成仁的話，那是盡了我的天職。您時時刻刻，要用您最聰慧的腦子與理智，不要愚笨，不要因為我而犧牲一切，您應當創造新生命，改造環境。我只希望您在人生的旅途中，永遠記著，遇著了我這麼一個人，我的麟，我是永遠愛你的。

摘自殺身成仁的閻海文中學時代的自傳：

　　東北淪亡，國將不國。堂堂的中華民族，竟受倭奴之摧殘與蹂躪，令人痛心，所以我常為之悲，為之泣。

日軍感佩他的壯烈，為他安葬並立碑：支那空軍勇士之墓。日本記者在報導他的事蹟時，不由感歎：中國已非昔日之支那。

閻海文在自傳中還寫道：

　　我們中國人，現處在一個極危險的地位。中國在國際上的地位是說不到的。現在我們九死一生，敵人已逼到我們家門口裡來了，非速行反攻，和它一拼，是不可活下去的……

對祖國，對民族，在這些視死如歸的空軍將士心裡，蘊藏著多麼深沉的摯愛啊！

　　“八·一四”開戰以來，中方折損的飛機越來越多，剩下的空軍勇士日夜征戰，每次駕機上天，生死一瞬間，每個人都做好了沒有可能歸來的打算。

　　筧橋中央航校的校園裡有一塊石碑，上面刻著航校校訓：

　　我們的身體、飛機和炸彈，當與敵人兵艦陣地同歸於盡！

這是在日本侵略者步步逼近的時候，整個中華民族發出的吼聲！

　　當時空軍流傳著這這麼一個說法：入校前先寫遺書，出校門能活過六個月就算長壽。

　　中國飛行員的勇猛頑強，殺敵報國的宏願，視死如歸的壯舉，讓他們的對手大感意外。他們懷著為祖國生存而戰的愛國熱情，“以一當十，以十抵百"，"有我無敵"，"以寡勝眾，以弱勝強"的大無畏精神，勇敢地面對瘋狂的侵略者。

戰爭是歷史的浩劫，也是民族氣節的大爆發。勇敢的中華民國空軍從"淞滬戰役"開始，與日本海軍航空隊進行了近三個月慘烈而膠著的爭戰，一次次空中搏殺，一個個年輕的生命定格在風華正茂之時……

當時，我空軍建軍歷史才幾年，相比強化訓練二、三十年的日軍航空隊，無論哪方面都相形見絀。日本戰機多，從淞滬戰役使用"96式陸上攻擊機"開始，到1940年新型"零式戰鬥機"投放戰場，成了日軍佔領中國制空權的殺手鐧。該機靈活、速度快、火力強，我空軍為數不多的幾架尚可升空作戰飛機，根本無法與之抗衡。

為了挫敗中國人民的抗戰意志，1937年11月，日本陸軍航空本部通過了《航空部隊使用法》，其中第103條規定："戰略攻擊的實施，屬於破壞要地內包括政治、經濟、產業等中樞機關，並且重要的是直接空襲市民，給國民造成極大恐怖，挫敗其意志。"

這就是所謂的"無差別轟炸"！

除了1937年9月的南京大轟炸和1938年8、9月的武漢大轟炸，從1938年2月18日起至1944年12月19日，裝備精良，火力強勁的日本空軍對戰時中國陪都重慶進行了長達6年半的戰略大轟炸，出動飛機9513架次，空襲重慶及附近地區200餘次，投放包括細菌彈在內的各類炸彈2.16萬枚，炸死1.19萬人，炸傷1.41萬人，炸毀房屋1.76萬幢，毫無例外地直接以平民和居民街道為空襲目標，殘忍地突破了戰爭倫理的底線！【2.1】

在敵強我弱的情形下，空軍司令部只得派幾架飛機升空迎戰，採取遊擊戰術與日軍周旋。

1940年慘烈的"九·一三璧山空戰"，成了日軍在空中的一場大屠殺。我空軍戰機被毀13架、傷11架，10名優秀飛行員陣亡、傷9人，完全陷入被動挨打的局面。

緊接著，1941年3月14日，在成都雙流機場上空再次遭遇日本"零式"的伏擊，此戰我方8人陣亡，包括五大隊正副隊長，三大隊28中隊隊長等一批王牌飛行員。空中被擊落8架，迫降損失19架，另有3架被誤傷，幾乎全軍覆沒。

可是，他們的對手卻毫髮無損！

空中挫敗讓蔣委員長大發雷霆，當時的航委會下令：第五大隊自接收蘇製"伊—15III"新機以來，共計毀機32架，損傷12架，為懲前毖後，自即日起取消部隊番號，改稱"無名大隊"。全體隊員每人配發白色方形布條一塊，上面印有一個紅色的"恥"字，規定縫於軍服左胸，以示懲戒。

原五大隊空軍張恩福，回憶起中華民國空軍為接受日本空軍的挑戰，駕駛著陳舊落後的戰機升空與之"決鬥"而全軍覆沒的慘狀，禁不住熱淚漣漣……

懷著難以忘懷的屈辱和悲憤，老人家激動地告訴我：不是我們的空軍無能，而是沒有與之抗衡的飛機啊！

飛機損壞了可以再造，陣地失去了可以奪回來，可是人犧牲了，再不會回來了……

我們從哪裡去找回那些優秀飛行員？

"升官發財請走別路, 貪生怕死莫入此門"

寧波"天一閣"是中國現存最早的私家藏書樓，亞洲最古老的圖書館和世界最早三大家族圖書館，也是寧波地區知名古跡和遊覽勝地。

一幅介紹寧波地區文化名人馬廉的圖片，讓我頓足不前，"奇怪，這張照片裡怎麼有個與抗戰空軍同名同姓的'馬豫'？還與那些歷史名人同框？"

同行者好奇地駐足上前觀看，掏出手機百度"空軍馬豫"，從《抗戰空軍口述歷史項目：馬豫先生訪談》找到關於他的介紹。【2.2】。

> 馬豫先生，1922年生於北京，原籍浙江鄞縣，為書香世家。父馬鑑為著名的"五馬"之一，就讀於南洋公學，留學於哥倫比亞大學，曾任燕京大學國文系教授、主任；後應許地山之邀，任教於香港大學，桃李遍天下。兄馬蒙曾任香港大學中文系主任，弟馬臨曾任香港中文大學校長。馬先生1936年隨家南下，就讀於廣州和澳門的培正中學，1940年畢業，入西南聯大化學系。
>
> 1942年初毅然棄文就武，考入空軍軍官學校十五期，第五批留美受訓，習轟炸。約1944年冬回國，加入二大隊第9中隊，駐雲南

參加作戰。

那個小男孩就是從西南聯大考上空軍官校十五期的馬豫！

年幼的馬豫與眾多民國知名人士1929年合影（元旦攝於周作人"苦雨齋"）
前排右起：錢玄同，馬鑑，馬豫，馬廉，俞平伯，張鳳舉
後排右起：2.沈兼士，4.馬裕澡，5，劉半農，6.沈士遠，7.周作人，
8.徐祖正，9.沈尹默

我的情緒一下子激動起來。要知道，他不僅是二叔西南聯大的校友，還是幫我"找到"二叔的"引路人"！

從馬豫的侄子馬慶芳所著《家族往事》【2.3】獲知：在抗日戰爭期間，從馬家和馬豫的母親翁家，這兩個書香世家竟然走出七位陸軍和三名飛行員，更是讓人肅然起敬。

除了馬豫，另外兩位空軍飛行員分別是馬豫的表哥和表姐夫：

• 空軍第十一大隊驅逐機中隊副隊長翁心翰上尉（1917—1944.9）烈士；

• 空軍官校第6期畢業生柳東輝上尉（1914—1942）烈士。

翁心翰自幼聰穎爽直，富有正義感。面對"九·一八"事變後日寇加緊侵犯中國，在北平匯文中學讀書的翁心翰悲憤不已，瞞著家人，投考空軍官校。

他的父親，是我國早期著名的地質學家，抗戰時任國民政府戰時經濟部部長，後任行政院院長的翁文灝先生。

當他把真實情況告訴家人，母親拉著他的手，心疼地問："為什麼要瞞著我去學飛，你如果不學飛，還是有報效國家的途徑，可以學機械，學煉油，學交通，而你為什麼偏偏要學飛？"

翁心翰回答說："您在北平時，當風聲鶴唳的民國二十四年（1935年），是不是擔心日本人飛機要來轟炸城裡呢？倘若日本人飛機來炸我們，我們沒有飛機就只好挨炸了！"

1938年12月1日，翁心翰以優異的成績畢業於空軍官校第八期。在昆明空軍軍官學校的閱兵臺上，在"風雲際會壯士飛，誓死報國不生還"的橫幅下，他和其他官校畢業生一起，為捍衛祖國的主權和領土完整而宣誓。

給父親的家書中，他寫道："戰爭尚未結束，我不願離開戰鬥的崗位。我從不想到將來戰後怎樣，在接受畢業證書的時候，我就交出了遺囑。我隨時隨地準備著死。"

畢業後，他在空軍第三大隊擔任驅逐機飛行員，駐重慶白市驛空軍基地，保衛重慶和成都。開始的時候，翁心翰駕駛伊-16戰機參戰，到後來，連這些落後的蘇製戰機都打光了，沒有任何戰機能在空中迎接日軍的挑釁。

隨著美國對日宣戰，1943年春，翁心翰第一次前往印度接受美製新機種P-36[1] 訓練，回國後升任第十一大隊第41中隊副隊長，協助張唐天隊長率領部隊作戰，屢建戰功，多次受到上級嘉獎。

---

1. 寇蒂斯P-36戰鷹，也稱為寇蒂斯戰鷹75型，是著名的P-40戰鷹的前身。第二次世界大戰期間，美國陸軍航空隊在戰場上幾乎沒有使用過P-36。然而，法國空軍則在歐洲戰場廣泛使用該機種。中華民國空軍以及駐印英國皇家空軍（RAF）和皇家印度空軍（RIAF）獲得生產許可。

1944年2月，在重慶南開中學，翁心翰大婚，那年他27歲。妻子是同期航校同學的妹妹周勁培。新婚後，空軍航委會找他談話，為了照顧他的生活，準備安排他去運輸大隊。被他堅決地謝絕了，他不願因為是部長的兒子而受到特殊照顧。戰爭尚未結束，他更不願離開戰鬥崗位。

據《官二代也抗日？回憶高幹子弟空軍烈士翁心翰》一文記載：【2.4】

> 1944年9月14日，翁心翰率隊出擊全縣，炸縣城，掃射三裡橋，斃敵兩百餘名，同日再次出擊轟炸龍王橋，掃射范家祖山一帶敵陣。9月15日再次出擊兩次。9月16日，當日天氣不佳，不是出擊的氣候。但是地面作戰形勢太惡劣，空軍若不出動，情形只有更壞。翁心翰再次率隊前往興安到桂林的沿線作戰，在興安縣城附近的公路上，翁心翰發現了日軍部隊，當即率隊進行掃射轟炸。日軍的防空火力擊中了他的戰機，羅盤和無線電均被打壞，腿部也被擊傷。在返航途中，由於戰機油盡，人受傷，加之迫降地面不平，造成了迫降失事，翁心翰的胸部在迫降時受撞，因失血過多，壯烈殉國。

得知幼子翁心翰為國捐軀的噩耗，父親翁文灝長歌當哭，揮淚寫下了《哭心翰抗戰殉命》【2.5】：

> 自小生來志氣高，願衛國土擁征旄。
> 燕郊習武增雄氣，倭賊逞威激怒濤。
> 誓獻寸身防寇敵，學成飛擊列軍曹。
> 江山未複身先死，爾目難暝血淚滔。
>
> 艱苦吾家一代人，同舟風雨最酸辛。
> 上哀衰父悽愴淚，下念新婚孤獨親。
> 痛切連枝齊息涕，悲懷身世更沾巾。
> 宗邦如此危阽甚，何日江山得再春。
>
> 人生自古皆有死，死為邦家亦足榮。
> 痛惜士兵少年志，能捐身命自豪英。
> 傷心最切兆民苦，哀哭驚看大廈傾。
> 兒已喪亡衛國土，千鈞重責更誰擎？

翁心翰烈士的名字篆刻在"南京抗日航空烈士紀念碑"上，
又是一位浙江鄞縣人

翁家的女婿柳東輝（1914-1942）也是一位著名的抗戰空軍烈士。

柳東輝1934年進入杭州筧橋中央航空學校學習，第六期畢業生。1936年10月畢業後擔任空軍運輸機飛行員。

柳東輝是南開中學校友。根據臺灣南開校友會提供的一份《抗戰時期壯烈殉國的空軍校友》中【2.6】張錫祜、沈崇誨、陳康、柳東輝、陸家琪、劉承祜等六位英烈事略所記錄：

> 柳東輝1942年3月由重慶駕駛飛機至浙江衢州視察。此次任務行程往返約2500公里，要避開敵機攔截和地面炮火攻擊，是很危險的，長途飛行氣象和地形複雜，發生各類事故和機械故障的可能性也對安全構成威脅。3月17日，完成任務返回途中，在距離重慶僅十餘分鐘航程的涪陵縣上空，不幸觸山殉職。

這張寶貴的一九四五年《重慶汪山空軍烈士公墓次序圖》，是曾經贊助九位留在大陸國軍抗戰老兵來台的台商白中琪拍賣所得，他將此圖捐給重慶的空軍紀念園，希望對方能夠展出。【2.7】

根據圖中墓穴的位置：柳東輝烈士（65號），空軍英雄周志開（51號）。本書"美國《生活》雜誌上的民國空軍"中提到的空軍官校十二期鄭兆民（102號），本書"找到與二叔同船赴美的戰友"裡的劉一愛（106號），本書"實戰訓練又摔一架飛機！"提到的2號機駕駛員戴榮鉅（128號）。另外，奉命刺殺漢奸頭目丁默村而殉職的中統特工鄭蘋如的哥哥鄭海澄（53號）與未婚夫王漢勳（107號）都在抗戰中先後陣亡葬於此地。據重慶中國三峽博物館特約研究員唐學鋒的分析：第35、39、41號墓穴中的主人之一是翁心翰。【2.8】

這些為國捐軀空軍英烈們的遺骨今何在？

重慶是抗戰時期中華民國陪都，距離蔣介石官邸不遠處，是民國政府於1939年在重慶南岸汪山放牛坪購買200餘畝土地開闢建設的"汪山空軍公墓"，這裡曾經葬有武漢保衛戰、長沙會戰、壁山空戰諸役犧牲的242位在抗戰中為國捐軀的空軍烈士。上世紀50年代，墓園遭到破壞，墓牆、墓碑、祭奠堂等都被毀掉了，墓穴也變得殘破不全。後修復一些墳塚時發現，其實在不少墓碑底下根本沒有骨骸，名單也錯誤百出。

《重慶汪山空軍烈士公墓次序圖》

近日，臺灣熱心人士汪治惠等人根據台商白中琪提供的《重慶汪山空軍烈士公墓次序圖》到當地勘查，並查閱相關文獻，目前考證出150多位在此地埋葬的空軍烈士，但只有一半入祀臺灣圓山忠烈祠。汪治惠呼籲重慶陵園管理部門尊重古跡與史跡，也要求臺灣當局應讓其餘烈士入祀忠烈祠，以慰忠魂。

"Never was so much owed by so many to so few"

-- Winston Churchill

（譯文："在人類爭戰的歷史中，從來沒有這麼多人對這麼少人，虧欠這麼深的恩情！"）

這是英國首相溫斯頓·邱吉爾於1940年8月20日在國會發表的戰時演說中，對英國皇家空軍英勇抗擊德國法西斯大轟炸的著名評論。

中華民國抗戰空軍烈士同樣無愧於這樣的稱號。"生當作人傑，死亦為鬼雄"，他們是中國歷史上永垂不朽的功臣，永遠銘記在千萬代子孫的心裡。

3. 我的二叔是英雄

"出師未捷身先死, 長使英雄淚滿襟"

1941年底，中國抗日戰爭的至暗時刻！

國民政府決定在全國各大學召募學生從軍。西南聯大學生踴躍報考，勇赴國難，全校形成了從未有過的從軍熱潮。聯大三位校務委員會主席率先做榜樣：清華大學校長梅貽琦的獨子和兩個女兒擔任美軍譯員；北大校長蔣夢麟之子到參戰部隊當譯員；南開大學校長張伯苓的兒子服務於空軍；訓導長查良釗之子任汽車部隊駕駛員；文學院院長馮友蘭之子擔任從軍譯員……特別是後來發起的"一寸山河一寸血，十萬青年十萬兵"運動，教授們的表率作用在西南聯大更是傳為佳話。

一年之前，即1940年，二叔從輔仁大學數理系轉學西南聯大物理系二年級【3.1】。據《輔仁大學校史》記載，當時數理學系建立了理化實驗室，教學管理嚴格有序，課程設置要求學生修滿微積分、微分方程、高等微積分等數學課程。教學全部使用英語教材，筆記、習題、畢業論文均用英文。按時間推算，當時他應與後來享譽中外的大師楊振寧（1938-42級）、戴傳曾（1938-1942級）、鄧稼先（1941-45級）同系。當時的物理系主任是中國近代物理學奠基人之一、中央研究院第一屆院士、普林斯頓大學博士饒毓泰教授[1]。

然而，中日開戰以來，血氣方剛的二叔親眼目睹日本飛機在中國

1.饒毓泰（1891.12.01—1968.10.16）1913年考取公費留學，赴美國芝加哥大學攻讀物理學，1917年獲物理學碩士學位。隨即轉入普林斯頓大學研究生院，從學於世界著名物理學家康普頓教授，1922年榮獲哲學博士學位。1922年8月返回中國，參與南開大學物理系的創建，任教授兼系主任。抗戰期間，擔任西南聯大物理系教授和系主任。饒毓泰執教40餘年，培養了吳大猷、馬仕俊、馬大猷、郭永懷、楊振寧、黃崑、張守廉、鄧稼先、李政道等一批知名物理學家，影響深遠。

領土上狂轟濫炸，平民百姓流離失所，無家可歸，早就義憤填膺。面對日軍不斷蠶食中國的侵略行徑，他多次表示好男兒志在四方，保家衛國，匹夫有責。

儘管爺爺在北大的同事說他是物理系不可多得的高材生，而他還是懷揣著一顆憂國憂民之心，和其他同學一起，毅然報名參加空軍。

同期從西南聯大投筆從戎的馬豫在《抗日戰爭時期西南聯大學生參加空軍紀實》中提到：【3.2】

我的二叔李嘉禾
（拍攝日期不詳）

日寇瘋狂入侵，祖國處於生死存亡的關頭。身為中國青年，投身報效祖國是理所當然的事。當時，首次在全國大學生中招考空軍飛行學員（以前是從陸軍軍官學校的學員中選派）。投考空軍，要通過最嚴格的檢查，錄取率約為百分之一。入學後的飛行訓練分為初、中、高三個階段，淘汰率約為百分之五十以上。

投考空軍的同學們都懷著英勇報國的雄心壯志。回憶我們被錄取後，在走進昆明巫家壩空軍航校的大門時，看到大門兩旁的對聯寫道："升官發財請走別路，貪生怕死莫入此門"。[2]

被錄取的聯大同學們清楚地意識到，這將是他們英勇報國的開始。經過短期飛行訓練後，同學們又先後到美國繼續接受各種飛行訓練，包括初、中、高級的教練機飛行訓練，和畢業後的作戰飛機訓練，為期約為一年。1944年，分批回國，分配在空軍的各個轟炸機和戰鬥機大隊，與美國空軍盟友並肩作戰，給日寇的陸軍和空軍以沉重的打擊，為最終取得抗戰勝利盡了自己的力量。

我的二叔正是在這個時期，在他即將大學畢業前夕，和其他同學一起，滿懷救國救民壯志，考入昆明空軍官校，於1942年秋告別家人，遠赴美國接受飛行訓練。

---

2. 關於"升官發財請走別路，貪生怕死莫入此門"，早在廣州革命政府成立"黃埔軍校"時，大門口就有這副對聯，空軍航校也是因襲當年的黃埔精神。

在那烽火連天的日子裡，家人望眼欲穿，滿心盼著他學成歸來。可他們萬萬沒有想到，在二叔即將回國前夕，一紙《陣亡通知書》由軍政部傳回昆明，將他永遠地留在了美國。噩耗傳來，全家悲慟不已，老師和同學也皆為之扼腕歎息。

雖然，家人都明白，參加空軍抗擊日本侵略者，生還的可能性很小，沒有多少人還能看到抗日勝利的那一天。可眼下，從遙遠的美國訓練基地傳來哀訊，還是讓全家禁不住喟然頓首朝天長歎。

真所謂"出師未捷身先死，長使英雄淚滿襟"。

他們為失去一個好兒子而悲痛，也為他未能實現宏願，回到自己的祖國，在空中與日本侵略者英勇搏擊而惋惜。

二叔投筆從戎，英年早逝，他的故事令人唏噓感慨。當年那張《陣亡通知書》只寥寥數語簡述空難，對他在美國的經歷，那次飛行事故的緣由，還有遺骸掩埋地，均未提及。兵荒馬亂的年代，遙遠的距離，尋找二叔，成了不可能之事。

二叔，是我們家族埋在心底的痛，更是待解的謎。

遲到的花圈和挽聯

1945年8月，中國終於迎來了抗戰勝利！

全國人民還沒有高興幾天，國共內戰烽煙又起，四年後，國民黨軍隊節節敗退，最後去了臺灣。

中華人民共和國成立後，尤其是文革十年浩劫中，所有與國民黨軍隊有過關聯的人都成了"階級敵人"、"歷史的罪人"，遭受無端的政治迫害，或身陷囹圄、或發配勞役、或生活困頓，或面對家人的冷漠與隔閡。當年那些為保家衛國，抗擊日寇而犧牲的烈士無人問津，甚至連他們的墳墓都被搗毀。

紅衛兵到祖父家抄家時翻到二叔的遺物，上面印有"青天白日"國民黨旗圖案，立刻成了"滔天罪行"，白髮蒼蒼的老人被拉出門帶著高帽子在胡同裡跪地批鬥，所有古書字畫當眾焚燒……

"士可殺，不可辱"，一生正直為人清廉的爺爺不堪淩辱，當夜懸樑自盡！

掛在我奶奶臥室裡那張二叔英俊的戎裝照從此不知了去向。

我父親畢業於燕京大學西語系，英語流利，抗戰期間在昆明為駐紮在巫家壩機場的美軍"飛虎隊"協調飛機及裝備到"中央機器廠"維修事宜。文革期間，也被扣上"美蔣大特務大間諜"罪名，批鬥、抄家、毒打、縮減住房、被迫在里弄裡打掃衛生，還被專政隊隊員按著頭向"偉大領袖"下跪請罪……

那個年代，誰還敢再提二叔的名字？但在我們全家人的心中，他仍是個英雄！

二叔埋葬在哪裡？飛機失事的真正原因是什麼？多年來，這些問題一直在大家心中徘徊。不幸的是，很長一段時間裡，中國與世界天地兩隔，我們無法獲得有關二叔的任何消息！

文革期間有很多年我沒敢叫父親，當他終於被"平反"，我竟然不知道怎麼張口叫"爸爸"了。沒過多久，他被發現患了癌症，可還是抱病去安徽宿遷縣教英語。每次回上海，他把工資藏在麻袋裡帶回來，說是給我出國留學買機票用。

1987年初，我研究生畢業，已是癌症末期的父親，拖著虛弱的身體來參加我和張勤簡樸的婚禮。

經歷了文革重重磨難，與癌症搏鬥八年的父親終於倒下了。1987年夏臨終前，他把我叫到床邊，坦然地把"志願遺體捐獻"申請書交給我，囑咐送到醫學院，以便對淋巴癌做進一步研究用。

我忍著淚，伸出顫抖的手，接過他親筆簽署的申請書，再次看到了一位老知識份子對祖國和人民的赤膽忠心。

"我很快要去和我爹我娘、弟弟妹妹匯合了……可惜啊，二弟嘉禾葬在美國什麼地方都還不知道！我好想知道他在那裡過得好不好？"

一番話，讓我頓時淚如雨下。

一個月過後，父親溘然長逝，他是帶著無盡的遺憾走的。他的遺體捐獻給了上海第一醫學院。

上世紀八十年代初，沉重的國門終於打開了！

我和哥哥靠努力終於得以出國留學，我用父親辛苦攢下的九百多元人民幣，買了一張飛往加拿大溫哥華的機票。

每次想起父親，心裡都隱隱作痛……

上世紀九十年代末，突然收到四叔從北京發來的一封信，信中懇切希望海外親戚們能幫助尋找李嘉禾的埋葬地點，讓他在有生之年能瞭解二哥在美國的下落。

四叔的來信，讓我聯想到父親的臨終囑託，再次感受到了李家兄弟之情。

功夫不負有心人！幾年以後，在臺灣的段佑泰表叔居然從抗戰空軍的一份雜誌中查到了二叔在美國的埋葬地點！

這個消息振奮人心！

四叔家的美國女婿里克·萊文（Rick Levin），特地寫信與美國德州陵園聯繫，陵園管理處寄來了二叔墓碑的具體位置。四叔準備親自來美國看望他的二哥，護照都辦好了，但最終因年邁體弱無法親自前往。聽到這個消息，表侄馬陽博士帶著兩個兒子立刻驅車二千多公里從洛杉磯趕去德州祭奠。父子三人在墓碑前燃香祭拜，獻上家人遲到的花圈和挽聯。

挽聯的上聯是"盡忠取義枕天涯黃沙身蔭萬世子孫"，下聯"救國衛民灑一腔熱血心昭千秋日月"。

漫長的七十多年過去了，我們李家人終於找到了安息在美國為國捐軀的二叔！

表弟馬陽立刻從洛杉磯趕去德州祭奠，
獻上家人遲到的花圈和挽聯（馬陽博士拍攝）

2012年2月，四叔的女兒李崇紅從北京專程飛到德州為二叔掃墓。人生地不熟，一時找不到買花的地方，她急中生智解下脖子上的紅圍巾，打成蝴蝶結安放在二叔的墓前。

　　在回北京的途中，她懷著無比激動的心情寫下了感人的悼文《在二伯伯墓前》，以告慰二叔在天之靈、已經離世的祖父母和家人。（見附錄1）

堂姐李崇紅特意從中國趕來，將紅圍巾打成結
安放在二叔的墓前　（李崇紅拍攝）

4. 德州陵園52座民國空軍墓碑

他們都是 "Chinese Air Force"[1]!

2013年11月，我哥李宜從加州到德州艾爾帕索市（El Paso）布利斯堡國家軍人陵園祭奠我二叔。[2]

我在墓前放了一面美國國旗和兩盆白菊花，代表我和我妹妹，也代表我們父母子女，以及我們李姓家族所有的親屬向二叔致敬。在我們心裡，二叔永遠和我們在一起。

巡視墓園的時候，他震驚地發現在二叔墓碑的周圍還有很多刻著Chinese Air Force（中國空軍）字樣的墓碑！

仔細查閱陵園網站，他找到了這樣一段信息（譯文）：

1944年秋天，中國當局正式選定了布利斯堡（Fort Bliss）軍事基地作為在訓練中遇難的中國空軍軍校學員安置地，共55人被安葬在布利斯堡的國家公墓。【4.1】

這一發現帶來更多的疑問：這些中國空軍是怎麼來的？怎麼會有那麼多人死在美國？除了這裡的五十多人，是不是還有人埋在美國其他地方？他們的家人是否知道他們的安葬地點？是否有機會到這裡來

---

1. 根據墓碑"Chinese Air Force"直譯為"中國空軍"。事實上，他們都應屬於"中華民國空軍"，本書所有其他章節若亦如此。
2. 美國德克薩斯州布利斯堡公墓地址信息見最後"參考書籍及資料來源"。

祭奠？

在給我們的郵件中他鄭重地寫道：

到現在為止，我還無法確認二叔當時的前後經過，包括：

1. 在什麼時候，從中國的什麼地方來美國？
2. 到美國後在什麼地方學習？
3. 什麼時候出的事，怎麼出的事？

希望我們能找回二叔的往事。只有到那時，我們才能真正把二叔給帶回家來。

從此以後，尋找二叔飛行失事原因成了整個搜索的重心。我哥哥甚至大聲疾呼："哪裡有自己的孩子無緣無故犧牲了，而家裡的親人多年對此一無所知？"

其實，我們都知道，這裡有歷史原因、政治原因，還因為路途遙遙，遠隔太平洋。特別是我們的祖父母、父母以及四叔，所有可能知曉當時一點情況的上一輩老人們相繼都過世了，從何獲得更多關於二叔參軍受訓以及後來犧牲的情況呢？

我哥李宜祭奠二叔時安放在墓前的白菊花和美國國旗　（李宜拍攝）

不過，我明白，只有找到二叔犧牲的原因，才能真正把二叔帶回家。

從此以後，無論工作還是旅行，我逢人便打探抗戰空軍。在舊金山市僑界新年團拜聚會上，我找過來自臺灣的將軍；也試著與中國社會科學院近代史研究所聯繫……所有的努力都落空，反而浪費了許多時間。

這件事埋在心裡，揮之不去。

那時候，我剛到美國矽谷高科技公司上班，科技發展日新月異，工作壓力非常大，無暇在上班之餘尋找二叔的過往。這件事就這樣擱置了下來，直到2018年初看電影《無問西東》……

    "晃晃來了！"

    沈光耀的臉上露出溫暖的笑容……"這個時代缺的不是完美的人，缺的是從心裡給出的真心、正義、無畏和同情。"

當這個年輕人一字一句吐出他的博愛理念，我已淚流滿面。

仿佛眼前出現的就是二叔！當年的他一定以天下為己任，懷悲天憫人之心，跨入空軍官校去美國的。

突然，我意識到了自己的使命！

異國他鄉, 離群之雁

2018年3月一個平常的週末，我和先生張勤飛往鳳凰城，再從這裡出發，駕車七個小時來到"布利斯堡國家軍人陵園"，去看望我的二叔。

這是全美國迄今141個國家軍人陵園之一，位於德克薩斯州邊陲小城艾爾帕索（El Paso），布利斯堡軍事中心管轄區域內。

陵園呈長方形，園內芳草如茵，靜謐、寂然。潔白的墓碑鱗次櫛比，排列有序，宛如逝者組成龐大的方陣，浩浩蕩蕩，非常壯觀。

在布利斯堡陵園裡，安息著近百年來各個戰場，如一戰、二戰、韓戰、越戰、中東戰爭中殉職的五萬多名軍人、退伍老兵、退伍軍官以及他們的家屬。因為是週末，不少逝者的親屬，開車帶著

布利斯堡國家軍人陵園前門（李宜拍攝）

妻子在墓園悼念亡夫（張勤拍攝）

花束來到這裡，其中有妻子帶著孩子來看望亡夫，也有兒女用輪椅推著老母追悼父親。不知當日為誰舉行安葬儀式，陵園下半旗致哀，整個園區顯得更加莊嚴肅穆。

這些都讓我非常感動。

隨著汽車漸漸駛近埋葬中華民國空軍學員所在地PD區，感覺心跳在不斷地加速……

陵園為下葬的軍人下半旗致哀（李安拍攝）

　　墓區偏安一隅，沒有花束，白色墓碑群排列整齊，靜靜地等候
著親人們的到來。墓碑上幾行簡短的文字，淹沒在浩如煙海的陣亡
者名錄裡，成為一串串冰冷的數字。

　　這下面埋葬著一個個曾經都是鮮活的生命啊！而今多少年過去
了，不知還有誰記得他們的過往？

　　我在大理石墓碑叢中徘徊，不時彎腰查看墓碑號和正面刻著的
一個個名字，心裡不停地呼喚著，“二叔啊，我今天終於來了，您在
哪裡呢？”

　　臨出發前，我哥告訴我二叔的墓碑號是16E，還說他的墓碑附近
有些灌木叢，可做參考物。可是，德州沙漠地區酷熱，風沙又大，
幾年過去了，哪裡還有什麼灌木叢？附近只有幾棵不大不小的矮
樹，寥寥幾片葉子隨風飄動。

　　來回走了幾圈，首先映入眼簾的是E16，墓碑的主人不是中國
人。我開始懷疑是不是自己記錯了？

　　終於，看到刻著“Chinese Air Force”的墓碑了！

　　順著墓碑號11E，12E，13E……撒腿往前奔，在16E那塊雕刻著"LEE CHIA-HO"字樣的墓碑前站住了。

　　一股無法抑制的悲哀從心底湧出，仿佛看見二叔從墓碑後走了出來，還是那麼的年輕，穿著我所熟悉的長衫。我抱緊墓碑哭著對二叔說："對不起！二叔啊，我來晚了！"

　　家裡的那些老相冊，關於二叔的故事，我父親和四叔臨終前的囑託，憋在心裡幾十年的親情一齊湧上心頭……

　　在那動亂的年代，因為二叔參加民國空軍，爺爺和奶奶被戴上高帽子，雙雙跪在北京大學夾道胡同裡，受盡了淩辱和毒打。他們的家被抄個底朝天，多年珍藏的古書、古畫，統統被當作"四舊"拋進火堆當街焚燒……在爺爺懸樑自盡的當晚，年逾八十的奶奶抱著他來回晃動的雙腿，怎麼也扛不動啊！奶奶竭盡全力大聲呼喊"救命啊！救命啊！"可是，院子裡沒有人敢站出來幫一把，只能眼睜睜看著老人斷了氣……

　　一件件、一樁樁浸透著血和淚的往事都活了起來，不停地在腦海中翻騰，讓我泣不成聲。

　　我把遠道帶來的兩盆白菊花安放在二叔的墓前，心裡有說不出的後悔：為什麼不早些來看望二叔？而讓他孤零零地躺在這偏僻的美國小城苦苦等待七十多年！

　　留意到旁邊的兩個墓碑，犧牲日期、下葬日期和二叔都是同一天，我猜想，他們和二叔一定是同時遇難的戰友。

　　我和先生在PD區墓碑群，總共找到 52 塊篆刻著"Chinese Air Force"的墓碑。這些墓碑上除了名字，還刻著他們的軍銜、去世日期及埋葬日期。

　　望著眼前一座座排列整齊的墓碑，我心裡如波浪翻轉，感慨萬千！

　　他們都是中美空軍聯合抗戰歷史無聲的見證人，是當年懷著保家衛國的宏願來到美國接受飛行培訓

二叔安息在美國德州布利斯堡國家軍人陵園（張勤拍攝）

的空軍。雖然沒能有機會馳騁疆場，回到祖國的空中與入侵者浴血奮戰，然而，他們年輕的生命理應同屬於中華民國抗戰空軍歷史的一部分。

可如今，在遙遠的異國他鄉，他們卻像離群之雁顯得那麼的冷落、孤寂……

我和先生不忍心讓他們常年默默無聞地躺在這荒涼的美國軍人陵園裡，馬上開車到附近的超市去買花。回來才發現，陵園提供的插花底座是錐形的，喇叭口很大，一束花插進去顯得有些單薄，一陣風吹來滿地滾，這使我感到自責，心裡覺得對不起烈士。於是，我倆再次回到鎮上，帶回來上百束花，恭恭敬敬地插滿錐筒，安放在每一位空軍先烈的墓碑前。

望著佈滿彩色花束的墓碑群，心裡這才感覺好過一些。我相信，如果英烈們地下有靈，一定會感到欣慰的。

布利斯堡國家軍人陵園裡的中華民國空軍墓碑群（張勤拍攝）

駝峰英雄魂歸故里

夕陽快落山了，我們還在墓園久久徘徊，不願意離開。

這些空軍還沒來得及回到祖國報效國家，就將自己的生命貢獻給了祖國和人民。他們同樣是英雄，我們有什麼理由不把他們帶回來，而讓他們無聲守候在美國那麼多年呢？

他們的家庭背景是什麼？為何參加空軍？如何學習飛行？遭遇到怎樣的空難？他們中的每一位應該都有一段精彩的人生故事啊！不知道這些曾經為國捐軀的空軍家人是否知道他們的安息處？是否也像我們家一樣走過蜿蜒曲折的尋親歷程？

不由想起2017年《世界週刊》上刊登過一篇《駝峰英雄魂歸故里》，那是關於美國飛虎隊隊員羅伯特‧尤金‧牛津（Robert Eugene Oxford）的遺骸73年之後回到故鄉喬治亞安葬的故事。我相信每一個看到這篇報導的人都會為之感動。

在羅伯特‧尤金‧牛津下葬的當天，美國喬治亞州派克郡（Pike Coun-ty，GA）政府為這位當年援華參加抗日戰爭而犧牲的美國空軍第14航空隊上尉舉行了隆重的葬禮。有800多人自發前來參加，護送英雄牛津最後一程，其中有一半是華人。

在葬禮上，美國空軍戰機編隊飛越墓地上空，向英雄致敬；儀仗隊鳴槍，迎接牛津魂歸故里。牧師在致辭時表示："英雄牛津是為美中兩個偉大國家而戰，是為世界和平而戰，為正義而戰。"

紀念，是為了讓他們不被遺忘。如果我們不努力去尋找那些失去親人的家屬，讓這些空軍將士繼續沉默在異國他鄉，不給這些為國捐軀的軍人們在國家抗日戰爭的歷史上樹碑立傳，實在有愧於這些先烈！

我有這個義務和使命，再怎麼難，也要找到他們的家人，讓更多的人們記住他們！

我在二叔墓前發誓："二叔，您的這些戰友都是我的二叔，我不但要把您找回來，也要幫助每一位赴美殉職空軍找到親人！"

5. 慘烈的空難

生命, 在璀璨中離去

至今，我還清楚地記得2018年3月19日那天晚上查看《飛行事故報告》的情形……

輕輕關上書房的門，坐到書桌前，扭亮檯燈，從電腦下載"美國航空考古調查與研究"網站（USAAIR）克雷格·富勒（Craig Fuller）先生發來的《美國空軍戰爭部飛行事故報告》，似乎推開了一扇厚重的歷史大門……

緩緩翻開長達130頁的《飛行事故報告》，屋內外的一切都靜止了，心卻越跳越快。

眼前一張張圖表，一幅幅照片，引領著我走進歷史的峽谷，仿佛聽見那架TB-25D（Mitchell）撞擊山坡時發出的轟然巨響，看見了事發地點翻騰的火焰。我奮力奔跑，加入了最先趕到出事地點的幾位當地駐軍之中，和他們一起，一邊躲閃著炙熱的火舌，一邊將倖存者奮力拖出飛機殘骸……

1944年9月30日，週六晚10點46分，一架隸屬美國陸軍第三空軍戰術司令部，機型TB-25D，序號41-29867的中型轟炸機從亞特蘭大（Atlanta）陸軍航空基地起飛，執行越野飛行任務，預定飛往奧克拉荷馬州的威爾·羅傑斯（Will Rogers）機場。

飛機駕駛員是機長布朗·巴雷特（Barrett, Bron E.），此外還有8位乘員，其中3位是中華民國空軍，5位屬於美國陸軍航空隊。3位民國空軍的名字、編號以及在此次遠程夜航訓練中擔任的職務分別為，Chen,

Gwon-Choon（陳冠群）597號副駕駛；Lee, Chia-Ho（李嘉禾）431號領航員；Yang, Li-Geng（楊力耕）577號無線電通訊員。他們的軍階都是空軍准尉[1]。

當晚11點15分，威爾·羅傑斯機場接到報告說，一架飛機在奧克拉荷馬州埃爾瑞諾鎮（El Reno, OK）以西16公里處墜毀。

那天夜裡，對於軍士亨利·杜伯斯·卡魯梅特（Harry Dubois Calumet）來說是此生極為難忘的時刻。

他聽到一架飛機呼嘯著從頭頂飛過，隨之而來一聲巨響，震耳欲聾的爆炸蓋過了一切。他飛快地跑到門口，看見90公尺開外的地方有一團烈火沖天而起。他趕忙把已經入睡的士兵衛斯理·博內斯（Wesley Byrnes）推醒，兩人一起向火場奔去。

趕到出事地點，急促的呼救聲傳來……那是從一截散落的飛機通訊艙發出，軍士約翰·卡彭特（John Carpenter）被卡在裡面動彈不得，火焰已經開始兇猛地向他撲去。

卡魯梅特和博內斯冒著高溫把纏住卡彭特的電纜解開，拖過一片金屬殘骸，為他擋住烈焰，同時努力地把他的頭和肩膀先移到機艙外。他

1944年9月30日晚TB–25D預定出發和終點機場

1. 臺灣《空軍忠烈表》第50頁註明：李嘉禾"空軍官校十五期少尉三級軍官附員"；楊力耕和陳冠群為"空軍官校十六期准尉見習員"。（見第九章"日記裡出現了'李嘉禾！'"圖片）

們在隨後趕來的羅伊‧莫伊爾（Roy Moyer）先生的協助下，把卡彭特抬到了安全的地方。

在搶救卡彭特的同時，卡魯梅特和衛斯理還準備救助另一位呼救者，但來不及了！

機艙裡火勢是那樣的灼熱，熊熊烈焰席捲而來，任何人都無能為力了⋯⋯

看到其他飛機乘員已經救無可救之後，博內斯和莫伊爾以最快的速度將卡彭特軍士送到瑞諾堡（Fort Reno Hospital）醫院，並通知有關部門。卡魯梅特則通宵守護在事故現場，為從瑞諾堡趕來的值日軍官，以及後來從威爾‧羅傑斯機場過來的調查委員會成員們提供幫助。

天亮後就能看清楚事故現場的全貌了。

在與地面強烈撞擊之後，TB–25D（41-29867）經歷了解體、爆炸、燃燒，
其殘骸散佈在大片區域內⋯⋯

TB-25D空難之謎

事故發生後的第三天，由美國陸軍航空隊飛行安全部官員主持的"事故調查委員會"成立。委員會成員對事實經過和相關檔案作了采證，最後，向陸軍航空總司令部提交《飛行事故調查報告》。

TB-25D解體和焚燒之後，這架飛機上的9名成員中8人殞命，被搶救過來的軍士約翰‧卡彭特受了重傷，在醫院裡躺了兩天才蘇醒。可他無法提供任何信息，因為出事當刻他在機尾通訊艙裡，沒能看到或聽到駕駛艙所發生的一切。

威爾‧羅傑斯機場的航空工程部向該機場戰鬥機群訓練中心的司令官報告說，在從威爾‧羅傑斯軍用機場起飛之前，TB-25D的飛行狀態良好。威爾‧羅傑斯機場曾在9月25日為這架飛機更換了兩個引擎，並作了25個小時的檢查，還在9月29日進行了2個小時的試飛。試飛的結果都正常。在TB-25D起飛之前，威爾‧羅傑斯機場的工程部還發現飛機的兩個自整角機的指示器存在缺陷，他們對此也作了矯正。

根據威爾‧羅傑斯機場油料部的紀錄，TB-25D在起飛前燃油充足。

調查委員會收集了起降機場以及沿途幾個氣象站當天向陸軍航空部門提交的氣象報告，尤其關注奧克拉荷馬州威爾‧羅傑斯機場向TB-25D發放的飛行許可通知。調查委員會在《飛行事故調查報告》當中，注明了事故發生時埃爾瑞諾鎮地區的氣象資料。

當時是陰天，雲層高度只有200英尺，相當於66公尺。能見度為3.6公里，而且還有薄霧。這些資料表明，TB-25D是在非常不利的天氣條件下進入那個地區的。然而，威爾‧羅傑斯機場的飛行許可通知裡所說的良好氣象條件也許讓TB-25D失去了警惕。

委員會成員在檢查飛機殘骸時，找到了一個高度計。調查人員認為，這個高度計的指標記錄了飛機失事前一時刻飛機的實際高度，約453公尺。對於在山區上空飛行的大型飛機來說，這是一個十分危險的飛行高度。

事故調查委員會對於TB-25D和地面的通話聯繫也進行了查看。他們調集了TB-25D所有的通話記錄，發現在整個飛行過程中，機長布朗‧巴雷特只在亞特蘭大空軍基地起飛之前與塔臺通過一次話，要求准予起飛。在那以後一直到飛機失事，他都沒有和任何沿途的導航站，氣象站，以及奧克拉荷馬州威爾‧羅傑斯機場的調度台進行聯

"事故調查委員會"在TB-25D
(41-29867) 殘骸裡找到的已經停止工作
的高度計

繫。在駕駛室裡，經常有地面氣象站向飛機通報天氣情況，但沒有人去理會這種無線電呼叫。

綜合上述查證事實，調查委員會把地形的起伏，雲層的高度，霧氣的分佈，以及能見度按照比例繪在一張圖上，綜合還原了事故現場附近的環境。地理和氣象環境如此不利，駕駛員不和地面氣象站保持聯繫，不檢查飛行高度，還違反飛行高度規範，使用自動駕駛儀去操控飛機。

正是這些因素導致了機毀人亡。

18天後，"事故調查委員會"向航空司令部提交的報告揭開了那場空難的謎底（譯文）：

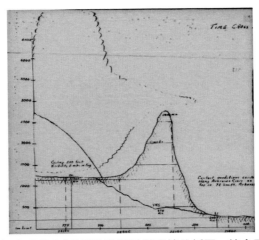

"事故調查委員會"繪製的事發地點環境分析圖，綜合了地形，
雲層高度，霧氣分佈，以及能見度。

造成事故的主要原因：駕駛員的錯誤，在條令限制的飛行高度內啟用了自動駕駛系統。

次要原因：猶豫不決
潛在的因素：氣候

結論是簡短的，代價是慘痛的。

火場撕聲裂肺的呼救聲還在耳邊迴響……

第一時間裡，我把二叔的《飛行事故報告》發給海內外的親友們，壓抑在心頭幾十年的謎團解開了，我們家人這些年付出的努力終於有了結果！

　　輕輕合上手提電腦，我長長地舒了口氣：如果二叔在天英靈有知，他一定會為我們這些後輩的堅持不懈而感動。

　　失散多年的二叔終於回家了！

二叔最後乘坐的TB-25D（"米切爾"）轟炸機雄姿（公共领域圖片）

李嘉禾等九名中美空軍乘坐的TB–25D（41–2986）
《飛行事故報告》主頁

6. 不朽的豐碑, 西南聯大學子從軍

"沈光耀"和他的同學們

"國家亡了可以復興, 文化亡了就全亡了。"

1937年7月末, 日軍以"南開是抗日基地"為藉口, 對南開大學、中學、小學進行狂轟濫炸。南開的創辦者、校長張伯苓, 得知自己一生的心血化為灰燼後, 靜默地坐了一會兒, 大義凜然地說: "敵人只能摧毀我南開的物質, 毀滅不了我南開的精神。"

到1938年8月, 全國108所專科以上學校中, 91所遭到日軍破壞, 10所全部被毀。

為了"保留國家的元氣", 國民政府做出了高校內遷的決定, 要求"學校不能停課, 老師不能減薪, 後方學校必須無條件接收淪陷區的流亡學生。"國立北京大學, 國立清華大學和私立南開大學, 共同組成西南聯合大學, 踏上轉移之路, 先駐足長沙, 在日軍逼近之後再繼續內遷, 直到昆明落腳安頓下來。

戰火紛飛的歲月中, 簡陋艱難的條件下, 弦歌不輟, 大師輩出, "西南聯大"成為中國教育史上一座不朽的豐碑。

電影《無問西東》的課堂裡有這麼一個感人的橋段, 雨下得實在太大了, 雨點打在鐵皮屋頂上"叮噹"作響, 根本上不了課, 老師在黑板上書寫"靜坐聽雨"四個大字。王力宏扮演的沈光耀推開窗戶, 靜靜地望著窗外淅淅瀝瀝, 心裡惦記著身處水深火熱中的祖國和民眾……

感動無數觀眾的這一幕, 並不是導演的突發奇想, 而是源於經濟系

陳岱孫教授課堂上的真實故事。

在抗戰生死存亡之際，西南聯大曾掀起多次從軍熱。早在南京大屠殺的消息傳到長沙第二天，臨時大學校園裡就掀起了學生從軍熱潮。300多名學子滿懷激憤，毅然決然投筆從戎，走上了抗日戰場。後來"駝峰航線"、滇緬公路、緬甸大反攻需要大量翻譯和技術人員，空軍航校也到聯大尋覓優秀飛行員。先後有1000多名學生投筆從戎，聯大紀念碑上鐫刻的"832從軍壯士"名單只是他們中的一部分。【6.1】

機械系學生馬豫先生在《抗日戰爭時期西南聯大學生參加空軍紀實》一文中【6.2】詳細憶述了和他同時考入空軍十人，殉國者五人，其中二人在赴美受訓過程中殉職。

十五期（和馬先生同期）五人：

王文，1923年生，河北深澤人，聯大1944級機械系。留美回國後在中美聯隊第五大隊第26中隊，1945年1月18日出擊衡山之敵時失蹤殉國。見《空軍忠烈錄》第一輯，臺北：空軍總司令部情報署編印，1959，517頁。

李經倫，1922年生，天津人，天津南開、廣東中學畢業，1944級化學系。留美習轟炸，1986年病逝於洛杉磯。

吳堅，1921年生，廣東寶安人，北平崇德中學畢業，1944級航空系。留美回國後在中美聯隊第三大隊28中隊，後調8中隊，1945年5月16日在陝西安康機場起飛時失事殉國。見《空軍忠烈錄》第一輯，515頁。

崔明川，北平人，1944級機械系，1943年7月9日在美飛行訓練時，不幸失事殉國。見《空軍忠烈表》，臺北：空軍總司令部情報署編印，1959，173頁（《忠烈錄》、《忠烈表》同時由空軍情報署發行，意義同樣重要。前者資料多，有照片；後者大多是年輕的殉職者，故只有一行資料而已）。

戴榮鉅，1918年生，江蘇鎮江人，銅川國立三中畢業，1943級地質系。留美回國後加入中美聯隊三大隊17中隊，1944年6月17日在長沙掩護B-25轟炸，與敵機空戰，飛機受傷，在安化墜毀殉國，見《空軍忠烈錄》第一輯，458頁。安葬於重慶汪山空軍烈士公墓。

十六期五人：

李修能，四川江津人，1944 級地質系。

李嘉禾，北平人，1940年轉學物理系二年級，1944年10月1日在美不幸飛行失事殉國。見《空軍忠烈表》，50 頁。[1]

馬啟勳，福建廈門人，1946 級哲學心理系。

許鴻義，1943 級物理系。

黃雄畏，1944 級地質系。

後參考十六期空軍李修能刊登在《口述歷史》的回憶錄，我又找到兩位聯大空軍同學：

虞為，空軍官校第十三期第三批赴美，中美混合聯隊三大隊第32中隊隊員；

錢意年，1944 級地質系，空軍官校第十六期第七批赴美。

"民族危亡時刻，青年學生該往何處去"？

西南聯大青年學子從軍運動，是祖國危殆時刻大學生們懷著為國為民的大愛，不惜拋頭顱灑熱血的偉大壯舉，也是他們捨棄自我，為民族自由、獨立、抵抗外敵而交出的一份最珍貴的答卷。

可歌可泣的精神，永遠銘刻在抗戰紀念碑上，為中華民族子孫後代所傳頌。

愛國世家，鄞州馬氏

馬豫，西南聯大化學系（敍永分校），半年讀完一年的課程，1941年去昆明升讀二年級。

正趕上抗戰最關鍵的時刻，空軍非常需要有志向，有文化，體格健壯的年輕人，決定在全國國立、私立大學招考。空軍官校十五期的同學，一部分是由軍校轉到官校（比如前面提到的張恩福、羅瑾瑜等），其餘相當多的學員則直接從各大學招收進來。

馬豫的家原來在香港，"珍珠港事變"後香港淪陷，眼見國破家

---

1. 根據後來查正，我二叔李嘉禾應為空軍官校十五期第五批赴美受訓。按：《忠烈錄》、《忠烈表》同時由空軍情報署發行，意義同樣重要。前者資料多，有照片；後者大多是年輕的殉職者，故只有一行資料而已。

亡。1942年，得知有報考空軍的機會，他和很多同學一起，踴躍報考。本來只是為了試一下，結果考上了。誰知母親不同意，說太危險。為回應政府召喚，他不顧母親反對，投筆從戎，通過初級班考試，進入空軍官校十五期學員，第五批赴美。

正巧1942年11月宋美齡乘羅斯福總統專機前往美國訪問，以期爭取更多援助。馬豫和其他七位空軍學員被選中，成為宋美齡的侍衛，隨同蔣夫人訪問洛杉磯，還與同學董世良一起代表全體學員，受到"空軍之母"蔣夫人的接見，親眼目睹了抗戰外交史上重要的里程碑。董世良為抗戰期間國民黨中宣部副部長董顯光之子。

宋美齡的美國之行受到各界空前熱烈的歡迎，加深了美國民眾對中國人民不屈不饒抗戰精神的瞭解和同情，從而進一步增加了對中國的援助。

美國總統羅斯福甚至宣稱："要用上帝允許的速度給中國更多物質支援。"他支持中國的大國地位，說服邱吉爾首相，邀請中國參加開羅會議，還在當年修正了實行長達六十多年、具有嚴重種族歧視的《排華法案》。

馬豫在馬拉那（Marana）機場完成中級飛行訓練後，被分配到轟炸科接受高級飛行訓練。1943年12月5日畢業，獲得空軍准尉軍銜。畢業後被派到科羅拉多州拉洪塔機場（La Junta Army Airfield, Corolado) 學習駕駛B-25中型轟炸機。1944年4月，他以優異的成績完成了在美國的全部訓練，隨即乘船回國投入抗日戰場。

1944年馬豫歸國，抗戰局勢已處於後期，日寇逐漸失去制空權，我轟炸機大隊出擊遭遇敵機攔截日漸減少，但日軍對空火力依然十分猛烈。馬豫每次出發登機時都必須做好有去無回，犧牲報國的思想準備。

後來，每當人們問起這些，他總是回答："主要還是我運氣好，空中作戰像陸上白刃格鬥一樣，非常危險，我每次出發執行任務，登機時已抱定有去無回的獻身決心，只不過死神放過了我。"

在一次執行轟炸任務時，炸彈艙內彈鈎出現故障無法投彈，空中搶修仍無法排除，只得返航。不料在機場著陸時炸彈突然掉落在彈艙內。馬豫說，萬幸的是炸彈沒有爆炸，否則必是機毀人亡，還會禍及機場人員和設備，後果不堪設想。【6.3】

血色的天空中，死神常常毫不留情地席捲而來，頃刻間帶走所有的牽掛……抗戰勝利後，馬豫脫離空軍，拒絕內戰，藉故到香港探親，在香港民用航空公司找了份工作。1950年初，參加兩航起義，攜妻回到大陸，進入民航專業航空隊，為中國民航建設服務，曾任C-47運輸機長、飛行教練，多年駕機執行石油物理探礦任務，為大慶、勝利、大港、新疆等油田的開發提供了寶貴資料。

可文革時期，他卻因莫須有的"叛國投敵"罪名被關進牛棚，批鬥寫檢查。

改革開放後，馬豫重新出山，他積極參與引進先進飛行設備並擔任教員，培養新人。特別是中美關係解凍以後，他出任中國民航駐舊金山市辦事處主任，為中美通航做了開創性工作。

1987年，馬豫先生在為中國民航服務了三十七年後退休。

在馬豫先生的晚年，他以口述歷史的方式，撰寫了大量有關西南聯大學子從軍，空軍赴美受訓等文章，為後人研究抗戰空軍歷史，作出了不可磨滅的貢獻。

又一位聯大學子回家了

在德州布利斯堡公墓安息的52名赴美殉職空軍中，有一位讓我特別掛念，他就是西南聯大機械系學生崔明川。

> 崔明川，北平人，1944級機械系，1943年7月9日在美飛行訓練時，不幸失事殉國。見《空軍忠烈表》，臺北：空軍總司令部情報署編印，1959，173頁。

關於西南聯大學子參加空軍方面的研究論文，基本出自馬豫先生的回憶錄。《空軍忠烈表》中對崔明川的記載只有這麼一段，沒有注明官校期別和赴美期別。

每當我看到這些文章，心裡對那些懷著一腔熱血走上抗日前線的學生們充滿了無限崇敬。崔明川和我的二叔李嘉禾，兩位同校學友，默默躺在德州公墓長達七十多年，我總是隱隱地覺得：參軍之前他們或許認識？然後成為一起投筆從戎的好戰友？

可是，找遍了官校一至十六期學員名單和其他許多空軍史料，找不到崔明川的更多消息！

我不知道他從哪裡來？為何犧牲？心裡的疑團久久徘徊，終不得解。

只要一想到這些意氣風發的學子，拋下本該屬於他們的一切和翹首盼歸的父老鄉親，氣宇昂然奔赴抗戰前線，不幸從空中墜落，掩埋在遙遠的德州公墓達半個多世紀，心裡總有一種被啃噬的痛……

難道就沒有辦法找到崔明川的家人了嗎？

央視為尋找抗戰空軍家人攝製的"等著我"節目於2018年8月5日播出之後（見十三章"央視'等著我'節目打開希望之門"），在全國觀眾中引起很大反響，我們幾乎每天收到空軍家屬發出的尋人信息，無論是央視尋人團、龍越基金會，還是各地志願者，個個像是"打了雞血"，群情激昂，海峽兩岸輪番行動，微信群中不斷出現新情況。

8月17日那天，郵箱裡突然出現一條信息"你好，我是崔明川家人"，落款者名叫崔振華。

崔明川的家人尋親來了！

誰說"踏破鐵鞋無覓處，得來全不費功夫"？沒有央視"等著我"的播放，哪能在短時間內找到這麼多空軍家屬？

崔振華是一個網路搜尋好手，聽說央視為空軍尋親節目播出之後，立刻上網找到了我的聯繫方式和其他相關信息，甚至他大爺爺的墓碑照片。

李先生您好，從您的文章中得知可以有找到我大爺爺的墓地，期待您的聯系。
我是崔明川弟弟崔明义的孙子崔振华，山东潍坊人，我爷爷有两个哥哥一个姐姐。这些年我们全家一直再找我大爺爺的墓碑，包括台湾的忠烈祠。附件是我姑姑从清华大学档案馆里复印的资料，请您过目。
我的微信
联系电话

  崔振华

我明白了，崔明川的家人這些年何嘗不也在苦苦尋找？是不是相互尋找的兩家人註定會相聚？

崔振華你好!

看到你發來的郵件，我實在太激動了!

從許多文章上看到，崔明川和我二叔李嘉禾都是從西南聯大參加空軍。可是，空軍官校名冊和其他民國空軍有關名冊上怎樣也找不到他的下落，由此無法到他的原籍去尋找。今天，終於找到你們了!

今年五月，為了尋找那五十多位赴美殉職空軍的家屬，我和國內的龍越基金會"老兵回家"網站聯繫，希望愛心志願者能幫助尋找家人。在龍越基金會的推薦下，我去央視"等著我"錄製為赴美殉職空軍找家人的節目，揭示了這段不為人知的歷史。從今年五月至今，特別是央視節目播出後，我們已經陸續找到15位空軍家人。加上崔明川，那就是16位!

龍越正準備組織烈士家屬一起去德州國家軍人陵園祭奠，估計是今年的12月初。希望你們能一起去，我會在美國等著大家。

我會把你的聯繫方式轉給龍越基金會的志願者，我們所有烈士家屬在微信上有一個群。

李安

看到崔振華整理的資料，字裡行間傾訴著崔家人幾十年來心裡的隱痛，在苦苦念想親人的同時，把多年來秘藏在歷史縫隙中的家族史重新撿拾出來：

崔明川基本資料
出生年月：1917年10月10日
祖籍：山東濰縣高裡鎮（今山東濰坊寒亭區高裡街道）
父親：崔洪恩 1968年病故
母親：孫珍蘭 1970年病故
兄弟姐妹：一個姐姐兩個弟弟
姐姐：崔化義 已故
大弟：崔明德 早年流放新疆 已故
二弟：崔明義（我爺爺）有四子，1929年生 2016年病故
三叔：崔洪澤 字德潤，濰坊廣文中學校長，教育家。

輔助信息（家屬提供）

　　崔明川自濰坊廣文中學畢業後，於1941年1月2日考入西南聯合大學物理機械學系，1943年經過層層選拔後，加入空軍，赴美進行飛行訓練，於1943年7月9日在訓練中因飛機失事犧牲。

　　崔明義是是崔明川的二弟，即連絡人的爺爺，由於歷史問題，崔明義的檔案中沒有記載有兩個哥哥，但是崔明義告訴連絡人（崔振華），他還有個大爺爺，是國軍飛行員，在美國訓練時犧牲。崔明川家族多年來一直在尋找親人，曾多次遠赴美國西雅圖、臺灣忠烈祠，但始終沒有下落。家屬們的心願就是希望崔明川能落葉歸根。

　　家裡能提供的證明，只有崔明川的西南聯大註冊卡和一張照片。

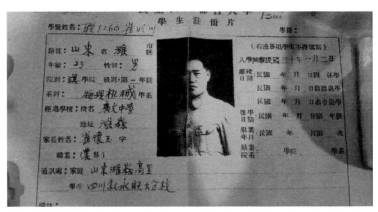

崔明川的西南聯大學生註冊卡（崔明川侄孫崔振華提供）

　　1946年，崔家收到了一份通知，上面有青天白日旗，告知崔明川犧牲在美國。這份通知，崔明川的母親一直收藏至1966年，才不得已銷毀。

　　他的表姑為了尋找崔明川，從"清華大學檔案館"找到崔明川的一張註冊卡。當崔振華終於看到自己的大爺爺崔明川的信息，激動地在微信中與朋友分享：

　　　　表姑剛從清華檔案館帶回來的證明：我爺爺的哥哥，崔明川當年響應政府號召，加入飛行大隊，抗日戰爭時期赴美接受飛行

訓練。訓練過程中因飛機失事，死於
美國。

家人找到的唯一一張崔明
川照片，背面注明1940
年7月9日昆明
（崔振華提供）

崔明川居然還有過一個媳婦！

據說，因為是包辦婚姻，他很抵觸。
從1936年將新娘娶進門之後，崔明川沒過
多久就離開濰坊，輾轉青島、香港、越
南，到昆明考入西南聯大。他只給家裡寄
回一張照片，照片的背面注明拍攝於1940
年7月9日昆明。

他這一走，崔振華的大奶奶38年沒有
再見過自己的丈夫。在下面這張照片裡，因
為要合影，她特地為崔明川穿喪服。直到1946年，這張"全家福"拍攝之
後，她了卻了心願，離開了崔家……

美國志願者李忠澤聯繫到崔振華，告訴他找到了崔明川的《死亡證
明》，崔振華激動得在電話那頭哭了出來。李先生還將找到的七篇有關
崔明川三弟崔德潤在1930-1948年間的珍貴史料一併發給他。

逝去的冤魂，帶著永遠的遺憾走了……

崔明川的爺爺奶奶和爸爸媽媽，後排右一是穿喪服的崔明川媳婦，
1946年拍攝（崔明川侄孫崔振華提供）

7. 中華民國空軍赴美培訓項目始末

到斯坦福大學尋找空軍

斯坦福大學位於美國加利福尼亞州舊金山灣區，被稱為"矽谷"的高科技雲集之地。

駕車從舊金山往南行駛，沿國道101號高速公路，這條狹長的"半島"風景秀麗，氣候溫和。原先栽種著數千英畝果樹，被稱之為"心靈之谷"（Valley of the Heart's Delight）。

二戰期間，美國海軍在這裡設立工作站，航空研究基地也建於此。1939年，兩個年輕的斯坦福畢業生在自家車庫創建日後蜚聲世界的惠普公司（Hewlett-Packard）。"斯坦福研究園區"使這片"心靈之谷"日漸成為眾多高科技公司的棲息地，特別是半導體晶片科技巨擘英特爾公司（Intel）以及蘋果公司的出現，實現了電腦和互聯網革命。

綠樹成蔭的斯坦福大學校園一角，有一座顯著的地標---斯坦福大學胡佛研究所鐘樓。鐘樓旁有個極為不引人注意的地下室，聞名於學界的胡佛研究所檔案館坐落在那裡。

該館典藏著150個目錄宗案，約計2933盒（資料夾）及1796個縮微膠捲的中國抗戰檔案。這批檔案絕大多數是戰時中美兩國政治、經濟、軍事、外交等領域相關人員的日記、信函、電稿、備忘錄、回憶錄及著作，包括人們所熟知的蔣介石日記，囊括了戰時中國軍事、政治、外交、經濟和社會等各個領域，是研究中國抗日戰爭歷史不可多得的寶庫。

斯坦福大學胡佛研究所檔案館的地下室就在鐘樓附近（李安攝）

　　為了尋找抗戰空軍赴美受訓史料，2018年5月有段時間，我也慕名到此"碰碰運氣"，希望能發現赴美殉職空軍的中英文名單和他們的照片，從而為找到他們的家人打開一條通路。

　　閱讀室很寬敞，能容納二十多位讀者，打印機、微縮膠捲閱讀機應有盡有。有幾位學者正聚精會神地查閱資料，我搬起"寶貝盒子"，就近找一張空桌坐下。

　　轉身發現，旁邊有一座半身雕像。那天陰天，地下室光線較暗，一時看不清是誰。午休時，抑制不住好奇，過去看個究竟，竟然是張純如！

　　心裡頓時激動起來。為了向世界人民揭露二戰期間，日本侵略者在南京犯下的滔天罪行，美國出生的華裔後代張純如，一定在這個地下室裡查找過史料。

　　張純如在演講時曾多次說過：文字是永恆的，文字是保存靈魂精華的唯一方式，務必相信一個人的力量可以改變世界。

胡佛研究所檔案館的檔盒，後面的雕像是張純如半身像（李安攝）

把歷史真相公佈於眾，是中國人的使命，也是張純如的遺志。是她的精神鼓勵著我不斷地去努力發現，沒有想到今天在這裡不期而遇。

我情不自禁地四下打量這間長寬二百來平方尺地下閱覽室，心裡想像著她俊美的神情，坐在某張桌子前，聚精會神地翻閱文件，飛快地記著筆記，不時沉思，不時為日軍的暴行而義憤填膺⋯⋯

窺探空史"黑匣子"

靜下心回到書桌前，輕輕地打開一個個資料夾，如同翻閱一部部歷史長卷。陳舊的紙片雖已泛黃發脆，老式打字機字跡模糊難辨，但刻印在這些紙片上的歷史人物，個個如雷貫耳。他們親筆簽署的信箋，電報，批文，照片⋯⋯在手中依次展開，栩栩如生，空氣中似乎能嗅出他們過往的氣息，窺探到深藏於戰爭煙海中所傳遞的密令。

羅斯福總統行政助理勞克林·居里（Lauchlin Bernard Currie）[1]給宋子文的一封信引起了我的注意：

（譯文）1941年7月23日，白宮華盛頓

親愛的宋博士：

昨天晚些時候，總統批准了經戰爭和海軍部長同意的聯合委員會的建議，即33架Lockheed Hudsons（A-28／A-29／AT-18）和33架DB-7（道格拉斯 A-20 Havoc）飛機將於本年度從英國計畫轉入中國計畫，由原來英國控制的庫存或生產轉向為中國政府提供武器和彈藥，飛機的運送取決於武器和彈藥裝備完成條件，以便在戰鬥中有效地使用。

與此同時，總統批准了以下培訓試點計畫：

（1）從1942年4月1日左右開始訓練二十五名中國飛行員、轟炸員和導航員，預計到那時我們在美國大陸上的重型轟炸中隊將配備足夠的飛機並著手進行這項訓練。

（2）1941年10月1日，在空軍技術學校接受25名中國武器裝備和無線電技師的培訓。

---

1. Lauchlin Bernard Currie（1902 年 10 月 8 日—1993 年 12 月 23 日），在第二次世界大戰（1939—45）佛蘭克林·羅斯福總統任職期間，擔任白宮經濟顧問。

（3）從1941年10月1日開始，按照每五周增加50名進度，安排500名中國飛行員參加空軍培訓。內容為初級，中級和高級單引擎飛行學校培訓。為了實現這一點，我們自己的培訓進程可能相應減少。

此項前提是中國政府的保證，即：確保"美國航空志願大隊"由經驗豐富的美國飛行員指揮和配備。中國政府已經同意"美國航空志願大隊"備戰工作完畢與否由美國政府代表確定。這件事將通過定期外交管道處理。

真誠的，
勞克林·居里（Lauchlin Currie）
行政助理
抄送：宋子文（T.V. Soong）博士
中國國防供應公司
1601 V Street，N.W.Washington D. C.

根據此信發出的時間可以看到，美國在遭遇日本襲擊珍珠港之前，已經有意識的開始支持中國抗日鬥爭，除了派遣美國航空志願大隊，還計畫分批培訓中華民國空軍飛行員。據維基網站：1941年4月15日，中美達成一項秘密協議，並由美國總統富蘭克林·德拉諾·羅斯福簽署行政命令，允許美國預備役軍人和陸軍航空隊，以及海軍和海軍陸戰隊"退役人員"前往中國參加戰鬥，並同意中國利用美國"租借法案"（Lend-Lease Act）[2] 貨款來購買美戰鬥機。7月10日，第一批美國戰鬥機駕駛員從舊金山啟程前往中國參戰，8月1日陳納德在昆明設立美國志願航空隊總部。

"租借法案"為中國獲得租借援助掃清了障礙，宋子文在美註冊成立非盈利官營企業，"中國國防供應公司"（China Defense Supply Inc.），代表國民政府接洽和落實租借援助事宜。該公司借助中國銀行的資金與海外分支網點，承擔起租借物資申請、營運、存儲、整理等各項職責，並

---

2. "租借法案"（An Act to Promote the Defense of the United States，又稱Lend-Lease Act）規定總統可以向"其防務對美國國防至關重要的任何國家出售、轉讓、交換、租借或以其他方法處理……任何國防物資。"1941年3月11日，羅斯福總統在白宮簽署了著名的"租借法案"。該法案規定總統有權向英國、蘇聯等國提供軍用及民生物資幫助。1941年5月6日，羅斯福又將法案擴大到中國，為中國的抗戰提供寶貴的物資援助。到二戰結束時，美國根據"租借法案"向同盟國提供了480億美元（約為2012年6000多億美元）的援助，其中英國獲得316億美元、蘇聯獲得110億美元、法國獲得32.3億美元、中國獲得16億美元。
【7.1】

為美國志願航空隊來華作戰提供支持，其使命直至1944年7月方告結束，主要工作移交給"中國物資供應委員會"。這筆無償援助不僅對中國取得抗日戰爭勝利具有歷史性作用，而且使中國對美外交的地位上升至前所未有的高度。【7.2】

1941年是中國抗戰最艱難的階段，英勇的中華民國空軍從"八·一四"筧橋空戰首開大捷，經歷了四年多艱苦卓絕的"肉搏戰"，空中力量被消弱到了極致，飛機落後，飛行員損折大半。蘇聯援華航空隊奉命撤離後，中華民國空軍處於孤立無援之境地，制空權盡入日軍之手。縱使倖存的空軍飛行員身經百戰且經驗豐富，但因缺乏飛機，日常訓練都無法進行，空襲來了只能靠"躲"。

為此，民國政府以"租借法案"為由請求援助，在美中各方人士的努力下，美國終於同意出手相助，無疑是為孤立無援的中國打了一支"強心劑"。

陳納德上校在1941年10月25日給沈德燮等人發出的電報中詳細提到了對空軍培訓的要求（譯文）：

這是回應你10月17日給我的電報：請參閱我9月23日發的組織表，以便瞭解轟炸機人員的數量和類別。建議比例為100/181名飛行員，是不正確的，應該為82名軍官和359名飛行員。要求每大隊每月連續補充10名戰鬥機飛行員，而不是一次補充100名。

請遵循以下有關受訓人員的要求：

1. 未婚男性。

2. 個人都應清楚地被告知，這是一項戰鬥任務而且他將成為軍隊的一員。

3. 不承諾轉換部門或升職。

敦促任命訓練有素的人員參與該項目。為有計劃地培訓中國空軍副駕駛，我要求獲得轟炸機組中國人員名單。前一封信提及的關於中國民航（CNAC）飛行員將在12月1日抵達美國後報告。

請告知P-48，P-43，DB-7和洛克希爾飛機的發貨日期。急需輕裝運輸小組.

以下消息是為哈裡·普賴斯發的："請趕緊製作飛虎徽章圖紙和橫幅"。

"飛將軍"陳納德（公有領域圖片）

　　沈德燮將軍曾擔任國民政府航空委員會訓練總監、駐美代表，負責中華民國飛行員受訓事務。以下是他在1941年12月8日給 T. V. Soong（宋子文，1927年起，歷任國民政府財政部長，中央銀行總裁，行政院長，中國銀行董事長，最高經濟委員會主席，外交部長，駐美國特使）關於空軍培訓的一篇報告（譯文）：

　　根據我11月13日的"每日報告"，辛克萊先生和我將與韋伯斯特上校討論我們在美國培訓計畫的進一步細節。後者於11月28日舉行了一次會議，舒馬克少校，辛克萊先生和我本人參加了會議。在這次會議上，提出並討論了以下幾點：

　　I. 500名飛行學員培訓計畫：

　　A. 提供作戰培訓為使我們的驅逐機飛行員在高級班訓練後成為完全熟練的戰士：

　　由於目前美國空軍中隊的飛機不足，我們的學員不能在高級課程後接受作戰培訓。我們與韋伯斯特上校討論了這個問題，並強調了這種培訓的必要性和重要性。韋伯斯特上校同意在高級飛行課程期間進行作戰培訓，並提供必要的飛機，12至15架P-40，我們可以根據"租借法案"進行處理，以便讓我們的高級班學員使用。在1942年6月1日之前，飛行學校並沒有配備適當類型的飛機來承擔這項任務。

　　B. 轟炸機飛行員的雙引擎飛機訓練：

我們建議每個班級50名學員在這個國家接受培訓，其中的30名應作為驅逐機飛行員，20名為雙引擎轟炸機飛行員。韋伯斯特上校同意了我們的計畫，但告訴我們在美國的任何地方都沒有雙引擎飛行員的訓練基地，而且空軍剛剛開始承諾向他們的學員提供這種訓練。如果我們希望向中國學員傳授雙引擎飛機，我們應該根據"租借法案"至少購買8架哈德遜式（Lockheed Hudson）轟炸機，以便儘快在美國進行訓練。

　　II. 26名重型轟炸機機組人員：

　　對重型轟炸機組人員的培訓得到了總統的授權，如您所記得的那樣，居里先生（Lauchlin Currie）在7月23日向您傳達了這一授權。無線電操作員的培訓已經開始，然而，韋伯斯特上校不願意為飛行員、轟炸員、導航員和炮手提供培訓，因為這些培訓涉及太多階段，而且我們對重型轟炸機的採購仍然很遙遠。除非我們能夠提供有關重型轟炸機類型的明確信息，否則我們似乎沒有希望能夠成功安排重型轟炸機組人員的訓練。

中華民國空軍學員在馬拉那機場的教室裡接受領隊視察
（Steve Hoza 提供）

因此，我們必須立即採取行動：（1）根據"租借法案"採購必要數量的P-40E飛機和哈德遜式轟炸機，以便在該國進行培訓；（2）從美國當局那裡瞭解將來會向我們發放什麼類型的重型轟炸機。辛克萊先生和我將就上述問題與居里先生聯繫。

這是他發出的另一篇關於中華民國空軍受訓備忘錄，具體到人員出發和裝備（譯文）：

第一組 39
第二組 41
144現在正在Thunderbird（雷鳥）接受初級培訓
54在途中
80在中國
還訓練了19名裝彈手和20名無線電技師。

C-6004V和C-6005V的申請於1942年9月6日獲得批准，技術說明已經轉交給萊特機場（Wright Field）[3]。因此，整個計畫增加到600人，這些特定培訓要求是在不增加任何培訓設施負擔的情況下給出的。換句話說，雖然這些培訓可能會在不久的將來提供，但會推遲培訓100名學生。

9月16日批准了30名重型轟炸機組的人員配備，並於9月20日向萊特機場提交技術指示。C-6011V申請尚未獲得批准。

中國國防供應公司
160. V Street，N. W.
華盛頓特區

這些歷史資料告訴我們，作為國民政府前航空委員會訓練總監、駐美代表、負責民國飛行員受訓事務的沈德燮將軍，與負責在民國和華盛頓之間充當直接調停人的外交部長及駐美國特使宋子文，在中華民國空軍赴美受訓中起到了至關重大的作用。

---

3. 萊特機場（Wright Field）是一個軍用機場，第一次世界大戰時用以培訓飛行員、機械師和武器訓練設施，進行美國陸軍航空兵飛行試驗。

中華民國空軍學員在馬拉納軍用機場進行無線電收發練習
(Steve Hoza 提供)

宋博士的備忘錄
來自：航空機械培訓委員會

1. 委員會現有成員如下：

Chu 上校
Paul Kwei 博士
Albert Lee 先生
Harry Price 先生
M. Q. Shaughnessy 先生
W. S. Youngman Jr. 先生

為了使這個項目在美國華人社區中具有最高的地位，我們謹請求您同意擔任委員會主席。

2. 建議將5至6組100名中國人培訓為航空飛行員。這項培訓需要16個月，每組間隔一個月。

該項目的總成本將在70至200萬美元之間。根據"租借法案"，除了必須由中國政府支付的學生津貼外，幾乎可以支付所有費用。

建議學生每月津貼為40美元，這樣使該項目的中方直接總成本為40萬美元或更低。您需要批准這筆資金。

3. 經您的批准，建議選擇相關服務部門，為潛在的受訓人員提供醫學檢查和心理能力測試，最終由您的委員會選擇受訓人員。

4. 委員會建議受訓人員在培訓期間首先參加中國軍隊，以便接受軍事與紀律訓練，從而確保提供最優秀人選。

由於這些航空學員將在新英格蘭的一所飛行學校接受培訓，我們建議由您批准他們進入中國空軍。當我們為其他類型的航空機械師建立類似項目時，他們很有可能會被招入中國陸軍部門。

5. 在與毛將軍（毛邦初）協商後，有關學生組的管理，建議由中國空軍及美國陸軍航空隊指派四至五名軍官一起合作。

6. 總結，我們請求您批准以下幾點：

A：繼續擔任委員會主席；

B：批准並為該項目提供40萬美元的基本預算；

C：批准將該項目下的受訓人員引入中國空軍，並與美國軍方官員合作著手項目運作。

D：批准選擇相關服務部門對學員進行體檢和適應性測試。

"飛將軍"陳納德

開戰不到半年，英勇的中華民國空軍擊落敵機百餘架，但航校第一代飛行員也折損大半，戰爭初期犧牲的飛行員，平均年齡只有二十三歲。他們有的來自頂尖學府，有的是歸國華僑，有的出身名門望族。

應航委會秘書長宋美齡的邀請，美國退役空軍上尉陳納德於1937年5月來到中國，協助空軍的培訓和發展，他親眼目睹了中華民國空軍用血肉之軀與敵機搏鬥，那些激蕩人心的場景。

他決心帶領著這些視死如歸的空軍戰士與強敵做生死一搏！

宋美齡希望他"盡力把航校辦起來，學校能招募多少年輕的中國士官生，就培養多少。不管付出多少代價，仗還是要打下去的"。

陳納德神情堅定地對這些飛行員大聲說：

我要在有限的時間裡，以史無前例的方式，訓練你們這些飛行員！

準備好了嗎？那我們就從現在開始！

為了爭取美國人民的支持，受宋美齡和蔣委員長的囑託，陳納德回到美國遊說各界，獲總統羅斯福准許從現役和民間航空人員中招募志願飛行員，組建全稱為"中華民國空軍美籍志願大隊"，即後來威名遠揚的"飛虎隊"（AVG - American Volunteer Group，1941.8-1942.7）。

初戰時，"飛虎隊"所使用的P-40戰機在靈活性上遜於日本的"零式"戰機，陳納德憑藉對日本飛行員和飛機的瞭解，利用P-40戰機俯衝速度快、火力強的特點制定了"打了就跑"的制勝秘訣：雙機配合，佔領制高點、迅猛俯衝、猛烈開火、打了就跑……在安全飛離之後，改變航向，重新獲得高度的優勢。除此以外，具有豐富空戰經驗的陳納德建議部署了全國範圍內的防空地面預警系統，從沿海敵佔區到西部，以收音機、電話和電報為手段，預報敵機進犯情況。只要敵機離開空軍基地，靠近該基地的中國特工人員隨即報告飛機的數量、型號、方向、高度、航速、起飛時間，各級情報系統依次傳達，當敵機抵達攔截區時，我方飛行員對敵機的情況已經瞭若指掌，為空戰贏得了寶貴的時間。

陳納德的這種空中遊擊戰術思想，深入中美空軍各大隊，一脈相傳的活潑與民主的作風，緊張勇敢的作戰風格，反映出堅強的"隊組精神"。他強調：個人技術水準力求是第一流，最佳地相互配合，使一個中隊或一個小組產生最大的戰鬥力。

昆明的老百姓們目擊這種畫著鯊魚嘴的P-40飛機，在空中多次擊敗日本戰機，無不歡欣鼓舞，親切地稱之為"飛虎"，象徵著"如虎添翼"。

正是在陳納德的領導下，"飛虎隊"以少勝多，神勇作戰，連創佳績，極大地壓制了日軍的空中力量。

1942年12月7日，珍珠港事件爆發，美國正式對日宣戰。作為太平洋戰爭的一個重要環節，美國開始加大對中國的軍事援助，第14航空隊到中國作戰，為民國政府提供更多更好的戰鬥機和轟炸機，擴充培養空軍飛行員計劃，以期奪回在中國大陸的制空權，進而以中國為基地，對日本本土實施戰略轟炸。

陳納德將軍與美軍第14航空隊員，他們的身後是P-40戰鬥機
（美國國家檔案館）

　　對於這段珍貴的歷史，胡佛研究所檔案館典藏著一份"中國國際廣播電臺"（XGOY Broadcast）[4]記者採訪陳納德將軍關於中華民國空軍飛行員的報導：

重慶 - 1943年4月22日

　　美國第14航空隊總指揮官陳納德週一在接受採訪時透露：中國空軍飛行員，包括許多在美國西南部陸軍航空中心受過高級飛行訓練的駕駛員，正在中國戰區，駕駛著戰鬥機和轟炸機與美國飛行員們並肩作戰。

　　此運作計畫是由陳納德少將發起，旨在保持中國飛行員在訓練中獲得高效培訓，熟悉美軍空中戰術和組織，促進中美空軍之間在戰場上的密切合作。

　　許多隸屬於美國14航空隊的中國飛行員在總指揮的領導下接受過飛行訓練，當時他還是陳納德上校，1937年中日戰爭爆發前，他負責位於杭州的中國空軍學校學員培訓。陳納德少將表示，他相信中國和美國第14航空隊飛行員攜手能夠對抗日本空中力量。"我蔑

4."中國國際廣播電臺"對外稱"中國之聲"（Voice of China），前稱"中央短波廣播電臺"，呼號為XGOY。是1939年至1949年期間中華民國的對外廣播電臺。1939年開播，1949年解放軍佔領重慶前夕停播。

視日本空軍，因此要在實戰中告訴他們"。

陳納德少將還透露，中國空軍與美國第14航空隊的合作不僅限於戰鬥機和轟炸機飛行員，各類別中國機械師現正與美國第14航空隊所有作戰基地的美軍機械師們合作。

這位美國空軍部隊中國戰區負責人解釋說，美軍在中國使用中國空中和地面人員不會干擾中國空軍的行動，因為中國飛行員的數量是目前飛機的四到五倍。

當他被問及是否認為中國空軍正充分利用所擁有的設備時，陳納德少將回答說："中國空軍正在最大限度地利用所擁有的設備，我不可能比他們做得更好了。"

1943年春，太平洋戰事爆發後，隨著美國第14航空隊進駐，中華民國空軍學員從美國受訓歸來，組成了由第14航空隊，中美混合團（CACW）及民國空軍其餘各大隊組成的三支空中打擊力量，將日本空軍的囂張氣焰打下去了！[5]

中美兩國空地勤人員在聯合抗戰中做出了巨大貢獻，也付出了慘烈犧牲。第14航空隊的最初任務是護衛滇緬公路，保證戰時物資從仰光運進中國。滇緬公路被切斷後，他們的任務變成了飛越"駝峰航線"，將美國給與中國的援華物資從印度阿薩姆邦汀江空運至中國昆明。飛越"駝峰航線"時，通常機艙裡機長是美國人，副駕駛、導航員和報務員，幾乎全都是中國人。從1942年5月開闢"駝峰航線"到1945年8月日本投降為止，美中兩國在"駝峰航線"上總共損失飛機609架，犧牲飛行員1579人，運輸物質80多萬噸。【7.3】

發生在中國的這場反法西斯戰爭，硝煙早已隨風而散。中國乃至世界格局在這七十多年間發生了巨大的變化。然而，透過歷史的迷霧，反觀當年在太平洋東西兩岸穿梭遊說，為中華民國空軍赴美培訓制定一系列重大決策，中美聯合改變抗日戰場空中力量對比的諸多歷史人物，我們後人只能在歷史殘留的陳跡中慢慢研讀他們所致力的事業。

陳納德率領的航空隊屢建奇功，成為傳奇式英雄人物而享譽世界。美國總統羅斯福稱讚其"特殊英勇與高超辦事能力實在是全美國的光榮"。

---

5. 中美混合團（CACW: Chinese-American Composite Wing）由美軍和中華民國空軍一（轟炸）、三（驅逐）、五（驅逐）大隊組成。

感謝斯坦福大學胡佛研究所檔案館，為幫助現今的人們正確解讀這場戰爭提供了第一手史料，具有著很深的歷史意義。[6]

---

6. 更多中華民國空軍赴美受訓史料請見附錄。

8. "西遊盡磨難, 普渡化眾生"

中華民國空軍赴美受訓

翟永華（網名"軍人魂"）是"中國飛虎研究學會"會長，他的繼父田景詳是一名"中國飛虎"（空軍官校十四期第三批赴美），曾服役於中美空軍混合聯隊（CACW）第三大隊28中隊。"做人要有'飛虎隊'精神，二戰時期英勇抵抗日本侵略軍的中國飛虎隊員應該被歷史記住"，是繼父常常叮囑他的一句話。

"銘記歷史、緬懷先烈、珍愛和平、共創未來"成了翟永華多年追求的理念，他的不懈努力為後人緬懷抗戰英雄留下了珍貴的紀錄。

他寫的《中國飛虎——鮮為人知的中美空軍混合聯隊》，就是一段鮮為人知的中美空軍聯合抗戰編年史。

以下是"中國飛虎研究學會"網站所記載的關於空軍官校各期學員赴美受訓歷程【8.1】：

> 1941年租借法案的通過，使中國空軍學生得以至美訓練飛行，但並不以一整期學員方式赴美，而依當時情況分批出發，分別由昆明送至美國亞利桑那州的鹿克（Luke Field）和雷鳥機場（Thunderbird Field）接受美國陸軍航空隊的飛行訓練。
>
> 抗日期間，空軍中美聯隊最主要的作戰成員為留美空軍官校第十二期至十六期的學員，在美國及印度兩地區受訓完成後，返國作戰。

出發時，並不以期別年班前後來劃分，而是以留美的時間"第幾批"來做分別，因為同一期學員，是分批出國，並也會和上下期學員一起出國，所以是以"批"赴美受訓畢業為准，至抗戰勝利為止一共有七批留美學員，在此期間受完訓返國作戰。

留美的第一批五十人及第二批四十九人，都是官校第十二期學員，第十三期和第十四期（部份）合成為第三批留美學員，不到兩百人學員。[1]

第一批留學員，從昆明坐飛機至香港，並接受美國軍醫的檢查身體，再由香港坐輪船到菲律賓停留一星期左右，直航至夏威夷，再由夏威夷開往美國舊金山。

第二批留學員，從昆明坐飛機至香港，再由香港坐郵輪到菲律賓，1941年11月27日[2]，從菲律賓出發前往夏威夷，12月7日，日本偷襲珍珠港，美國決心參戰，二次世界大戰爆發，船隻轉航向至澳州躲避數日後，再駛至夏威夷，已是滿目瘡痍，經補給後駛往舊金山。

第三批留美學員，因太平洋戰爭已爆發，無法再行走老路線，他們踏上幾個月漫長的旅程，先從昆明搭乘飛機飛越喜馬拉雅山脈到印度加爾喀達市，再轉搭火車到孟買，在那裡等了三個多月才等到郵輪，旅程中不僅漫長還很危險，孟買出發經過南非開普敦，從開普敦起就不能直航，必須以之字路蛇行前進，為了躲避德國潛艇曾在百慕達停留數日，直等到護航艦及飛機護航下，才到達美國紐約登陸。第四、五、六批皆行走此路線。

第七批以後留美學員並不直接赴美接受訓練，因為空軍官校已在印度"臘河"成立了初級訓練班，所以空官第十六期生成為第一批留印學員，以後在印度受訓學員，必須受完了初級飛行訓練，經過美考試官測試合格後，才送往美國繼續受中級和高級班訓練。

---

1. 根據《國軍檔案：空軍員生赴美訓練飛行案》記錄：第一批總領隊：王士倬；副總領隊：毛瀛初；飛行生領隊：曾慶瀾；飛行生政訓員：周樹模；飛行生翻譯：趙豫章；飛行軍官：衣復恩；無線電機械員：林立仁；機械：餘秉樞。第二批領隊：賴名湯（航校第二期畢業，空軍總指揮部軍官附員）；副領隊李學炎（航校第三期畢業，參謀學校學員）；譯員許雪雷，曾恩琳。第三批總領隊：董明德；副領隊：劉宗武；譯員11名。

2/4. 後經查證十二期第二批赴美入境記錄，發現有錯，應該是1941年12月1日。

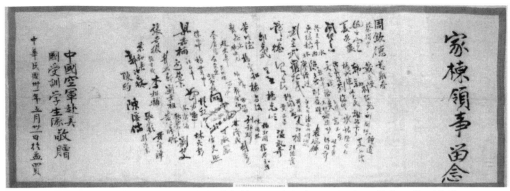

第三批空軍赴美受訓學生簽名致贈中華民國駐印度孟買領事，從中可找到在美國
受訓犧牲的韓翔，夏孫澐，陳約，白文生，閻儒香，劉靜淵，陳漢儒的名字。
(中國飛虎研究學會網站)

　　鑒於中美"租借法案"，陳納德最初與美國總統羅斯福商定送 500 名
中華民國空軍學員到美國受訓。然而，從1941年10月空軍官校十二期第
一批開始，國民政府實際上先後派遣近3000多人次出國培訓。

　　居住在美國洛杉磯的朱力揚先生在《中國空軍抗戰記憶》對此也
有記載【8.2】：

　　　　根據1945年8月勝利前夕的官方資料，1941年到1945年的四年
　　期間，已經返國的空軍共有803人，還在受訓的有1919人。[3]這些
　　人員中，包括了飛行，轟炸，射擊，通訊，機械等各科人員，同
　　時也涵蓋了初、中、高級空軍人員。由於他們都受過完整的美式
　　訓練，能充分和美軍溝通，因而回國後成為飛虎隊所轄中美混合
　　團的骨幹，和盟軍一同在中國的天空作戰。

　　《飛虎薪傳》對空軍官校各期各批次赴美受訓、出國及歸來日期
列出詳盡對照：【8.3】

3.這裡提到的空軍受訓數與附錄4"培訓中國學員"（譯文）中提到的培訓總數3553有差
距，筆者認為應以美軍記錄為准。

	空軍官校期別	出國時間	歸國時間
第1批	12期	1941年10月	1943年7月
第2批	12期	1941年11月[4]	1943年8月
第3批	13期、14期	1942年3月	1943年10月
第4批	14期、15期	1942年8月	1944年2月
第5批	15期	1942年10月	1944年8月
第6批	15期	1942年12月	1944年10月
第7批	16期	1943年1月	1944年12月

抗戰初期，與日軍作戰的資深飛行員主要來自東北和廣東航校，也就是空軍官校十二期以前的畢業生，在中國本土受訓。當然，他們中也不乏國外受訓歸來的航空人員，比如王牌空軍大隊長高志航曾經在法國學習飛行。

1943年之後，大批赴美受訓空軍學員學成歸來，配備美國生產的新型戰鬥機P-40、P-51及轟炸機B-24、B-25，極大地充實了空軍隊伍。

飛虎！飛虎！

我小心翼翼地翻開張恩福老人珍藏的"黃埔軍校第十六期同學錄"【8.4】，那本經歲月沉澱被薰染成黃色的小冊子，打開扉頁，"中國國民黨黨歌"，校長蔣介石手書校訓"親愛精誠"，"國父孫中山遺像"，"中央陸軍軍官學校校歌"，"軍人讀訓"，"本校史略"令人神往，激情澎拜的近代中國革命史從這裡展開……

"要從今天起，立一個志願，一生一世，都不存在升官發財的心理，只知道做救國救民的事業。"這是1924年黃埔軍校開學典禮上，國父孫中山的開學致詞，希望黃埔軍人心懷革命精神，為民族未來事業而奮鬥。

本校誓詞

盡忠革命職務，服從本黨命令。

實行三民主義，無間始終生死。

---

4. 同註2。

遵守五權憲法，只知奮鬥犧牲。

努力人類和平，不計成敗利鈍。

在"步兵第七隊"名單中，我找到了張恩福和羅瑾瑜兩位同學的照片：

張恩福 20歲 河北保定北平西四巡捕廳胡同二十六號

羅瑾瑜 20歲 江西南昌北平化平黃米胡同七號

抗日戰爭最為艱難的時期，日軍佔領了東南沿海所有城市和鐵路沿線地區，派飛機一天多次深入中國腹地狂轟濫炸，重慶，成都，長沙，桂林……甚至昆明，無一倖免。

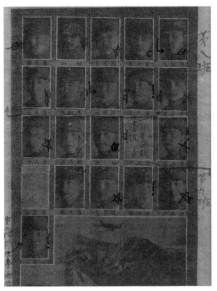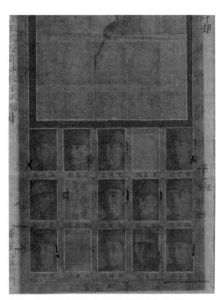

"黃埔軍校第十六期同學錄"中的　　　　　"黃埔軍校第十六期同學錄"中的
張恩福（第二排中）（張家儀提供）　　　羅瑾瑜（第二排中）（張家儀提供）

適逢"租借法案"在美國國會通過，在中美兩國政府首腦的支持下，陳納德提出了在大中學生中挑選優秀學員到美國受訓。由此，從空軍官校十二期開始，經嚴格考試合格，分批送往美國去學習飛行。

張恩福和羅瑾瑜於1940年9月1日從黃埔十六期提前畢業，經考試，順利進入"空軍軍官學校"十四期【8.5】。1940年10月1日，全體新生離開四川到達昆明。

據官校十五期第五批赴美空軍學員，抗戰時期中美空軍混合聯隊第一大隊第3中隊少尉飛行員都凱牧先生回憶：

> 這幾期官校來源大約有幾種：一是直接從具有高中程度的社會青年中招考；二是從其他軍種（主要是陸軍）已任軍官中招考；三是從全國各大學生中甄選來。

張恩福和官校十四期學員們通過體檢後，到昆明巫家壩空軍官校報到。幾天後，坐卡車到雲南驛機場參加為期二個月的初級班集訓。

每天早上，學員們從宿舍一路唱著嘹亮的軍歌，列隊步行前往機場上飛行課。到了晌午，回宿舍午餐，下午在教室裡上科學課。

他們所學的飛機型號是雙翼弗力提（Fleet）教練機，那時前方吃緊，油料不足，訓練很艱苦。在雲南驛飛了4-5個小時之後，狀況不好的馬上離隊或轉到其他部門，淘汰率非常高。

最令大家擔心的莫過於每天晚上就寢前半個小時，教官到各寢室宣佈被淘汰學員名單。第二天，被淘汰的學員不得不領了旅費和退學證明回原部隊或學校，如果不是軍人，則恢復平民身份。

他們在雲南驛飛了10個小時左右，1941年初，赴雲南沾益飛行。由於一而再，再而三地遭遇日機轟炸，他們只得輾轉雲南沾益、四川宜賓和昆明繼續訓練。

為了配合戰時需要，初級飛行訓練科目的時數被壓縮到25個小時，通過之後才可升中級班。因為沒有足夠的汽油，許多單項科目常常只能飛半小時，學員們感到實在無法熟練掌握。教官們都很理解，也很有愛心，知道大家的難處，盡可能讓學員們多飛一會兒。不過，最後由一絲不苟的美國教官擔任測考官，只有通過嚴格考核才能被批准去美國。

1941年夏秋之際，突然接到通知"美國航空志願大隊"進駐雲南驛，空軍訓練班學員被轉到雲南沾益城外一間借來的廟宇。

據十四期學員關振民回憶：當"飛虎隊"的戰機飛經祥雲上空或降落到雲南驛機場，空軍學員們看得熱血沸騰！

"飛虎！飛虎！"地上的觀眾們手舞足蹈沖著天空直喊。

大家拼命為之鼓掌加油，由衷地感謝美國空軍來中國參加征戰，也為自己即將有機會去美國學習而摩拳擦掌。

他們都盼望著能有那麼一天，從域外學成歸來，駕機起飛，用強悍的空中實力警告敵人："中國的天空原本屬於中國人，任何外國侵略者都將摔得粉身碎骨！"

鵬程萬里，從單飛開始

1942年初，十四期第四批中級飛行訓練終於結束，準備赴美訓練。

就在這個當兒，張恩福突然病了！渾身忽冷忽熱，患了傷寒。傷寒是一種影響身體多個器官的傳染病，病徵包括持續發燒、頭痛、疲倦、食欲不振、便秘或肚瀉。在現代臨床醫學上傷寒根本算不上是什麼大病，可那個年代卻是不得了的傳染病，甚至有生命危險。

張老說，當時民間的土方子是採用"饑餓療法"，就是讓患者餓著，什麼吃的也不給，也許就是清腸，靠身體自身的抵抗力吧？

因為生病，讓他在"空軍官校"很不情願地"留了一級"，從十四期推遲到十五期。從北平出發到此刻，他和羅瑾瑜兩個形影不離的好同學只能各自單飛了。

同學羅瑾瑜官校畢業後被第三批選派到美國學習飛行，而張恩福則等到1942年秋天才加入官校十五期第五批出征的隊伍。

期待著在美國集訓時見，成了兩個摯友臨別時的共同願望。

被送往美國培訓的學員，必須通過單飛科目考查，就是起飛，按規定動作飛行，降落，所有步驟獨立完成。

有些學員平時在教練的陪伴下，基本動作完成得不錯，但獨自上天就不行了，一下子覺得天旋地轉，不知所措。這樣一來，又淘汰掉一些學員，最後批准去美國的學員數百分之五十還不到。

聊到興頭上，我很想知道，從成為官校學員起，一生戎馬倥傯，張伯伯最高興的事情是什麼？

中央航空學校飛行信念（張家儀提供）

"那就是我第一次單飛了！"他毫不猶豫地回答，臉上充滿著笑意。坐在輪椅上的張伯伯，回憶著七十多年前第一次獨立駕機在天空翱翔的情景。

四個月的飛行課程完成之後，張恩福和其他通過培訓的同學們回昆明待命。在辦理各項赴美手續的等待過程中，為了學員們將來的美國學習，航校安排了一些英文課程。

二十多天後整裝待發，學員們搭乘美軍運輸機C-47，飛越喜馬拉雅山到達印度汀江（Dibrugarh）。

高山地區的天氣極不穩定。飛機穿行於崇山峻嶺，到處白雪皚皚，經常遭遇強氣流、低溫，飛行條件非常艱難，空難頻繁。二戰結束後，美國《時代週刊》這樣描述"駝峰航線"：在長達800余公里的深山峽穀，雪峰冰川間，一路上都散落著這些飛機碎片，在天氣晴朗的日子裡，這些鋁片在陽光照射下爍爍發光，成為著名的駝峰"鋁谷"。

高空飛行，峽谷最低處海拔超過4500公尺。通常，飛行員在飛行高度達1萬2千英尺就要使用氧氣，否則長期缺氧會影響飛行安全。被送往美國的空軍學員們就沒有這項"福利"，大家只好少活動或儘量不說話，以減少氧氣的消耗。有一段時間高空氣溫驟降，機艙內冷得令人發抖。謝天謝地！飛行了大約四個小時之後，他們乘坐的C-47總算飛越駝峰到達印度汀江（Dibrugarh）。

　　停留一小時，下午五點到加爾各答（Calcutta）。在旅館住了一個星期，然後搭火車路過德里（Delhi），拉合爾（Lahore），卡拉奇（Karachi），三天三夜後到達孟買（Bombay），受到駐地美軍及外交官的接待，然後集體上了一艘英國商船改裝成的運兵船"斯特靈城堡號"（Stirling Castle），噸位25550，前往美洲大陸。

　　不停揮舞著的手臂酸了，孟買港沿岸殖民地特色建築群漸行漸遠，"斯特靈城堡號"拉響了最後一聲汽笛，開足馬力，抖動著龐大的軀體駛向印度洋⋯⋯

9. 找到與二叔同船赴美的戰友

日記裡出現了"李嘉禾"！

空軍官校第五批赴美82人，十四期4人，其他都是十五期學員。同乘"斯特靈城堡號"這艘船的還有從新加坡撤出的英軍以及駐防CBI（中國，緬甸和印度）戰區的美軍官兵。

張恩福保存著一本日記，從1942年10月13日飛越駝峰開始，到1944年3月結束，陸續記錄了十五期第五批出國旅途所見所聞，到達美國後的訓練過程以及學成歸國後參加"中美混合團"的經歷。

再次感謝張伯伯，為我們留下了真實記錄這段寶貴歷程的第一手資料！

得用"如獲至寶"來描述我見到這本日記時的激動心情。特別是翻到1942年12月24日，在他們到達孟買後第二天，我突然發現二叔的名字出現在那天的日記裡！

"李嘉禾"三個字，讓我的血液即刻凝固，隨著大腦風暴不斷地湧現，繼而才重新沸騰起來。

這不就說明，二叔李嘉禾與張恩福都是空軍官校十五期第五批受訓的空軍學員，他們倆同乘一艘船赴美。張伯伯的經歷，也就是我二叔的經歷？

下面，不妨摘錄那天的日記內容以饗讀者：

1942年12月24日

船上很多同學因激憤下船，但我主張無論如何應見隊長一面再說。結果，隊長訓話，認為大家欺負隊長太甚，聚眾威脅，罰全體立正兩分鐘。然後，將盧比（Rupee）全都交李嘉禾上岸去換英鎊。自此，孟買城內游已成絕望。

只有在海上遠觀孟買輪廓而已。雖無特別高樓，但其建築新奇，清潔，由想其繁華應較加爾各答為甚。訓話完畢，搬到前面寢室，此為頭等艙兒童遊藝室改造。雖然仍為三層床，但清潔寬闊，較昨夜有天地之別。

一時，用午餐，在船下大餐廳，寬大清潔，有如加爾各答"格蘭德酒店"（Grand Hotel），菜也甚豐富。飯後船即啟動，離港。同船女人及小孩子很多，小孩子到處亂跑。

夜間，在弧型寢室前之甲板上乘涼，一個英國海軍炮手在他守衛完畢時，來找我談話，他的名字叫弗雷德，後來我們到寢室中來談。同學越來越多，使我無法，只得道歉離開他們了（去睡）。

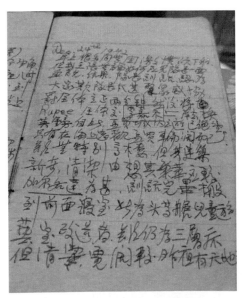

二叔李嘉禾的名字出現在張恩福伯伯到達孟買後第二天的日記裡！

從張伯伯的日記看，他們這些年輕空軍學員的生活十分豐富多彩，每到一處，都會找時間去逛街，光顧久達的中餐館，與當地華僑聚會等。可到了孟買，上船後卻發現，英國人安排他們的隊長住大間，學員被安排住二等艙，與其說是二等艙，倒不如說是三等艙。於是群情激憤，紛紛要求隊長去交涉。沒想到隊長老羞成怒，訓話不成還要全體罰站二分鐘。不准大家集體下船遊覽，而是讓李嘉禾一人上岸去幫助大夥換英鎊。不過，因為學員們的抗議，最後爭取到了較為寬大的屋子，從而改善了幾個星期在海上漂泊的生活條件。

我問97歲高齡的張伯伯，"您還記得我二叔李嘉禾嗎？"

"當然記得，我和他都是北平出來的，他對我非常照應的。"張伯伯微笑著侃侃而答，讓我不由增加了許多親近感，怎麼看都覺得坐在輪椅上的是我二叔。

張恩福伯伯這本珍貴的日記，幫助我確認了二叔李嘉禾所屬空軍官校和赴美期數。可能因為與他同機犧牲的陳冠群和楊力耕都是十六期第七批學員，網上大多關於他的記錄都是十六期第七批。

以前看到臺灣《空軍忠烈表》注明李嘉禾是"空軍官校第十五期"，還以為是個錯誤呢。

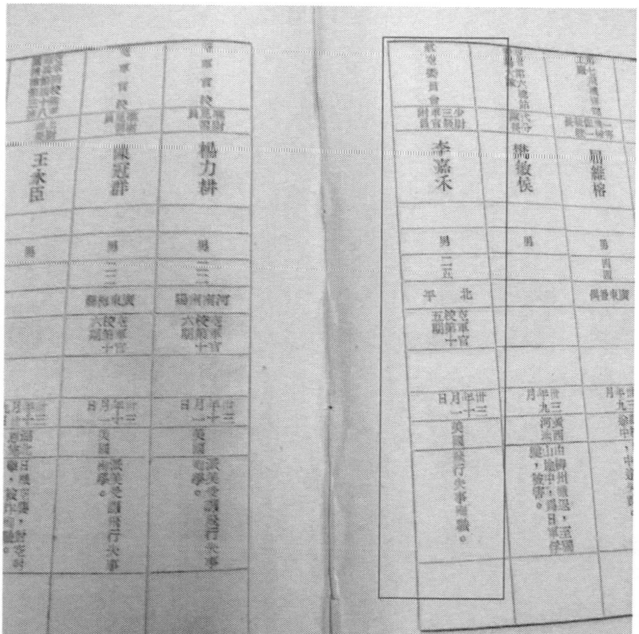

臺灣《空軍忠烈表》注明李嘉禾是"空軍官校第十五期"

這本日記，還幫助我清楚地瞭解到二叔李嘉禾從西南聯大投筆從戎，和張恩福一起整裝飛越"駝峰航線"到印度汀江，搭火車經過幾個城市到孟買，從孟買登上遠洋輪經印度洋，繞過南非好望角到美國受訓的整個過程……

　　1943年1月4日，在印度洋上航行十天後"斯特靈城堡"號抵達英屬南非德爾班（Durban），受到當地領事和華僑的歡迎。在德爾班，轉換到另一艘名為"阿斯隆城堡"號（Athlone Castle），比原先的"斯特靈城堡"更大一些。

　　在大西洋上，沿途為了躲避德國潛艇的攻擊，航線做了多次調整，白天頭頂上有美國飛機空中掩護，夜晚有軍艦護航。可是，他們的船還得不時往南極方向開，有時甚至"之"字形行駛。在漫長的海上旅途中，這些年輕的空軍學員除了做運動，活動筋骨之外，就是找同船的外籍人士練習英語口語。

　　在海上行駛了三周多，1943年1月30日，"阿斯隆城堡"緩緩駛進了紐約著名的哈德森河（Hudson River），抵達紐約港。沿岸的那些摩天大樓，帝國大廈（Empire State Building），自由女神像（Statue of Liberty），讓這批來自中國的學員們感到異常興奮。因為要辦相關的手續，他們在船上又等了一天才准許上岸。

　　在紐約參觀的過程中，許多紐約市民看到這一群從東方來的黃皮膚黑眼睛穿著軍裝，來自中國的空軍都很驚奇，圍著他們看熱鬧，還時不時指指點點。不少來自農村或是邊遠小城鎮的空軍學員們，生平第一次來到"光怪陸離"的紐約，甚感驚豔，猶如一群"劉姥姥進了大觀園"。

　　從遙遠的中國昆明到美國紐約，從東半球到了西半球，他們所親歷的一切，不僅僅是地域的跨度，海洋的跨度，也是時代的飛越。從一個半封建半殖民地，飽受日寇蹂躪的中國到了繁華的現代大都市，當地豐富的物質生活，可謂前所未有，心裡面的衝擊肯定是無法想像的。

　　自從踏上了美國的土地，讓這些空軍學員天天在新鮮和驚喜中度過。不過，張恩福出自北京大家庭，而後又一路從北京到香港，昆明，再到成都，算是見過些大世面。頭一次到紐約參觀，雖然也很興奮，但他還不至於被眼前的高樓大廈"嚇倒"。

　　不過，讓他很不理解的是："為什麼那些在紐約的中國人不會說中國話？"因為當時海外的華人多為廣東人，他這個北方人根本聽不懂人家在說什麼。

紐約參觀過後，一行人立刻轉乘火車到亞利桑那。在威廉斯機場（Williams Field），稍作休息，整裝，消除數月旅途疲勞，馬上開始了飛行前預備班訓練（Pre Flight）。這些課程包括英文，氣象學，物理學，流體力學，美國人文歷史，空軍知識，甚至還有美式軍操。學員們來自中國各個省份，說不同的方言，英語程度參差不齊，語言關成了最大的挑戰。為了幫助解決他們在學習和生活中的各種問題，中英文同時寫在黑板上，還專門配備了英文翻譯。

除了文化課，他們每天至少要參加45分鐘的體能訓練，跑，跳，爬杆，游泳等，以鍛煉健壯的體魄。還有一段時間，每天為學員播放英國，德國，日本，義大利在作戰中使用的各類飛機和空戰影片，以適應今後實戰需要。

預備課程結束後，學員們被送到雷鳥機場（Thunderbird Field）進行初級班訓練。雷鳥基地是美國著名的民間飛行學校，第二次世界大戰爆發後，為了適應前線的需求，美國國內幾乎所有民間飛行學校都轉為盟軍培養飛行員。這些教員不是軍人，但是非常有經驗的飛行教官。

在雷鳥基地，學員們使用PT-17、PT-27，或波音公司的Stearman飛機。初級班的課程與國內訓練是連續的，他們在雲南驛飛初級班飛了60小時（因為航空油缺乏，其實沒有60小時），到雷鳥又飛60小時，一共120小時。每天的飛行時間很長，美國教官制定的考核標準更為嚴格。中級班規定的飛行項目是小轉彎，慢滾，快滾，失速，翻跟頭等。被淘汰的學員，被轉到領航，轟炸，通訊，射擊訓練班去受訓，再不行，只得被送回國，轉到機修或地勤部門。

教官反復告誡學員：訓練中一絲一毫的疏忽大意，意味著在戰場丟失生命！

張恩福在日記裡鄭重記錄了他到美國後的第一次單飛：

1943年3月31日

在Thunderbird Field, Glendale, Arizona State, United States, PT-27 新 Stearman Solo。

這是我（駕駛）第二種飛機單飛，到美國來，這是第一次單飛。Stearman有新舊兩種，操縱異同，一種是PT-17舊型，一種為PT-27新型，新型機翼較薄，速度略大些。

單飛前，學員必須完成A，B，C，D四種規定的科目。

1943年5月，為期二個月的初級班結束，學員們被轉移到馬拉納基地（Marana Field）進行中級班訓練。馬拉納基地在鳳凰城南面的圖森（Tucson）附近，周圍都是沙漠地帶，非常炎熱。中級班科目很多，英文還是必修課，此外，再加航行，空氣動力學，氣象學，發動機等。飛行項目則有夜間飛行，編隊飛行，林克機飛行（一種飛行模型器），儀器飛行，長途飛行等。中級班使用的機型是Vulttee BT-13，合格飛行數是50-60小時。一定是張伯伯的飛行技術比較好，每次教練都讓他在小組中第一個單飛。

為此，他在日記中寫道：

1943年5月24日

第五次飛行，被第一名放單飛。

任何時候換新的飛機，我都是第一名單飛。

每次教官總是讓張恩福第一個單飛，漸漸地，他好像都已經習慣了。就像他告訴我：最高興的事情，莫過於"在空中單飛，享受那種自由自在的感覺"。

教官居然在空中睡著了！

葬在布利斯堡軍人陵園的52位中華民國空軍中有一位叫崔明川，我們已為他找到了親人。可是，翻遍所有空軍史料，沒有找到關於他的官校期別和赴美記錄。

2018年8月遇到張恩福伯伯不久，99歲閻寶森先生[1]由女兒推著輪椅來到養老院，兩個同為官校十五期第五批赴美受訓的老朋友又見面了！

從閻寶森老人的"口述歷史"《碧血藍天：閻寶森先生的抗戰歲月》，

---

1. 空軍官校十五期、"中美混合團"一大隊（轟炸）飛行員閻寶森先生於2018年12月11日去世，安息在美國加州海沃德（Hayward）"百恩園"。

發現了來自西南聯大崔明川殉職的真正原因：

> 最令人遺憾的是，崔明川同學（山東人，西南聯大學生）在練習飛行時撞山，機毀人亡，英年早逝，令人惋惜。後來人們認為錯在教官，因為崔明川坐後艙蓋罩，由無線電聲音指示，作長途飛行，是看不見周圍環境的，可能教官當時在打瞌睡，沒有察覺外面環境。

同期張恩福先生在他的日記裡也提到了在馬拉那（Marana）中級班訓練基地發生的這段不幸事故：

1943年7月9日

> 結業在即，崔明川同教官飛儀器飛行，不知教官如何顧慮，將飛機撞山，機毀兩人同時身亡，乃此死法實可惜也。

1943年7月16日

> 今日飛行大多數科目已完。
>
> 教官馬龍（Malone W. C.）與我告別，去送與崔同學同時失事的教官屍身回家。
>
> 教官也想與其他學生告別，約半數人進城參加崔同學喪儀，我因飛行時間不足故未去。

追根究底，我從"美國航空考古調查與研究"網站，找到1943年7月9日在亞利桑那馬拉那（Marana）機場發生的那次重大空難記錄，失事原因為"碰撞喪生"（KCR-Killed in a CRash）。

日期	機型	序列號	中隊	大隊	基地	空軍	失事原因	等級	飛行員	國家	州	地點
430709	BT-13A	42-1395	762 BFTS		MAAF, Marana, AZ		KCR	5	Wright, Lowell V	USA	AZ	MAAF, Marana, AZ

西南聯大崔明川墓碑號 8 F （張勤拍攝）

　　那天天氣很好，高積雲，能見度30英里。中華民國空軍中級班學員崔明川在美軍少尉教官賴特·洛厄爾（Wright，Lowell V）的帶領下進行一次雙人使用儀錶飛行訓練。他們的飛行記錄分別是：

此種機型	教官	崔明川
該飛行方法	631.5小時	58.3小時；
最近90天飛行	208.6小時	105.3小時；
最近6個月使用儀錶飛行	7.6小時	10.5小時；
最近30天使用儀錶飛行	6.0小時	10.5小時；
最近6個月夜間飛行	22.4小時	4.5小時；
最近30天夜間飛行	4.1小時	4.5小時。

　　7月9日早上9點，他倆從馬拉那四號輔助跑道（Avra Field, Marana, Arizona）起飛，預計10點返回機場。

　　可是，編號為42-1395的飛機失蹤了！

　　調查報告顯示，該機失聯不久，美方立刻組織行動小組在機場周圍方圓十幾哩處搜尋，自7月9日下午開始，持續幾天，直到7月11日下午3點20分，從卡塔利納山脈的空中發現了飛機殘骸，墜機地點距離機場往東約30英里。

馬拉那機場火速派出救援人員，卻因山地崎嶇，兩天之後才到達失事地點，將兩位飛行員遺體搬運出山。

整個飛機完全損毀了！當時究竟發生什麼情況，導致了這麼嚴重的墜機事故？至今還是個謎。

不過從發現BT-13A殘骸的地形特質來看，唯一合理的解釋是：前座艙裡的教練睡著了，任憑學生在封閉的引擎蓋下使用儀器盲飛，周圍什麼都看不見！如現場所發現，他們在陡峭的峽谷上空飛行，當盲飛中的飛機靠近峽谷盡頭時，教官突然醒了過來，搶過操縱杆試圖180度猛轉彎，也許不幸遇上強氣流，轉彎時撞到峽谷底部一棵高大的松樹，飛機幾乎以180度角急速墜落谷底……

崔明川和教官賴特·洛厄爾乘坐的編號為42–1395，BT–13A訓練機
（公共領域圖片）

第二次世界大戰期間，作為空軍主要訓練基地，亞利桑那州發生了500多起不幸事故。戰後湧現出許多熱衷徒步旅行和老式軍用飛機的人，特里·勃蘭特（Trey Brandt）先生是其中之一，不過他還是一位歷史學家，喜歡探索偏遠的沙漠，到崎嶇山脈中去尋找失落的飛機，研究飛機及其機組人員的故事。他創辦了一個"亞利桑那州西南地區飛機墜毀歷史查詢"網站，供大家查詢墜機原因和地點。從這個網站，我找到了崔明川失事飛機的下落和許多現場照片，以下只是其中的一部分。【9.1】

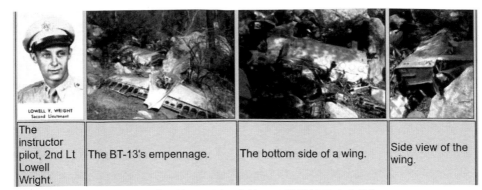

| The instructor pilot, 2nd Lt Lowell Wright. | The BT-13's empennage. | The bottom side of a wing. | Side view of the wing. |

圖源："亞利桑那州西南地區飛機墜毀歷史查詢"

　　一種巨大的悲傷從心底彌漫開來，電腦螢幕上的字體在眼前模糊了……指導飛行的教官居然在空中睡著了？讓一個中級班空軍學員在封閉的機艙裡靠儀錶飛行？聽起來太不可思議了！

　　戰爭狀態下即使在後方學習飛行，也是危機四伏！

　　當地報紙關於空難的報導：

> 　　賴特，洛厄爾中尉，43-I班飛行教官；崔明川，43-I班空軍學員，為了他們所服務的國家，於1943年7月在馬拉那軍用機場殉職。

LT. LOWELL V. WRIGHT
Instructor, Class 43-I

CHWEI MING CHUAN
Aviation Cadet, Class 43-I

Died in the service of their country at Marana Army Air Field July, 1943

　　悲痛之餘，讓我唯一感到欣慰的是：二叔的聯大同學崔明川找到了親人，崔家兄弟們望眼欲穿盼大哥歸家，七十多年後終於如願以償。

　　2018年12月初，崔明川的侄孫崔振華和夫人從中國飛越太平洋，驅車十幾小時，從洛杉磯直奔德州去看望崔家人心中的英雄，也是他"年輕"的大爺爺。

　　七十五年，在歷史長河中只是彈指之間，對於一個家族卻是多麼的漫長，三代人日月星辰，翹首以待，"見面"卻早已陰陽相隔。舉目四望，物是人非，恍如隔世，其傷感悲痛之情無以言表。

　　從杳無音訊到赴美祭拜，有情有義，血脈相連的親人們，經歷了漫長的期盼和等待，夫妻倆懷著無限崇敬的心情，從中國帶來了家鄉的酒，在每位殉職空軍的墓碑前焚香祭奠。

中華民族血脈相連，這是誰也無法否認的事實，也是故鄉年輕一代對七十多年前那段歷史的追念。

崔明川的侄孫到德州去看望崔家人心目中的英雄（崔振華提供）

用生命換來的實戰經驗

1943年10月1日，威廉姆斯機場（Williams Field）Class 43-I班舉行美、英、中三國空軍學員畢業典禮，由毛邦初將軍為中華民國空軍學員頒發文憑及各種飛行證章。就在第五批赴美空軍畢業典禮上，完成學業的同學被授予空軍准尉（Sub. Lieutenant）軍銜和銀翼勳章。

畢業典禮過後三天，實戰訓練開始（OTU：Operational Training Units）。戰術編隊、單機特技、兩機至四機間格鬥、六機追蹤飛行、攔截飛行、空中射擊過程中的風速、風向、高度、間離……瞬息萬變，需要在最短時間內精准判斷，容不得絲毫閃失。

實戰訓練的時間為110小時，使用戰鷹P-40。這種畫著"鯊魚嘴"的飛機在中緬印戰場與日本"零式"戰機在空中格鬥，發揮了重大作用。

即使這些參加OTU的學員都通過了高級班訓練，但在實戰訓練中，隨著飛行難度的提升，有些學員還是令人遺憾地被淘汰，有些甚至獻出寶貴的生命。

1943年10月22日，十五期學員趙光磊准尉在鹿克機場駕駛P-40L編隊訓練中撞機，不幸墜地身亡，年僅21歲。成為赴美學習飛行第五批中第二位意外殉職學員，實在令人興歎！

空軍官校十五期第五批赴美部分學員和美國教官在馬拉納機場（張家儀提供）

這是一張七十多年前的照片，97歲的張伯伯居然還能回憶起不少在一起訓練的十五期同學的名字：前排右一宋昊（實戰訓練中殉職），右二張恩福，右三王化普（抗戰中殉國），右四劉一愛（抗戰中殉國）……左一韓采生，左二"大個子"，左三都凱牧，左四俞育才；第二排右一張長慶，右三韓之靜，右四馮穆滔，左一傅保民，左二黃庭簡，左三段有理……二排中間鄭士魁；後排右一步豐鯤（臺灣桃園演習編隊中殉職），右二徐銀桂，右三趙光磊（實戰訓練中殉職），右四郭統德，右五尚天慶，左一董世良，左二張啟隆，左三閻迺斌，左四胡志昌。

我曾經從張恩福的日記中看到趙光磊在實戰編隊訓練事故中不幸身亡的情況，也在網上找到那次空難記錄，其中KSSP為Killed, Stall/SPin"失速旋轉墜地喪生"。

日期	機型	序列號	中隊	大隊	基地	空軍	失事原因	等級	飛行員	國家	州	地點
431022	P-40L	42-10697	544SEFTS		Luke Field, Phoenix, AZ		KSSP	5	Chao, Kwang Lei	USA	AZ	Luke Aux 1, Luke Field, AZ

美國志願者李忠澤詳盡翻譯的飛行事故選摘：

　　1943年10月22日早晨，亞利桑那州鳳凰城鹿克機場（Luke Field）1號輔助機場，隸屬於美國第19飛行中隊、序號為481的民國空軍學員趙光磊准尉（Kwang-Lei Chao）駕駛著編號為42-10697的P-40L-5CU型戰鬥機進行實戰演習編隊訓練。根據當天機械師理查•米勒（Richard W. Miller）上尉的飛行報告，該飛機總共飛行了584小時25分鐘，飛機上的發動機總共運行了256小時50分鐘，他駕駛該機型和所有機型的總飛行時間分別是16小時15分鐘和250小時50分鐘。

　　那天天氣很好，氣象術語為Ceiling And Visibility Unlimited（簡稱為CAVU，即雲層在一萬英尺（約3048米）以上，能見度超過10英里（約16公里）。趙光磊先從早上8點到9點30分訓練了一個半小時，然後序號為420的中國空軍學員Han T. T.（疑似韓之靜）駕駛該機從9點40分訓練到10點45分（一小時零五分鐘），緊接著趙光磊在11點鐘再次起飛進行第二次訓練。

　　當他駕機與其他三架飛機進行編隊訓練起飛時，發動機突然熄火，但又重新啟動了。接著駕機升空，發動機第二次熄火，再次啟動時，飛機已經下降了25英尺（約7.6米）。與此同時，編隊的二號機已經起飛，而且三號機超過了趙光磊的座機。此時，他的發動機似乎運行正常，因為趙光磊迅速地追趕著長機，超過長機後，他減速緩行，之後又加大油門，在三號機的下方超過了它並猛然拉起，一場空中相撞事故似乎就要出現了！兩位學員迅速急轉彎斜著飛行，因為轉彎太急，所以趙光磊的飛機都倒著飛了。眾所周知，飛機大坡度轉彎或猛拉操縱杆時將導致飛機失速，這並不是指失去前進速度，而是指上升力驟然減少從而導致飛機急速下墜。所以，趙光磊的飛機隨即向右螺旋式下墜，當轉了大約四分之三圈後，他拉住操縱杆，阻止了飛機的下墜。這時，趙光磊似乎能將飛機拉起來，但因為急於求成，飛機在1500英尺（約457米）的高度向左又進入第二次螺旋式下墜，直至在地面墜毀。

　　大衛•科迪少校（David J. Curdy）等三人認為在此飛行事故中，飛行員要承擔80%的責任，飛機設備失效承擔20%的責任。他們認為趙光磊在試圖重新加入編隊轉彎傾斜飛行時離三號機太近了。為了避開其他飛機，他猛然轉彎，這使飛機失速最終導致螺旋式下降。當然，由於發動機在起飛時熄火，機械設備要付20%的責任。不過由於空難使飛機和發動機完全損壞了，所以不能完全確認是否是事故原因。

約翰‧尼斯利（John K. Nissley）上校在10月22日事故當天向位於北卡拉羅納州的美國空軍司令部飛行安全辦公室彙報了此事。10月28日，他在給該辦公室的信中提到已檢查並同意科迪少校等三人的事故分析報告，並且已經與所有學員仔細研究了這次事故以及向他們強調了科迪少校的建議，最後，他指出此事故不涉及違反飛行規則。

同年11月4日，經審核，有關部門（沒有標明具體是哪個部門）認為此事故中60%的責任應該由發動機失靈承擔，40%的責任由趙光磊承擔，因為他缺乏處理這種情況的經驗，這與科迪少校的分析結論有很大的不同。由此可見，此次事故大部分責任還是由發動機失靈引起的！

實戰訓練中機毀人亡事故發生後，演習訓練指揮部要求"所有空軍駕駛員必須嚴格遵守規定的方法插入編隊，並強調在靠近編隊時一定要注意觀察周圍的飛機"。

用生命換來的實戰經驗，只為能日後回國在空中與敵人"拼刺刀"。

實戰訓練又摔一架飛機！

1943年11月9日，官校十五期第五批OTU實戰演習，P-40飛行編隊按指令整齊劃一向右下方滑行，然後在1200英尺左右高度向左盤旋，準備依次著陸……

2號機駕駛員（戴榮鉅）正全神貫注駕機保持編隊速度和位置，向後一瞥，看到旁邊的3號機（宋昊駕駛）還落後300英尺，距離自己的下方8至10英尺。

顯然，為了趕上編隊，宋昊有些急躁，不由加快了3號機的速度。一眨眼的功夫，戴榮鉅發現3號機的機頭突然沖到了自己前下方，實在靠得太近了！

千鈞一髮之際，想躲避已經來不及！

只聽見對方機尾"嘩啦啦"一聲響，猛然擦到了自己的螺旋槳，眼前的 3 號機倏然消失了！

宋昊參加實戰演習訓練所駕駛的P–40 編號41–19787部分殘骸

兩機擦撞，導致3號機上的舵和部分穩定器脫落，飛速旋轉起來，目擊者看到駕駛員曾試圖將機頭拔高，一度還有所恢復，但最終還是沒有逃脫失速旋轉墜地而喪生的厄運。

幸好，戴榮鉅還能駕駛著被撞彎螺旋槳的2號機緊急著陸。 【9.2】

數秒之差，死裡逃生！

下圖為從"美國航空考古調查與研究"（USAAIR）網上找到的空難記錄。其中失事原因（KMAC-Killed, Mid Air Collision）為"空中碰撞喪生"：

日期	機型	序列號	中隊	大隊	基地	空軍	失事原因	等級	飛行員	國家	州	地點
431109	P-40F	41-19787	544SEFTSq		Luke Field, Phoenix, AZ		KMAC	5	Sung, Haw	USA	CA	Victorville AAF, CA

"飛行事故調查委員會"通過詳盡的調查、采證，結論是：3號機駕駛員經驗不足，在撞機事件中負全部責任。

第二天，加州《聖貝納迪諾郡太陽報》（"San Bernardino County Sun"）及時報導了這次空難：

> 軍方飛行員因P-40墜毀而喪生——威廉姆斯機場發言人康奈爾披露：一名空軍飛行員在昨天下午3點因墜機當即殉職，當時他駕駛的P-40在阿德蘭托（Adelanto）附近墜毀。

> 飛行員正參與一項常規飛行訓練，從亞利桑那州鹿克機場起飛，計畫到維克多維爾空軍機場。

> 空軍將對此次墜機事件進行調查，詳情尚未公佈。

> 飛行員殉職事件還沒有通知親屬，受害者遺體已被移到維克多維爾空軍機場太平間。

一位21歲民國空軍的生命在1943年11月9日那天，戛然而止……在美國國家軍人公墓靜靜地等待了七十五年！

宋昊安息在美國德州布利斯堡國家軍人陵園，墓碑號6F（張勤拍攝）

10. 大洋, 隔不斷的歷史和友誼

雷鳥機場紀念網

斯坦福大學之行，讓我找到不少抗戰空軍史料，但基本涉及重大決策和實施報告，沒有具體受訓人員名單和照片。

之後的幾天，我沉浸在苦苦思考中，悵然若失……

我想瞭解殉職空軍在美受訓時的更多細節，可七十多年過去了，大多數當事人都已過世，還能去問誰呢？

"當年的飛行培訓基地會不會保存著民國空軍學員的名單呢？"靈機一動，產生了再次去"碰碰運氣"的動力。

打開筆記型電腦，上網檢索關鍵字"二戰空軍受訓基地"，找到"Thunderbird Pilot"（雷鳥飛行員）網站和臉書群，首頁第一篇是斯科特·韋弗（Scott Weaver）中校紀念外祖父利奧·普林頓（Leo Purinton）和外叔公傑米·普林頓（Jimmy Purinton）的文章。

這一發現令人振奮！

利奧和傑米是當年美國雷鳥空軍基地飛行教官，外孫為祖輩深情撰文，記述出身於貧苦家庭的普林頓兄弟倆從小立志，刻苦學習飛行，從農村步入飛行教官職業，特別是外祖父利奧·普林頓在二戰期間培養出64名優秀空軍飛行員的故事。這個網站是斯科特·韋弗為外祖父利奧·普林頓以及所有在雷鳥機場工作過的教練員、工作人員和學員們設立的。

網站首頁，首先映入眼簾的是（譯文）：

歡迎來到"雷鳥飛行員"！

我是斯科特·韋弗，美國空軍退役中校，也是我家第三代飛行員。1998年，湯姆·布羅考出了本書《最偉大的一代》，有人認為這不過是一句引人入勝的行銷短語，不過，閱讀過我的故事後，我相信，你們一定會同意，他們那一代確實是"最偉大的一代"。

迫在眉睫的戰爭和地緣政治事件導致了雷鳥飛行員訓練計畫的誕生，在那裡，我的祖父為我樹立了榜樣，極大地影響了我一生所追求的事業。雖然祖父利奧和他的兄弟一直專注於他們的夢想，希望成為不斷發展中的航空業的一部分，但世界正在走向戰爭。在歐洲，阿道夫·希特勒所領導的納粹勢力崛起，日益威脅美國和歐洲盟國的自由。1940年，當比利時這個軍事弱國遭納粹入侵並輕易接管時，德國實際上向歐洲其他國家宣戰。空中力量是衝突中的一個重要因素，在德國閃電空襲期間，超過5萬名倫敦人被炸彈炸死。

雖然總統伍德羅·威爾遜制定的國策規定美國要保持中立，但英國和其他歐洲大國渴求獲得美國的援助。憑藉美國的戰鬥力和先進的空中能力，當美國珍珠港被德國盟友日本襲擊時，我們國家放棄了中立立場，向德國及其盟友宣戰，並將強大的軍力從地面推廣到空中。

美國空軍退役中校斯科特·韋弗為外祖父及所有在雷鳥機場工作過的教練員，工作人員和學員們設立的網站標誌 （Scott Weaver提供）【10.1】

從尋找二叔李嘉禾開始，在不斷深入研究二戰空軍歷史的過程中，我無時不被那些為保衛世界和平而捨生忘死、勇往直前的英雄事蹟所感動，也讓我充分瞭解到：世界反法西斯戰爭的勝利，是無數英勇的軍人們用他們年輕的生命換來的，也得益於大後方千百萬民眾的全力支持。

他們的確屬於"最偉大的一代"！

抗戰時期的空軍培訓是中美航空歷史的一個重要組成部分，"雷鳥飛行員網站"的發現，讓我聽到了來自美國空軍基地飛行教官後人的期盼，這是通向尋找民國空軍學員在美國學習和生活經歷的極好途徑。

在"雷鳥飛行員臉書群"，我貼出了一張民國三十三年第十六期第七批留美學員在雷鳥機場初級飛行學校結業典禮上的照片，並留下一條信息（譯文）：

1943年，我的叔叔是一名到雷鳥空軍基地接受飛行培訓的中華民國空軍學員。不幸的是，他後來在1944年因飛行事故而去世。尋找他的安息地和死因始終是我們家人的願望，這個過程漫長而艱辛，直到最近我們才終於找到了他的墓地和《飛行事故報告》。

七十多年過去了，歷史上發生的許多事情可能由於不同原因而被忽略。但我沒有忘記數千美國人為了幫助中國抗戰而犧牲了生命，從而最終贏得二戰的勝利。這促使我不斷探索關於中華民國空軍在美國訓練的一些故事。不知當年的那些教官們是否還健在？這個群裡有沒有誰還記得那段歷史？

我很高興能夠找到"雷鳥飛行員臉書群"，因為我是你們中的一員。

請通過我的郵件與我聯繫。非常感謝！

李安

沒想到，斯科特的回應是那麼的快，因為他太激動了！

一年前他曾經出版了一本書《雷鳥機場飛行員》（The Pilots of Thunderbird Field），裡面就有關於中國空軍赴美培訓的部分描述。現在，他正在醞釀第二本書，書名是《雷鳥機場中國飛行員》（The Chinese Pilots of Thunderbird Field）。

民國三十三年（1944）第十六期第七批留美學員參加雷鳥機場
初級飛行學校結業典禮（中國飛虎研學會提供）

在他計畫寫一本新書記述這段歷史的時候，恰巧遇到我為了尋找雷鳥教官，通過臉書發信息。兩人不約而同地為相互尋找而努力，真是天賜良機！

電話接通了，從遙遠的華盛頓特區，傳來一個小女孩童稚的嗓音"Hello……"

原來，斯科特帶著他十一歲的中國養女蓮娜在電話那頭，整個交流洋溢著非常友好的氣氛，像是久違的朋友。

後來，我從網上購買了他的紀實文體小說《雷鳥機場飛行員》，得知女兒蓮娜是他和夫人從中國上海福利院領養的，全家人對這個聰明伶俐的中國女兒疼愛有加。

斯科特說自己的外祖父曾經指導過許多中國空軍學員班，和這些學員結下了深厚的友誼，幾十年前他父親還去臺灣與其中的一個學員團聚過。為了寫第二本書，他對當年中國飛行員在雷鳥機場參加訓練的這部分歷史作了大量研究。

從祖父利奧開始，他們一家四代都是空軍，可謂空軍世家。

斯科特從美國空軍退役之後，在"美國航空公司"當駕駛員，在他的職業生涯裡，駕駛過許多大型客機，如波音737、777等。他給我寄來的第二本紀實+虛構小說《雷鳥機場中國飛行員》梗概，字裡行間可以看到他們一家人對天空是多麼的著迷！女兒蓮娜是上海出生的中國女孩，追隨喜愛飛行的美國哥哥和當機長的父親同機從芝加哥飛往上海。一路上，父親不斷給女兒傳授各類飛行經驗和術語，期待著把這個來自中國的養女培養成家族裡繼兒子薩萬納之後第2位第四代飛行員……與他第一本紀實小說類似，整個故事情節都是以女兒蓮娜為主線展開。

斯科特的外公、當年雷鳥機場飛行教官利奧·普林頓
(Scott Weaver 提供)

在雷鳥，一封沒有寄出的信

在斯科特與我往後的郵件中，他又邀請父親理查德·韋弗（Richard C. Weaver）中校參加我們的交流，和藹的老人讓我直接用昵稱"道克"而不是"韋弗先生"。

我知道，按照美國人的習俗，這樣顯得更為親近些。

道克今年86歲，是一位退役空軍中校。打開他發來的網站鏈接，照片上看上去十分健朗。

他曾經駕機往前線運送物資和飛機，退役後在"美國國家航空航天局"（NASA）空中實驗室駕駛波音707飛機。看他的簡歷，居然還是利奧·普林頓在雷鳥擔任飛行教官時的第一批學員，是老師最鍾愛的學生，後來又成了老師的女婿。現在道克的身份不僅是退役軍官，還是一位具有一定知名度的畫家，作為"美國空軍藝術家計畫"成員，他的代表作被美國空軍藝術展收藏。2009年12月13日《聖達菲新墨西哥報》發表了他的專訪"在空中尋找自由"（"Finding Freedom in the Air"）。

瀏覽著道克個人藝術創作網站，一幅幅美國西部自然景觀為主題的油畫，讓人印象深刻。說實在，非常佩服許多美國人，他們在認真做好自己的本職工作之後，還有機會追隨自己的興趣愛好，從斯科特的小說創作到道克的繪畫，每一件都能做得如此專業！

道克在給我的一封郵件中提到：曾經奉命駕機到臺灣維修，在等待的過程中，岳父寄來一份當年中國空軍學員名單，其中一位住在屏東，是臺灣華航公司總裁，另一名學員在抗戰期間跳傘身亡。

時任臺北市空防長官的Col. Wu（Col.即上校 Colonel 的簡寫）在臺北熱情接待了他。共進晚餐過程中Col. Wu回憶起抗戰期間在雷鳥機場受訓的情形，提起利奧教官十幾歲的女兒愛麗絲（Alyce後來成了道克的妻子），每個週六都會去父親的辦公室，找中國空軍學員們玩，他們經常帶她去附近的小賣部，買可口可樂給她喝。

他深情地寫道："幾十年過去了，我一直想與這位Col. Wu聯繫，想知道這位Wu長官是否還在我們這個世界上，如果在的話，我想把兒子斯科特寫的關於雷鳥和中國空軍受訓的書給他。如果他已經不在了，我想把這本書送到臺灣空軍圖書館。也許你可以幫助我，因為我無法得到空軍人事辦公室的正確地址。如果你有幸幫助找到Wu長官地址的話，我將永遠感激你。"

為了幫助道克找到利奧的中國學員，我需要知道道克郵件中所提到的Col. Wu的全稱。

斯科特從他外祖父的飛行日誌中找到以下一段說明：

從7-13-42到2-2-44結束共有64名學員，其中7名學員被淘汰。

中國學員是43C班的一部分，在雷鳥No.I上課，學員班的班長是Jenning上校。以下是部分學員名單：

CHUNG TAO
LI LIEH
LIU PO-WEN
SHAO KE-WU
WANG CHENG YUAN
SHEN YUN NENG

對照《中華民國空軍軍官學校學生名冊》，根據英語發音找到空軍官校十三期第三批赴美培訓學員，應該是空軍四大隊22中隊長邵克武（SHAO KE-WU），美國人把中國空軍學員的名和姓搞混了！

立即發郵件詢問"中國飛虎研究協會"會長翟永華，他的回應居然是："當年留美返國作戰的大都加入了中美空軍混合聯隊，如今在台的就剩下十五期的都凱牧將軍，大陸的七人一個都不在了。您的郵件來得太晚，如今都沒有人了。我2003年在協會接任秘書長時，邵克武的名字就已不在協會通訊名單中，可能已去世。"

"一切太晚了！"

我不無遺憾地將實情轉告道克和斯科特。

可道克還不甘休，把他早已經準備寄給臺灣空軍人事辦公室的正式簽名信發了過來，說是"自己一直試圖把這封信送到臺北，可是沒有機會。也許我應該忘記它，因為上校很可能不在我們周圍了……"他又說，"正因為有幸遇到了你，懇切希望能幫助我把這封信送到臺灣，為找到邵克武的後人。"

他滿心盼著能把兒子寫的書送給他們留念，還表示，他和他的夫人都很想念當年赴美參加飛行培訓的那些中國空軍學員，非常希望有人能夠幫助找到他們的家人。

雷鳥機場每天早上的升旗儀式（Steve Hoza 提供）

中國學員在雷鳥機場No.I，查看航空圖（Steve Hoza 提供）

以下是這封信的譯文：

親愛的先生：

我正在嘗試聯繫中華民國臺灣人事辦公室。

1965年我曾經飛臺北，在那裡遇到了當時是臺北防空司令部司令的邵克武。我的岳父利奧·普林頓是亞利桑那州鳳凰城的飛行教官，二戰期間，他在亞利桑那訓練了許多中國飛行員，也曾經當過在那裡學習飛行的邵克武的老師。我很高興與他在臺北度過那個重溫飛行訓練故事的晚上。

我的兒子斯科特·韋弗是美國退役空軍中校，他寫了一本關於雷鳥機場飛行訓練的書，如果邵克武還在世，我們希望能把這本書寄給他。我們還想請你選擇一個中華民國空軍圖書館，我也願意向他們提供一本書。你們中的任何人若能為我提供中華民國人事辦公室的當前地址的話，我都非常感激。

誠摯的

理查德·韋弗（Richard C. Weaver）
美國空軍退役中校

雷鳥機場為學員們提供的教室（雷鳥幾場檔案館提供）

雷鳥機場空軍學員食堂（雷鳥幾場檔案館提供）

雷鳥初級班（44-J）中國學員名冊封面（雷鳥機場檔案館提供）

1944年雷鳥飛行學校雜誌（雷鳥機場檔案館提供）

理查德・韋弗的來信，令我心潮起伏，再一次深切體會到：在這個世界上，儘管中美兩國地域相隔遙遠，文明差異顯著，歷史，政治，信仰，文化，語言等大相逕庭，但有一點是共通的，那就是人性，這是什麼力量都阻擋不了的。

為了幫助這位美國空軍教官後人找到當年赴美學習飛行的中國學員，通過網路，我找到臺灣"空軍司令部臉書專頁"，"中華民國空軍子弟學校校友會"，"國防部發言人"網站並發信詢問。

可至今，了無音訊。

我又給在臺灣的幾位空軍後代發信，希望通過所熟悉的關係協助尋找。他們相繼又提到目前臺灣實行的"個人資料法"，說是限定嚴格，由此也解釋了為什麼我遲遲收不到臺灣官方機構回應。

"如果任何官方機構提供給非血緣關係者資料，會觸法，吃官司，所以他們不可能幫你這樣一個外人去尋找。"很多熟悉臺灣"個資法"的熱心人為我解釋近年出現的這條法律，他們告訴我：國家工作人員不能擅自處理來信，除非是邵家親人，有血緣關係，才會在取得相關證明之後，著手下一步尋找工作。

同樣，尋找當年赴美殉職空軍家屬，也是因為"個資法"，根本無法通過臺灣軍方，只能靠在大陸廣泛發動群眾，到各省、市、縣、鄉、村，逐一尋找。

他們建議，唯有一個辦法：就是再寫一篇文章投到《世界日報》，如果邵家人看到這篇"在雷鳥，一封沒有寄出的信"，有可能會來找吧？

我也想到一個辦法，那就是：讓美國人道克自己親筆寫一封信到臺灣空軍司令部，要是臺灣官員也犯"崇洋媚外"的毛病，那就好辦了。

沒有想到在今日臺灣，一件"尋人啟事"會是那麼的難！

後來，當我找到了龍越基金會，與各地的志願者們通過網路、微信、報刊等方法攜手尋找赴美殉職空軍家屬，有些家人甚至在24小時內被找到！

帶著僥倖的心情，我試探著詢問道克和斯科特：是不是願意採取這種"人肉搜索"的辦法尋找邵克武長官的家人？

美國民眾通常極不習慣這種大規模"人肉搜索"，大部分人對隱私保護都很重視。

道克感歎道："當年我去臺灣的時候，一切安排得很好，他親自接見，現在怎麼會這麼難？還是我自己寫信給'美國大使館'，讓美國外交人員出面去尋找吧。"

這樣也好，省得興師動眾，還能照顧到邵家的隱私……

回轉身，突然意識到：天哪！現在哪裡還有"美國大使館"？應該是"美國駐台辦"吧？

邵克武的家人或者他們的朋友若有機會能看到這篇文章，請聯繫我！

我好想告訴他們："在大洋彼岸，有一位美國友人在雷鳥，盼望著能把一本記載著中華民國赴美空軍在雷鳥機場受訓的書送給你們。"

史蒂夫的心願

在尋找空軍赴美受訓歷史的過程中，還發生了一件令人非常感動的事情。

有一天，接到"美國航空考古調查與研究"（USAAIR）工作人員克雷格·富勒（Craig Fuller）的郵件，說是好友史蒂夫·侯撒（Steve Hoza）家裡有不少二戰時期的飛行員照片，以前還在鳳凰城辦過攝影展。

他將史蒂夫·侯撒的郵箱號給了我。

突如其來的信息，讓我如獲至寶，從中體會到了美國民眾對二戰結束七十年之後終於有個中國人找上門，想瞭解中美聯合抗戰歷史的理解和支持。

史蒂夫說他的叔叔抗戰時期是個攝影兵，因工作關係往返於鳳凰城附近幾個機場。戰爭結束後，上級讓他銷毀那段時間拍攝的照片和底片，可他沒有完全做到，悄悄把其中的一部分帶回了家。

他去世前，這些珍貴的照片傳到了史蒂夫的手裡。

終於有機會把那些記錄著民國空軍在美國受訓的照片轉交給一位中

馬拉納機場,中美空軍護衛著美國和中國國旗（Steve Hoza 提供）

中美兩國學員在雷鳥機場No.1進行操練（Steve Hoza 提供）

雷鳥機場No.1，中美兩國學員打排球（Steve Hoza 提供）

空軍學員正在馬拉納軍機場聆聽美國隊長指導，背景是BT-13飛機
（Steve Hoza 提供）

來自雷鳥機場的民國空軍學員在舞會上（Steve Hoza 提供）

亞利桑那州馬拉納機場, 民國學員列隊行進（Steve Hoza 提供）

雷鳥機場No.1，美國航空教練在PT-17旁向6名民國學員講解飛行原理
（Steve Hoza 提供）

1942年3月6日亞利桑那州鳳凰城
空軍學員們在美國空軍教官的指導下接受先進的飛行訓練。他們都是通過初選測試和初步訓練後挑選出來的。美國軍事觀察員從中國第一批獲選軍官的報告，得知這些戰士展現出驚人的飛行天賦。
（美國國家檔案館，章東磐提供提供）

國人，這讓史蒂夫非常高興！

不僅如此，他還說前些年與弟弟一起編輯出版過一本書，如果有興趣的話，讓我把地址給他。

心中的狂喜無以名狀，樂得連嘴都合不攏了，還能有不感興趣這一說嗎？

沒幾天，一隻黃顏色的大信封在郵箱裡靜靜地等著我。

這是一本裝潢精美的書，書名是《這個國家最好的地方》（"Best Place in the Country"），裡面記載著亞利桑那州各個空軍基地，還有二戰期間關於各國空軍培訓的回憶文章和照片。

我覺得自己好像置身在一間漆黑的屋子裡，突然有人亮起一盞燈，原來是史蒂夫啟動了一架放映機，重播40年代的紀錄片。

透過來自中國的空軍學員在美國培訓期間的一幅幅照片，我看見那些生機勃勃的年輕人神采飛揚地唱著軍歌，整齊列隊走向訓練場，在飛行教官的指導下沖上藍天展翅飛行。我還看見他們生龍活虎般地出現在運動場、英語課堂、聯歡舞會上……

抑制不住激動的心情，給史蒂夫的感謝信是這樣寫的："這本書太珍貴了！絕不能讓它獨自躺在書櫃裡自我欣賞，而要為它找到一個值得安放的博物館，留給眾多讀者們，為的是讓大家勿忘那段抗戰歷史。"

美國《生活》雜誌上的民國空軍

1941年11月，靠近墨西哥邊境的亞利桑那州鳳凰城，一夜之間，街道上突然出現上百名穿著空軍軍服的東方人面孔，不由讓當地民眾和媒體感到非常之好奇。次年5月4日，著名的美國《生活》（Life）周刊封面上刊登了一位英俊的空軍頭像，專題報導中華民國空軍在美國受訓的情況。

我在尋找二戰資料的過程中，發現了這份雜誌。我猜人們一定也很好奇，"這位民國空軍是誰呢？"

他，就是空軍官校第十二期第二批赴美飛行學員鄭兆民。

《生活》雜誌在"Chinese Pilots"這篇封面人物專題報導裡，用以下這段文字描述這位飛行員（譯文）：

　　　　封面上這位略帶嚴肅的年輕空軍學員，是祖籍中國廣州的 Chao-Min Cheng（鄭兆民），在赴美學習之前，他已經在杭州的航空學校接受過一系列地面訓練，建立了飛行方面的一些基礎。當他所在的航空學校遭到轟炸時，他和其他同學們艱苦跋涉1000多英里去重慶，接著到中國昆明。正是從那裡他來到了亞利桑那州鳳凰城，在雷鳥空軍基地完成初級飛行訓練。目前，鄭和他的同學們已經被提升為空軍准尉，正在返回中國的途中，為的是去參加抗擊日本侵略者的戰鬥。

　　其中有一張題為"單飛前的叮囑"的照片，是美國通用電氣公司總裁傑拉德‧斯沃普（Gerard Swope）的兒子、飛行教官約翰‧斯沃普（John Swope）正在給鄭兆民作單飛前最後的指導。照片下的文字寫著：

　　　　學員們每天清晨7點列隊出操，接受教官檢查。他們與美國飛行學員住同樣的宿舍，使用同樣的教科書，學習同類型飛機。站在列隊最前面的那個學員正是來自廣東的鄭兆民，他那張明亮而又時刻保持警惕的臉龐，正如他端坐在駕駛艙操縱飛機時的神情，這就是典型的飛行員性格。

　　鄭兆民所在的第二批赴美學員，從昆明搭乘運輸機飛至香港，轉而乘船前往菲律賓馬尼拉登上遠洋客輪。原本計畫在夏威夷補給之後前往舊金山，沒想到1941年12月7日，接到日軍偷襲"珍珠港"的電報，客輪立刻改道往澳洲方向行駛，確認危險過後才返回夏威夷。

　　太平洋戰爭爆發後，後來的幾批留美學員不得不改飛"駝峰航線"，從孟買上船經印度洋到大西洋前往美國紐約。

　　1941年3月，美國通過"租借法案"，這項法案原本主要用以援助英國抗擊德國法西斯侵略。當時正值中國抗戰最艱難的時刻，大部分國土淪喪，日寇的鐵蹄肆意踐踏著積貧積弱的中華大地。民國政府不得已遷都重慶，在那裡指揮著廣大軍民作殊死的抵抗。駐美大使宋子文和陳納德積極遊說美國各界，希望能獲得美國對中國的資助。

應陳納德及宋子文的請求，美國總統辦公室於1941年7月21日批准了輸送500名中華民國空軍學員，分批到美國飛行學校學習。

在訓練中，美國教練全身心投入飛行培訓工作，手把手將自己的"十八般武藝"傳授給這些來自中國的空軍學員，幫助他們儘快掌握各種空中格鬥技能。

到了1942年5月，兩個來自中國的學員班已經開課了，隨後還有多少學員前來報到，則完全取決於戰時運輸。

那期的《生活》雜誌專題報導還提到：在雷鳥機場學習飛行的學員，來自十一個不同的國家，包括英國、澳大利亞等，而中國軍人給教練們的印象：最聰明、最有紀律性，儘管在學習過程中，語言是他們最大的障礙。

他們中的大多數來自中國不同的省市，說不同的方言，相互聽起來像"講外語"一樣難以理解。教學中，只得通過使用基本短語，靠口譯員的輔助手勢，幫助學員理解教練員的講課，學校的喇叭也是採用中英兩種語言喊話。

然而，飛行是這些中國學員的第二天性，為了及時掌握其中的奧秘，他們誰都不願意浪費時間，在不可思議的六周內完成了為期十周的初級飛行課程，並在雷鳥機場附近的鹿克機場開始了高級班飛行訓練。

中國學員在美國的生活非常豐富多彩，除了每天接受訓練，還有很多業餘活動。他們像其他美國年輕人一樣喜好娛樂，不時體現出調皮幽默的天性。他們用行動迅速改變了西方人看不起東方人的偏見。一旦比賽，他們在排球和籃球方面表現得非常專業，以至連美國隊員也認為這些中國人是令人生畏的對手。

這些照片都是美國攝影兵和新聞雜誌社記者們的傑作，他們用鏡頭記錄了歷史。

非常感謝史蒂夫的叔叔，因為沒有遵從上級指令將這些彌足珍貴的照片銷毀，才能讓我們在跨越七十多年後追尋到這些真實的紀錄，從而更清醒客觀地看待那段歷史，以及兩國人民用鮮血和生命鑄造的友誼。

學員們在教室裡上空氣動力學課，黑板上的所有的解釋都以英文和中文兩種
文字書寫，學校的揚聲器系統同時宣讀這兩種語言，中華民國空軍學員在課
堂上比來自任何其他國家的學員都更為全神貫注。
（美國雷鳥機場檔案館提供）

1942年3月27日，首批42名民國空軍學員畢業，在懸掛著中美兩國國旗的鹿克機場禮堂裡
接受各位嘉賓的檢閱，並接受頒發的畢業證書和中美銀翼勳章。
（美國雷鳥機場檔案館提供）

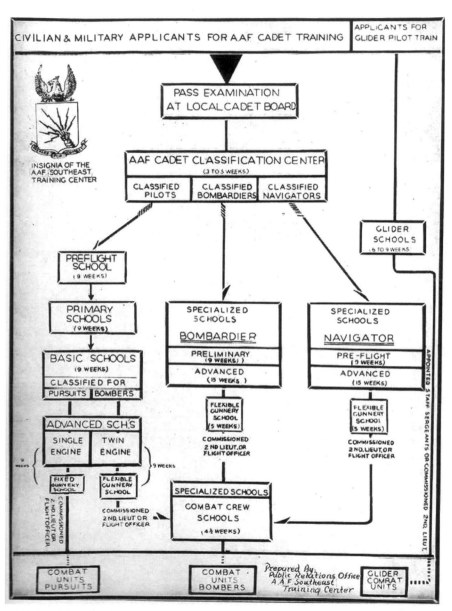

赴美空軍訓練流程分為初級班、中級班和高級班。進入中級班以後，根據學員個
人的意願和教官推薦，以及成績問卷分析等進行分科訓練（轟炸科和驅逐科）。
最後是實戰訓練。（美國雷鳥機場檔案館提供）

山坡上那片閃亮的飛機殘骸

一天，"美國航空考古調查與研究"（USAAIR）網站的克雷格·富勒（Craig Fuller）通過郵件寄來一張照片。

這是1990年初，他開始從事航空考古調查與研究工作，去亞利桑那州各個荒郊野嶺尋找飛機殘骸，在大角峰山區一架飛機殘骸前拍攝的。

克雷格告訴我，這架失事飛機的駕駛員是二戰時期來自中國的空軍飛行員，他的名字叫"Van Shao-Chang"。

信中他還特別提到，"手中捧著那些飛機殘骸碎片，心中非常感慨，這位年輕的中國空軍學員不遠萬里來到美國學習飛行，最後葬身荒野，不知他的父母若得知自己的孩子在這裡，該有多麼的悲痛？他們的家人是否知道自己的親人埋葬在哪裡？如果你有機會瞭解他的經歷，聯繫到家人，請務必告訴我。"

為尋訪失事飛機殘骸，克雷格曾經到美國許多空難地循跡。一個美國人對來自中國的殉職空軍如此上心，還特地留影記錄，讓我轉達對家人的問候，深深觸動了我，也幫助我進一步理解了"對生命的尊重不分國界"這句話的深刻含義。

這些被歷史塵封的寶貴資料，揭示了七十多年前美國空軍事故發生的原因，調查過程，人證物證，技術分析，空難現場圖片，調查委員會結論……對今天研究歷史，安撫家屬起了尤為重要的作用！

作為中國人，還有什麼理由不幫助這些赴美殉職空軍找到家人，帶他們回家呢？

我記住了"Van Shao-Chang"這個名字。

在這之前，我已經把"中國飛虎研究協會"網站上的"空軍各期名冊"全部拷貝到MS試算表上，將1814個記錄排序，逐個輸入與姓名相對應的拼音或韋氏拼音（威妥瑪氏），依次根據墓碑名字進行比對，花了幾天時間，才比對出不到十個中文名。

然而，墓碑上的英文名不是真正的韋氏拼音，有些甚至名和姓顛倒。只有親自從事過這項工作，才能體會到根據陵園墓碑上的英文名字，去尋找相應的中華民國空軍學員，是一項多麼艱巨的任務。

"美國航空考古調查與研究"（USAAIR） 工作人員克雷格在范紹昌
駕駛的飛機殘骸前（克雷格·富勒Craig Fuller提供）

　　後來，獲得來自大陸、臺灣及美國許多熱心志願者的關注和幫助。"空軍尋親群"裡的志願者發現"Van Shao-Chang"的中文名是范紹昌，但關於他的信息非常模糊，籍貫僅為"江蘇"兩字。

　　又有志願者查到黃埔軍校十八期同學錄，發現范紹昌的永久通訊處是"無錫堰橋"。無錫抗戰老兵志願者袁健還從黃埔十八期同學錄中找到了范紹昌的照片。無獨有偶，江南大學江南致遠關愛老兵團隊張英凡也找到了這張照片，還搜索到其他有關資料。

　　在四面八方無數熱心人的幫助下，最終確認范紹昌民國十年出生（1921年），江蘇無錫堰橋人。黃埔軍校十八期轉學空軍官校十六期第八批赴美，在美國訓練時因飛機失事而殉職，犧牲時軍銜為少尉。

抗戰空軍烈士范紹昌

望著照片上范紹昌年輕英俊的面容，一個活生生的空軍軍官出現在眼前，心中忍不住"咯噔"一下，腦海中浮現出山坡上那片散落的殘骸，還有軍人墓地裡那塊靜默了七十多年的墓碑⋯⋯我能感覺到自己的心在為烈士滴血。

　　克雷格不僅幫助我找到了二叔的信息，也找到其他十幾位赴美空軍的《飛行事故報告》，我期待著，有一天能將大角峰山坡上的那張照片轉交給范紹昌的親人。

11. 回國參戰, 熱血鑄忠魂

"怎麼一去, 就再也沒有回來?"

畢業典禮後, 鄭兆民和官校十二期第二批赴美同學們依依不捨地告別教官, 踏上返國之路。將近十個多月的飛行訓練, 他們練就一身硬功夫, 個個摩拳擦掌, 渴望用高超的飛行技能, 回到祖國的藍天去迎戰侵略者。

歸國的路上, 他們先飛至美國邁阿密, 稍作短暫停留, 從那裡再飛到巴西乘船, 經大西洋、地中海、中東到達印度, 回到中國昆明的時間已經是1943年8月。

這些在美國接受飛行訓練, 學成歸國的民國空軍, 大部分加入"中美混合團"。除此以外, 在中國戰場上還有中華民國空軍幾個驅逐機和轟炸機大隊。其中"第四驅逐機大隊", 也就是"高志航大隊"下轄第21、22、23中隊, 駐南昌驅逐機訓練場(原駐周家口機場)。

鄭兆民少尉回國之後被編入四大隊第23中隊, 立即參與多次對敵作戰, 英勇還擊日寇的空中挑戰。

據《中國的空軍》第七卷第四期記載: 在守衛湖南衡陽的戰役中, 四大隊經常在衡陽上空掩護守城的部隊, 鄭兆民是最活躍的一個。不幸於1944年7月15日那天, 在衡陽的一次反擊戰中, 他遵命給留守部隊空投一密件。到達目的地後, 隊長命令他低飛下去, 他還應了一聲"OK", 把密件投放下。沒有想到, 歸途中, 因飛行高度太低, 遭到駐金蘭寺日軍猛烈攻擊, 密集的火炮和重機槍朝天空一陣狂掃。剎那間，"轟"的一聲，他的座機被擊中了，即時著火墜地……

戰友們後來滿懷深情地回憶起這個位頗有繪畫天賦，美國《生活》雜誌封面人物——鄭兆民，無不痛心疾首："怎麼一去，就再也沒有回來？"

在衡陽上空與日軍激戰被迫跳傘歸來的空軍官校八期、第四大隊第23中隊隊長吳國棟回憶起一九四四年六月下旬一次戰鬥情形說：

> 飛機中彈之後，僚機駕駛員鄭兆民一直護衛著我，看見我跳傘下去，又趕忙飛去掩護。著陸後我昏迷了幾分鐘……醒來時連忙解開保險傘，脫掉飛行衣，躦進叢林裡去，但看鄭兆民還在低空依依不捨的盤旋著，大概是還在擔心隊長的安危。我連忙又跑出樹林來，向鄭兆民揮揮手表示謝意，並且示意他趕快飛走，以免引起敵軍地面部隊的注意。

鄭兆民常常為隊長吳國棟當僚機出擊，在中原戰場上，他們多次一同建功。吳國棟跳傘負傷後為躲避日軍搜索，歷經艱辛回到機場，痛心地得知這位好戰友、好幫手再也回不來了，令他唏噓不已。

犧牲時，鄭兆民年僅24歲，他用自己年輕的生命，實現了參加空軍，步入空軍官校時的誓言。

從1929年抗戰前夕到1945年抗戰結束，中國抗戰飛行員的搖籃"筧橋中央航校"和後來的"空軍軍官學校"、"空軍飛行士校"，共培養了二千三百多名空軍飛行員。這是一所與黃埔軍校齊名的英雄軍校，鄭兆民是他們中的一位代表。

民國三十四年七月十七日，國民政府總統蔣中正令追贈追晉案：

> 行政院呈，請追贈張祖騫為空軍少校，薛鳳口為空軍上尉，鄭兆民、張天民、蒲良樓、李宗唐等四員、為空軍中尉，應照準，此令。

台灣《空軍忠烈錄》記載：

> 鄭烈士兆民，廣東省中山縣人，生於中華民國九年十二月十一日，在空軍軍官學校第十二期驅逐組畢業。任空軍第四大隊第二

十三中隊少尉三級飛行員。

民國三十三年七月十五日，烈士駕機飛往湖南衡陽，掩護地面部隊攻擊日軍陣地，被敵地面炮火擊中，陣亡。生前有戰績二十二次。奉頒一等宣威獎章，二等復興榮譽勳章。追贈中尉。遺有父母。

"南京抗日航空烈士紀念碑"中國烈士名單，總計1468位，編號M牆上，刻著他的名字：

鄭兆民中尉廣東中山

讓我們用嘹亮的筧橋航校校歌來祭奠烈士吧：

得遂凌雲願，空際任迴旋，
報國懷壯志，正好乘風飛去，
長空萬里，複我舊河山，
努力，努力，莫偷閒苟安，
民族興亡責任 待吾肩，
須具有犧牲精神，平展雙翼，一沖天！

抗戰英烈永垂不朽！

"峨眉號"在駝峰航線失蹤了！

鄭兆民返國參戰犧牲那一年，張恩福22歲。

在1943年的最後一天裡，張恩福對自己赴美培訓作了一個總結。

整個操作訓練單元（OTU）已經飛完啦！在美國的飛行暫且算是結束。P-40在美國很少用於訓練，但飛上去並不見得怎樣困難，在鹿克機場，五種P-40教練機我算都飛過了，E，EI，F，L，N，其中以N，E，EI最快速，N，L都很容易飛，N座艙比較小，身體小的飛行員比較適宜。

......

這一年馬上就要過去，是學習飛行成功的一年，由初級班在十五期重新開始，直至出國飛行。

初級，Stearman（PT-17，PT-27），64:43小時

中級，Vultee（BT-13），72:11小時

高級，North American（AT-6）97:45小時

見習，Curtiss（P-40），98:00小時，North American（AT-6），11:10小時

美國飛345:54小時，加上國內飛 Fleet 78:00小時，總計423:54小時

明年將真正的作戰，打一打看看，學到本領如何？

在美國學習飛行這一年多時間裡，他不僅出色完成了訓練所規定的學習任務，心裡還惦記著國內的戰事，希望能儘快地走上戰場，到祖國的藍天與侵略者一拼高下。

他們43-I班出國時全隊82人，包括十五期第一批宜賓結業和第二批雲南驛結業的同學。歸國時除了訓練中犧牲的、被淘汰的，轟炸和驅逐兩科只剩下不到60人。他們飛驅逐科的，從27人開始，飛行訓練中被淘汰加上殉職，最後是17人。

回國的時候到了！

中級班飛行教官馬龍少尉（2nd Lt. Marlone）與空軍官校十五期張恩福，段有理，張松青，黃廷簡在馬拉那（Marana）機場（張家儀提供）

1944年1月6日，第五批赴美培訓的學員從鹿克機場乘車到鳳凰城火車站，一路坐火車到邁阿密，然後轉乘C-54運輸機回國，那時飛機的續航能力不大，沿途要停降很多地方，又是一段漫長的歸國之旅……

一路經停波多黎各（Puerto Rico），特立尼達（Trinidad），阿森松島（Ascension Island），阿克拉（Accra），奈及利亞（Nigeria），喀土穆（Khartoum），亞丁（Aden），阿拉伯（Arabia）……五天之後，到了現今屬於巴基斯坦的卡拉奇。

剛下飛機，一個令人無比震驚的消息讓張恩福心碎！

1943年10月28日，第三批赴美學員在印度汀江完成集訓，隨大隊整裝回國，其中一架運輸機C-47（峨嵋號）因空中氣流影響而迷途撞山，全機22人全部遇難，無一倖免！

22名不幸殉難者中，有一位竟然是曾經與張恩福朝夕相處，一起離開北平南下，一起參加空軍的好同學——羅瑾瑜！

以下是同期赴美郭汝霖的回憶【11.1】：

那次本來是我要上飛機的，羅瑾瑜同我講是否可以讓他先上機返國，他可以利用這段空檔的時間前去會女友，我同意留下等新的P-40機到，再飛回昆明，因此他代替我走上了死亡之途。

28中隊第一批分別乘坐兩架C-47運輸機一起返國，第二批人將在印度等新的P-40飛機到印度後飛回國。

第一架運輸機，越過喜馬拉雅山很順利地到達雲南省沾益縣機場，遲遲不見後一架C-47，左等右等也不見，當時都以為他們降到別的機場去，直到第二天，噩耗傳來，那架C-47在"駝峰航線"失蹤。

那架失事的C-47"峨嵋號"運輸機，正駕駛林大綱（二期）及副駕駛井守訓（六期），帶著28中隊的飛行員彭成幹（十三期），林天彰（十三期），楊鼎珍（十三期），羅瑾瑜（十四期），高恒（十四期）五人，中國留印機械士十多人及加上少數幾個洋人，迷航撞山，全部殉國。

那一年，羅瑾瑜也是22歲。

羅瑾瑜烈士的名字刻在"南京抗日航空烈士紀念碑"上

人生，始終處於這樣的不可預測之中，無法掌控未來禍福，也不能改變過去既成的事實，特別是那些逝去的寶貴生命，猶如燦爛的流星在空中閃過，令人無限留戀，卻無可挽回，事實就是這麼的殘酷，尤其對飛行員來說。

當時的情形真是應了這樣一句話："明知山有虎，偏向虎山行"。

張恩福和他的戰友們必須強忍悲痛，前赴後繼，無怨無悔，繼續展翅高飛……

從張恩福1942年10月13日飛越駝峰赴美，到1944年歸國參戰，這兩年左右的時間裡，在美國的大力援助和中國人民的頑強抵抗下，抗日戰場從原先敵強我弱，敵眾我寡的局勢出現了反轉。美國對日宣戰後，與中國結為盟友，"美國空軍志願航空隊"解散，1943年3月美國陸軍航空兵第14航空隊派駐來華，接受陳納德將軍建議於1943年10月1日成立中美混合聯隊（CACW – Chinese American Composite Wing），隸屬於美國第14航空隊指揮體系。中華民國空軍原有的第一（轟炸大隊），第三、第五（驅逐機大隊）編入中美共轄的"中美混合聯隊"。中方司令為張廷孟上校，美方司令是摩爾斯上校（Col. Winslow C. Morse）。

從美國受訓回來的飛行員立即成為混合聯隊的主要成員，"中美混合團"以美軍主導，人員編制上，大隊長，中隊長，分隊長由中美各派1人擔任，出任務時由雙方平均派遣為原則。這是二次大戰期間中華民國空軍與美國陸軍航空隊共組的部隊，是軍事史上的創舉，主要任務旨在聯合中美空中力量，協助地面部隊對日作戰，打擊敵人的交通補給線，並爭取空中優勢。

混合團成立後立即在卡拉奇開始整合並編隊訓練，第五大隊下屬17，26， 27， 29共四個中隊。1944年3月初，張恩福先是被分配到第五大隊第27中隊，到了中國以後，因各隊之間人數調整，又轉到29中隊。

1944年3月13日，回國後的第一次飛行訓練，駕駛的是嶄新裝配的P-40-N-20戰機，該機配備左右6挺M2重機槍，防護裝甲與新設計的座椅，改良過的SCR-696無線電，外部酬載也得到改善。除機腹掛架外，兩翼下的炸彈／油箱兩用掛架成為標配，共可外載1500磅的各式炸彈。隨著大批美製P-40到中國，克制了日本"零式"戰鬥機囂張的氣焰，使得美國14航空隊和"中美混合團"在中緬印戰區得以大顯身手。

因為國內戰事吃緊，實戰訓練完畢，整個大隊立刻整裝回國。1944年5月14日，由一位有經驗的美國空軍駕駛員領隊，張恩福和戰友們駕駛著新接收的P 40N飛越駝峰回國參戰。

第三驅逐機大隊主要負責隴海鐵路和中原一帶，第五驅逐機大隊負責湖南芷江，湘西，四川重慶一帶。

一段偉大而悲壯的空運史

2019年10月14日，傳統的"哥倫比亞日"，中國航空公司（CNAC：China National Aviation Corporation）在106歲的美籍華裔飛行員陳文寬先生位於舊金山的家中召開年會。

"中國航空公司"是南京政府於1929年4月5日建立的中國第一家航空公司，注資1000萬美金，由孫科任董事長。1930年7月8日，與美國寇蒂斯-賴特飛機公司等共三家合資組成民航公司，中華民國交通部持有股份55%，美方45%，沿用"中航"之名。1933年，美國泛美航空購買了"中航"美方股份，注入大量資金並提供先進的管理經驗，使"中航"有了迅速的發展。除原先上海至重慶及上海至廣州間一些城市的航運之外，陸續開通多條連結太平洋各島嶼間的國際航線，包括香港至舊金山和馬尼拉。

一部抗日戰爭史，駝峰飛行是個永遠繞不開的話題。

1938年8月24日上午，"桂林號"滿載十四名乘客起飛不久，剛離開香港空域，即遭到八架日本戰機輪番攻擊，機上十八人唯有美籍機師、華裔無線電員及一名華裔乘客生還。

面對兇殘的入侵者，"中航"沒有退縮，在滇緬公路被切斷後，"中航"為支援中緬印戰役，克服艱難險阻開通"駝峰航線"，24小時不停飛，把戰略物資源源不斷從印度運往中國，成為抗擊侵略者的中堅力量。從1942年4月到1945年9月期間，"中航"運輸機飛越"駝峰"八萬次以上，載運50000噸貨物到中國，運出將近25000噸貨物。抗戰中，"中航"損失了48架飛機，168名飛行員為之犧牲。自二戰結束後，不少書籍和電影相繼問世，記錄那段血與火的歷史記憶。"中航"元老們每年也會聚集在一起回憶那段難忘的歲月。隨著時光的無情流逝，老人們相繼離開了，他們的後代依然從四面八方趕來，共同緬懷先輩們的光榮歷程⋯⋯

在介紹中華民國空軍為抗戰赴美受訓歷史時，我特別提到羅瑾瑜和部分官校十三、十四期空軍乘坐"中航"運輸機準備回國參戰，不幸在飛越"駝峰"的途中失蹤。

"中航"後代們紛紛向我推薦"克萊頓"，說他"一定能幫到我"！

原來那位和藹可親，黝黑精悍的克萊頓·庫爾斯（Clayton Kuhles）先生，就是美國民間非營利機構"尋找戰爭失蹤者"的創辦人。

他不畏艱險自費帶隊到"駝峰航線"沿途尋找失蹤飛機殘骸和機組人員遺骨，迄今已經在喜馬拉雅山脈東南段落實不少失蹤運輸機的位置，會議室裡那張區域圖上黏貼的紅色標記就是證明。【11.2】

第二次世界大戰期間，美國第十航空隊、後來成立的美國陸軍空運隊、以及"中航"在中緬印（CBI）戰區損失了上千架飛機。特別在喜馬拉雅山東部"駝峰航線"運送人員和物資時，機毀人亡無數。部分原因是由於日機襲擊（主要在緬甸北部和中國西南部），絕大多數是因結冰和颶風等惡劣天氣條件所致。

猛烈的強風導致許多飛機撞山；還有不少因飛機表面積冰過多發動機停轉；要不就是偏離航線耗盡燃料，不幸從空中墜落⋯⋯

在這樣命懸一線的氣候條件下飛行，甭提多麼艱難，被飛行員心驚膽戰地稱作"自殺式航程"！

當克萊頓得知那架"峨眉號"C-47飛越"駝峰航線"失蹤的具體日期，爽快地答應去查找失事記錄。

行動之神速，簡直出乎意料！

第二天，我的郵箱裡出現"C-47記錄找到了！"還寄來了相關照片和失事記錄。

終於獲知，那架失蹤"中航"C-47飛機的編號為430！

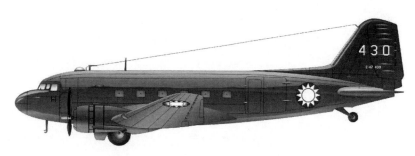

C-47 （峨眉號）430 模型圖片（克萊頓·庫爾斯先生提供）

```
28 October 1943        C-47 # 430        CHUNGKING      DEAD: 22

CREW: Pilot: Tah-Kang Ling,  C/P: S.H. Chin,  R/O: Y.C. Pang
Passengers:
     1st Lt. Adrian P. Stroud, 0-854451
     Sgt. Walter F. Wallace, 31202198
     Sgt. William T. Williams, 13047412
     Cpl. Charles A. Johns, 18104013
     Cpl. John Drozda, 13090786
     Sgt. Edward J. Ryan, 32625302
This aircraft was enroute to China for a permanent change of
station. Bodies are believed to be non recoverable due to the
mountainous terrain. All were declared dead as of the 15th of
December 1945. We are unable to get all the names, only six
Americans were aboard this aircraft.
```

飛行失事記錄-I（克萊頓·庫爾斯先生提供）

飛行失事記錄–II（克萊頓·庫爾斯先生提供）

　　據記載，當時"中航"其他的飛機不是摔了，就是等待維修，僅剩這架C-47運輸機。

　　1943年10月28日，航委會要求調撥，執行包機任務，為的是運送部分美國14航空隊隊員，以及從美國學成歸來的民國空軍回國參戰。

　　三位機組成員：

　　　　少校飛行員 機長林大綱（Tah-Kang Ling）[1]，
　　　　上尉一級飛行員 副駕駛井守訓（S. H. Chin），
　　　　副駕駛、機械員 房蔭樞（Y. C. Pang），
　　　　無線通信員 薩本道。

　　中華民國空軍第28中隊（赴美受訓歸來成員）：
　　　　少尉三級飛行員 彭成幹（十三期第三批），
　　　　少尉三級飛行員 林天彰（十三期第三批），
　　　　少尉三級飛行員 楊鼎珍（十三期第三批），
　　　　少尉三級飛行員 羅瑾瑜（十四期第三批），
　　　　少尉三級飛行員 高恒（十四期第三批），

---

1. 林大綱殉職，對民航和空軍都是巨大損失。他1942年夏季從歐亞公司借調空軍，當時空軍航空隊尚未成立，最初只有兩三架C47隸屬於空軍轟炸總隊航行訓練班，由林大綱擔任總教官。空運的第一批C47駕駛員，包括正副隊長，都是林大綱帶飛出來的，說他是空運隊創始人不為過。

三等一級軍士長 劉春明，

上士二級機工長 黃天浩，

二等一級機工長 盧齊允，

二等三級機工長 劉家明。

美國陸軍14航空隊成員：

中尉 阿德里安·斯特勞德（1st Lt. Adrian P. Stroud），

軍士 沃爾特·華萊士（Sgt. Walter F. Wallace），

軍士 威廉·威廉姆斯（Sgt. William T. Williams），

下士 查理斯·約翰斯（Cpl. Charles A. Johns），

下士 約翰·德羅達（Cpl. John Drozda），

軍士 愛德華·萊恩（Sgt. Edward J. Ryan）。

總計二十二人[2]登上了這架通向"死亡之路"的C-47（430）專機。

為了躲避日機，C-47只得選擇夜間出發……

那是一個難得的月明風清的日子，凌晨兩點，在淒冷的月光照耀下，汀江機場跑道末段留下了C-47（峨眉號430）最後的倩影。在安全係數為零的情況下，全程靠儀錶引航在海拔5000多米的峰巒與雲海中朝著昆明方向"盲飛"……飛機在中緬邊境野人山無人區失蹤，無一生還。【11.3】

由於"駝峰航線"載量限制，每機乘員不能超過20人，因此派兩架飛機同時前往，另一架是蔣介石專機飛行員衣複恩駕駛的"大西洋號"[3]。據說起飛之前，林、衣兩位機長對行程曾經有過爭論，由於汀江機場緊靠高山，為了穩妥起見，衣複恩認為起飛後應該在機場上空盤旋數圈，待獲得足夠高度再切入航線。林大綱則認為C-47的載重減輕後，直接爬升應該不成問題。兩人最後沒有達成共識，便各自按自己的程式上了路。

2. 根據克萊頓·庫爾斯先生提供的《飛行事故報告》該機殉職人數是22。《飛行事故報告》只有美軍名單，其他資訊來自臺灣空史研究者高興華先生提供的《忠烈表》及《忠烈錄》，不過，目前只找到18個名字。5位沒有留名的犧牲者，包括薩本道，號漢光，歐亞航空公司飛行報務員。可能他們沒有軍職，因此沒有收入軍史史料。據悉，2003年經中美協商，在南京紫金山建立中國抗日航空烈士紀念碑。薩本道名列其中，授上尉銜。【11.5】
3. 1943年1月29日，蔣介石在重慶中四路103號官邸親自為衣複恩設宴接風，衣複恩駕機從美國邁阿密飛回中國的C-47被蔣命名為"大西洋號"。【11.6】

結果衣複恩在昆明降落後，遲遲不見林大綱駕駛的那架飛機回來，才知道出事了。【11.4】

十幾位留美空軍學員、機械師及美軍飛行員，都是飛行精英，艱難的飛行訓練都熬過來了，萬里征途也跨過來了，卻把命丟到了家門口！

這是飛行團隊，更是中華民國空軍的一次重大損失。

因為這次事故，三名機組人員留下了三名寡婦和八個幼兒，由中國民航袍澤林擎岱予以幫助照料。誰能想到，一年以後，1944年11月10日下午14點30分，林擎岱和他兩位機組成員把生命又貢獻給抗日航空運輸事業！[4]

該如何感謝克萊頓·庫爾斯先生？

是他幫助我重新撿拾拼湊起那架迷失在"駝峰航線"上的C-47峨眉號（430）碎片，使我得以講述一個完整的故事。然而，隨著七十多年前轟然一聲巨響，濃煙烈火早已將無數的哀痛留給了二十多位受難者支離破碎的家庭，他們的每一位親朋好友。

"駝峰航線"，這條在崇山峻嶺之上"知其不可為而為之"的險峻航線，在沒有任何其他選擇的情況下，為了奪取抗日戰爭的勝利，成百上千中美空軍和中航飛行人員責無旁貸，平均每天100架飛機爭分奪秒不分晝夜在空中穿梭，就像擲骰子或抽籤那樣，隨時可能接到上帝的召喚，從空中墜落深谷……是他們，用自己的生命和鮮血造就了一段偉大而悲壯的空運史，彪炳史冊，永留人間。

---

4. 林擎岱機組不是犧牲在"駝峰航線"上，而是在昆明降落時突然失速，墜落在距跑道不足500公尺的田野中，當即起火燃燒，機上人員全部遇難。失事的主要原因在於轟炸機改裝成客機的（Lockhead）A29性能問題。該機報務員為盛棣華，"南京抗日航空烈士紀念碑"上有他的名字，但誤將他的籍貫刻為"廣東"，其實應該是河北霸縣。

12. 讓老兵回家:與龍越基金會聯手

"尋找戰爭失蹤者"

打開"老兵回家"網,首先映入眼簾的是一幅幅感人肺腑的畫面:"老兵回家","壯士暮歌","尋找戰爭失蹤者——每個走上戰場的士兵,都有一位等他回家的母親","撫慰戰爭創傷,宣導人性關懷——老兵回家,人性回家,期待與你同行"……

該網站記載:2018年,是"老兵回家"活動發起的十周年。在這3500多個日子裡,他們已經關懷呵護了11109名老兵。時光荏苒,受助的老兵數量在不斷增加,但隨著年齡增長,老兵的凋零也愈發迅速。據不完全統計,僅2018年4月,全國各地有93位抗戰老兵"歸隊"[1]。這些曾經保家衛國的民族英雄,正在以每月近百位的速度離開人世。

志願者們正在進行著一場與時間賽跑的公益活動。

2015年9月3日,在北京天安門廣場舉行的慶祝抗日戰爭勝利七十周年閱兵典禮上,幾十名抗戰老兵分別乘車行進在接受檢閱方隊的最前面,與往年很不同的是:在這些老兵中還有一部分是當年參加抗戰的國民黨老兵。

"老兵回家"發起人、龍越基金會創辦人孫春龍激動地表示:"這場源自民間的,以人性關懷為基礎的,關懷抗戰老兵的行動,終於上升到了國家行動。"

2013年7月,中國民政部首次提出"國民黨老兵也要管",將國民黨老兵納入優撫對象的政策出臺,猶如吹響了關注老兵的集結號。以這個使命為前提,龍越基金會得以放開大步做很多事情。一時間,全國範圍內

---

1. 志願者們為了表示對抗戰老兵的尊重,都是用"歸隊"來表示老人離世,寓意著抗戰老兵重回隊列。

"老兵回家"網首頁

關愛老兵活動相繼展開。目前，他們已經在各高校孵化了十多個"關懷老兵"大學生志願者團隊。志願者們對老兵不離不棄，這些活動不僅是老兵精神的傳承，對老兵的人性關懷，也是對歷史最好的紀念。

龍越基金會和志願者們傳播"尊重人性、尊重生命"的價值觀和人性理念。每一位抗戰老兵，都有各自不同的經歷，經歷中的一段段細節，構成了一個個感人心扉的故事，這就是歷史。

"終於等到了這一天！"這是老兵和老兵家屬們的共同心聲。

目前，龍越基金會已經找到滯留在臺灣的數以萬計的亡靈，大部分存放於全台各忠靈祠、忠靈塔、軍人公墓，但還有一部分散落在民間墓地，甚至荒郊野嶺。臺灣雨量充沛，雜草瘋長，許多墳塋常年不為人知。但也有很多老兵家庭，幾十年沒有放棄尋找，總算等到了奇跡出現，這是亡者的幸運，更是後人的虔誠所致。志願者們發現：尋親，不可缺的是親人的參與。這也是鞭策他們懷揣初心，秉承使命堅持下去的動力。

龍越人篤信，對人性的關懷一定能跨越海峽兩岸的隔閡。

這些是我在決定和"龍越基金會"建立聯繫之前，從網上陸續看到的資料。我特別認同該基金會所宣導的使命"撫慰戰爭創傷，宣導人性關懷"，他們關注"老兵回家"已經不限於幫助個別老兵回到家鄉，而是擴展到了更為廣泛的層面，那就是，為戰爭背景下的每一位士兵提供人性關懷，無關於政治、無關於黨派、無關於戰爭的勝利或失敗。

他們的理念，也正是我的理念。

在搜尋空軍名單的過程中，2018年5月初，我找到一位收藏了許多抗戰空軍記錄、網名為"靜思齋"的博主（于岳），他也提及"龍越基金會"，說他們"也許能幫助找到空軍家屬"，並立即為雙方牽線搭橋。

我迫不及待地把相關文章及赴美殉職空軍名單發給龍越"尋找戰爭失蹤者"項目負責人劉群，希望在他們的幫助下，一起去尋找那些抗戰空軍烈士的家人。

郵件一經發出，這段被封存七十多年的歷史，立刻獲得龍越和一些研究抗戰歷史學者們的充分重視。2018年5月15日，"湖南省龍越和平公益發展中心"通過微信平臺發出了《為安葬在美國的五十多位中國空軍尋親，讓老兵回家》，為空軍尋親項目在海內外正式啟動！

我相信，在龍越志願者們的幫助下，五十多位魂喪美國七十多年的中華民國空軍一定能找回他們的家人！

為了父親的遺願

聯繫上"湖南龍越"才知道，在五十多位埋葬在美國的殉職空軍中，他們居然已經找到了其中一位的家屬！

2018年1月，"尋找戰爭失蹤者"項目部收到一封來自臺灣的尋親郵件，寫信人是居住在臺北的空軍官校十期後人盧維明先生，為了實現父親生前的囑託，希望通過"龍越基金會"的幫助，為1945年在美國飛行訓練中殉職，孤獨葬於美國七十餘年的空軍袍澤秦建林尋找親人，完成老兵歸葬的願望。

據盧先生介紹，秦建林中尉是河南省武安縣人（當時武安歸屬河南，後來劃分到河北），生於1917年10月18日。秦建林和盧先生的父親盧季膺都是空軍官校十期畢業生，一起赴美接受B-25新型轟炸機訓練。不幸1945年9月28日，秦建林在美國駕機殉職，犧牲時年僅28歲，安葬於德州國家公墓至今。

根據盧先生抄錄的臺灣《空軍忠烈錄》：

秦建林烈士（1917–1945）
（盧維明先生提供）

秦烈士建林，河南省武安縣人，生於中華民國六年十月十八日。空軍軍官學校第十期畢業。歷任空軍第二大隊第三十中隊、第十一中隊飛行員，升至中尉二級。

　　民國三十四年九月二十八日，烈士在美國駕機練習飛行，失事，殉職。遺有老母。

　　盧先生很早就看到秦建林的這張喪禮照片，因此也知道了德州Fort Bliss National Cemetery（布利斯堡軍人陵園）。有一年，他曾做過"龍越基金會"的志工，在台灣發放春節禮物給抗戰老兵。他發現"龍越"真的很用心，給不同省份老兵的年禮都不一樣，讓老兵們獲得深切的懷舊感。

秦建林烈士在美國布利斯堡國家軍人陵園的入殮儀式，
1945年10月3日　（劉正良先生提供）

　　細心的他還通過美國"尋找墓地"（findgrave.com）網站找到了秦建林烈士的英文資料。

　　"尋人啟事"通過微信公眾號"尋找戰爭失蹤者"發出，在廣大愛心網友的幫助下，一傳十，十傳百……這則消息第一時間引起了武安市報社各位領導和採編人員的注意，報社副總編高樹其憑他多年從事新聞工作深入基層的經驗，聯想到邑城鎮南常順村秦姓居多，馬上將消息轉至"美麗邑城"微信群。很快便傳來消息：年逾古稀的南常順村民秦永銀很可能是烈士秦建林的親人！

高樹其一刻也沒耽誤，迅速聯繫村主任秦海清，沒想到村主任秦海清竟是秦姓本家，正在核對家譜。在武安賓館開會的市報社總編輯高宏偉看到高樹其發的微信，立即安排採訪。

為烈士找到親人，讓遠在大洋彼岸的英靈落葉歸根，成為大家共同的心願！

嚴冬的傍晚來得格外早，但高樹其一行說走就走！刻不容緩來到邑城鎮南常順村秦永銀家裡，他們想要第一時間確認這個激動人心的消息，儘快回饋"湖南龍越和平發展中心"，讓烈士早日回家！

透過秦建林烈士家人提供的家譜，大家看到：秦家八兄弟，秦建林最小，民國時期的秦家家境殷實，八個兄弟全都受過不錯的教育，志向高遠。成年後，除老五秦建祥外，其他七個兄弟全都離開家鄉，近則寶雞，遠在臺灣、香港，甚至加拿大。老八秦建林參軍報國，戰爭時期通訊阻塞，家裡沒有人知道他的下落。

抗日戰爭勝利後，秦家人等來的不是"小八點兒"，而是令人心碎的噩耗。那年秦建林只有28歲，尚未成家，父親已經去世，只有老母親和守在家裡的五哥秦建祥默默忍受失去親人的痛苦……

烈士犧牲以後，全家人為了紀念為國捐軀的弟弟，後輩們取名以"永"、"遠"、"常"、"存"為序。

由於英文名字的混淆，墓碑上顯示的是Chin-Chien Lin，名和姓的顛倒讓我在林姓空軍學員名單中反復查找，一直無法確定他的中文名字。

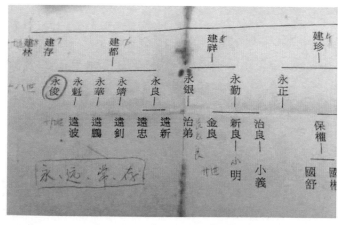

烈士秦建林家譜（龍越基金會提供）

根據"美國航空考古調查與研究"（USAAIR）寄來的《飛行事故報告》：1945年9月28日，秦建林作為副駕駛乘坐編號為44-29795，TB-25J中型轟炸機從亞利桑那州道格拉斯機場起飛，駕駛員是陳允瑞（英文名Chen, Yen-Jui，空軍飛行士校二期[2]，相当於空軍官校十二期特班）。

L. TELL IN NARRATIVE FORM, IN AS MUCH DETAIL AS NECESSARY, EVERYTHING THAT IS KNOWN ABOUT THE ACCIDENT. BE SURE TO COVER EVERYTHING THAT MAY HAVE CONTRIBUTED TOWARD THE ACCIDENT. INCLUDE RECOMMENDATIONS FOR ACTION TO PREVENT SIMILAR ACCIDENTS, AND ACTION TAKEN.

2nd Lt Chen, Yen-Jui 1782 (CAF) pilot, and 1st Lt Chin, Chien-Lin 1786 (CAF) co-pilot, were practicing night landings on Runway 35R. The last take-off was normal, and one circle of the field was made to the left. The pilot then entered traffic and proceeded to land.

Turning onto the final approach, the pilot made a normal descending turn, overshot to the right of the runway, corrected back to the left, and still descending, remained in a left bank until the aircraft struck the ground.

It is the opinion of the Accident Investigating Board, in conjunction with the Flight Surgeon, that the pilot of subject aircraft experienced vertigo during the turn onto the final approach. This, coupled with an extended base leg, as evidenced by witnesses and the pilot's own admission, caused him to lose his sense of direction and depth perception, resulting in the crash.

In an interview with the pilot, who is still hospitalized because of burns received in the accident, he made the statement that he felt dizzy (which would uphold the Board's decision of vertigo) and that he struck his head on the side of the cockpit, knocking him unconscious. He regained consciousness just before the aircraft struck the ground and attempted to prevent the crash, but was unable to. This would account for witnesses stating the aircraft bounced three times before coming to a final stop.

It was also learned in the interview with the pilot that the co-pilot, whose body was found in the navigator's compartment, left the aircraft through the top escape hatch when the plane came to a complete stop; the pilot following. From the evidence presented, it is logical to assume the co-pilot crawled from the aircraft, but having no knowledge that the pilot had abandoned, returned in search of him, and in so doing, was burned to death.

秦建林和陳允瑞乘坐的B-25J（44-29795）《飛行事故報告》

他倆都是亞利桑那州馬拉那（Marana）機場轟炸機飛行班學員，當晚在35R跑道上空進行夜間起降練習。最後一次正常起飛，在空中左拐一圈掉頭，進入下降通道，開始降落，逐漸下降並轉彎……對準跑道……稍稍偏離跑道右側……向左修正……繼續下降……

不料，飛機沒有能夠適時減速，卻以飛快的速度猛然沖向地面！

驚天動地一聲巨響，頓時火光沖天，黑色煙霧迅速彌漫開來，混雜著令人窒息的焦油味。

援救人員急速趕到，從火場上救出了深度燒傷的駕駛員陳允瑞。可在飛機的周圍，怎麼也找不到副駕駛秦建林。直到大火被撲滅，才從機尾導航艙裡發現了他的軀體。

事故調查委員會立刻採集所有相關人員的證詞，包括飛行教練，現場目擊者，地勤油料及維護，救護車醫護人員，攝影師等。駕駛員陳允

2. 1937年底，國民政府為充實空軍下級戰鬥骨幹，在四川銅梁成立空軍軍士飛行學校，學制四年，招生的對象以國內初中畢業生為對象。

瑞傷勢太重，一時無法接受詢問。直到他身體和認知情況有所好轉，才在治療過程中接受採訪，並請醫生在場記錄事發當時的情況。整項調查從1945年10月開始，持續到次年3月6日最後一位官員簽字結束。

　　根據一系列人證物證，事故調查委員會的結論是：

　　　　駕駛員因飛機轉向，在接近跑道時出現暈眩。如證人和駕駛員自己所說明的那樣，"一度失去了方向感和縱深感"，從而導致了飛行事故。

太平洋戰場上猛烈攻擊日本戰艦的B-25J 轟炸機
（美國國家檔案館，章東磐提供）

秦建林犧牲後，昔日空軍戰友只能在日記中寄託對失去故人的無限哀思
（劉正良先生提供）

駕駛員陳允瑞在接受採訪時說飛機最後下降回轉時感到頭暈（調查委員會由此得出結論"暈眩"），他的頭撞到了駕駛艙左側，暫時失去了意識。等他清醒過來，試圖阻止墜機，已經來不及了！在地心引力的強大作用下，飛機急速下墜，猛烈撞擊地面。

　　這些也證實了眾多現場目擊者提到："飛機在著陸之前反彈三次"。

　　飛機墜毀後，正副兩位駕駛員其實都設法離開了大火圍困中的飛機殘骸。可是，火勢太大，加上煙霧濃烈，副駕駛秦建林一時沒有看見已經脫離危險的陳允瑞，為了戰友的安危，他竟然奮不顧身返回到熊熊燃燒的機艙裡去尋找，甚至鑽進了飛機尾部狹小的導航艙，再也沒能出來……

　　捨身救戰友而獻出寶貴的生命，秦建林的事蹟感人至深。可他卻被留在荒蕪的美國德克薩斯州七十多年，無人問津。要不是當年戰友的後人從臺灣與大陸公益團體聯繫，廣發微信推文，志願者尋跡到河北老家，秦建林老家的親人們至今都還不知道他在哪裡呢。

　　通過龍越基金會，我立刻和臺灣的盧先生建立了聯繫。緊接著，來自美國、中國大陸和臺灣的幾十名志願者組成了"空軍尋親群"。這裡有抗戰空軍後代、空史愛好者、各省市志願者團隊負責人以及湖南龍越"尋找戰爭失蹤者"項目組成員。

秦建林烈士在美國德州布利斯堡國家軍人陵園，墓碑號2E，
上面的名字是Chin-Chien Lin （張勤拍攝）

赴美殉職的空軍名單公佈以後，收到不少讀者熱烈的回應。退役空軍張甲寄來了《中華民國空軍軍官學校學生名冊》，空史研究者高興華幫助找到幾位殉職空軍中文名……不到二個月時間，大家集思廣益，盧先生反復核對，這份五十二位赴美殉職空軍名單上，已經出現了二十多個對應中文名。有了中文名，再找到他們參加空軍的時間，出生年份和籍貫，志願者們就可以去他們的原籍尋找了。

從2018年5月龍越微信公眾號發出"尋找赴美殉職空軍家人"，不到一個月，閱讀量已達64萬多，評論100，轉發136，收藏378。大家紛紛留言表示對抗戰烈士的敬意，希望越來越多的網友們能看到這則消息，齊心協力儘快地找到空軍家人。

"我不是一個人在戰鬥，我後面有一個很大的群體在支持我，幫助我去帶老兵回家。"深圳龍越慈善基金會創辦人孫春龍如是說。

從2018年3月去德州陵園為那幾十名赴美殉職空軍獻花，到5月開始與龍越合作，讓我充分體會到了這句話的深意。當時在烈士陵園為每一位空軍烈士拍攝墓碑照片的時候，我的心裡不就盼望著這一天儘快到來嗎？

24小時內為閻儒香找到了親妹

"尋找戰爭失蹤者"微信推文發出以來，各地志願者紛紛參與。5月28日上午開始，好消息頻頻傳來，24小時之內，空軍閻儒香的家人找到了！

盯著微信上不時傳來的好消息，我按捺不住心頭的激動，發了一條朋友圈："天時地利人和，如果沒有志願者和愛心人士們的共同努力，天地兩極的親人依然無法團聚。謝謝大家！"

尋親名單上關於閻儒香的最初信息來自"中國飛虎研究學會"網站：

閻儒香，民國八年生，籍貫浙江鄞縣，隸屬空軍官校十四期第三批。

志願者們根據這條線索在寧波地區立即展開搜索，結果卻是"查無此人"。

他們沒有因此放棄，尋訪工作並未停止。一點一滴的線索，輾轉曲折，在微信朋友圈裡彙集，最後終於發現：閭儒香的籍貫應為嵊州（原嵊縣）。

"美國軍人陵園裡，長眠著一位嵊州人！"微信推文經浙江志願者林華強發至寧波志願團隊，"島主"（徐軍），"郭郭"（郭惠英），"羅羅"（羅志聞）不約而同轉發到了上海"匠者"（樓毅）的微信朋友圈。

被人們稱作樓哥的"匠者"是抗戰老兵的後代，父親樓吉昌曾經擔任寧波黃埔軍校同學會會長，少年從軍出生入死，歷任排長，連長，中隊長至上尉參謀，始終戰鬥在抗擊侵略者的最前線。

"匠者"原本也是媒體人，後來下海創業，感動之餘轉發給寧波的作家朋友"啟航"（陳紀方）。作家當即點評轉發，通過海底電纜傳到大洋彼岸，居住在美國達拉斯的大學同學，細心的畫家"蔚"（胡瑾蔚）收到文章後，立即上網查找，發現了兩篇相關博文《舅舅閭儒香》和《關於舅舅閭儒香的回信》，作者叫胡漢華。

天各一方的熱心人就此開始搜索"胡漢華"的行蹤。終於，蒼天不負有心人，閭儒香外甥女胡漢華的電話接通了！

胡漢華在電話裡激動地告訴志願者："我的母親閭秀玲，就是閭儒香的親妹妹，還健在，今年93歲。"

此刻，她的舅舅，空軍少尉閭儒香，已經安葬在美國七十四年了。親屬們幾經周折找不到他的安息地。然而，從樓哥轉發那個尋親帖子，到找到閭儒香的外甥女胡漢華，前後接力沒有超過24小時！

湖南省龍越和平公益發展中心秘書長夏衡芳說得好："誰說我們做的僅僅是一份工作？那些從未謀面的人，他們憑什麼為素不相識的失蹤者奔走呼號？這就是情懷，愛的情懷。"

閭儒香，民國八年生（1919年），祖籍浙江省嵊州市（原嵊縣）三界鎮溪頭村，隸屬空軍官校十四期第三批赴美，因成績優秀留任飛行教官。在校期間，培養了兩批飛行學員，這些學員回國後都戰鬥在抗日最前線。

空軍少尉閻儒香在在美國德州布利斯堡國家軍人陵園，
墓碑號5F （張勤拍攝）

閻儒香的外甥女胡漢華女士特別激動，她在微信裡這麼寫：

　　特別感謝你們，費心費力幫閻儒香尋親！當我知道了舅舅的安息之處，萬分感動！他離世七十四年，過去，我們無從知曉他葬在何方，今有李安姐和湖南省龍越和平公益發展中心，以及各地志願者全力相助，才使我們終於知道了舅舅的安葬之處，今年正好是他的百歲誕辰。叩謝諸位！

　　志願者通過微信與胡漢華交流，從女作家感人娟秀的文字，關於空軍閻儒香的故事，一點點變得生動起來……

　　"這些年，我們一直在找舅舅的墓地，能托到的華僑都托了，就是沒任何消息。"胡漢華告訴志願者："舅舅閻儒香是老大，也是閻家的獨子，我媽閻秀玲老二，姨媽老三（已故），聽媽媽說舅舅很會讀書，也教過一段書，後來參軍，外公不肯，說空軍太危險。但攔不住，還是去了。去世之前常寄錢回來，信裡還說快回來了，說美國很多好看的旗袍料子，問我

閻儒香的大妹閻秀玲老人
（閻儒香家人提供）

媽喜歡啥顏色。"

她在《舅舅閻儒香》裡的描述讓讀者深切感受到白髮人送黑髮人，心碎一地的悲愴……

> 舅舅殉職的消息傳來，外公外婆悲痛欲絕，閻姓沒能繼續傳下去。外公每次喝酒就垂淚哽咽：儒香啊……儒香啊……你有罪……你有罪啊……我們把你養大……你不報答我們，還讓我們這麼難過……你媽媽天天吃素念經也沒有保佑好你……難過啊！傷心啊！想你啊……

據胡漢華說，閻儒香在美國時經常往家裡寄錢，這些錢老父親都存在銀行，不讓用。後來，日子過得越來越艱難，家人曾勸老人取出那筆存款暫渡難關，可老人哭著說，"那是我兒子用命換來的錢，用了心裡難過！"

這筆錢後來也不知道到哪裡去了。

閻儒香去世時，美國軍方寄來下葬時的照片，但這些照片在文革時都燒了，故家裡沒有閻儒香的其它照片。2008年，三姐胡漢英的兒子因為在福建汽車音樂台做播音工作，聯繫到了"中國飛虎研究學會"網站，母親閻秀玲寫信詢問閻儒香的情況，很幸運地收到了對方回復，還寄來兩張相片。

閻女士您好：

> 閻儒香空軍官校十四期第三批留美學生，是我父親田景詳（繼父）的同學，他們一起留美接受訓練，可惜此信晚了一年才收到，我父親在去年2008年2月去逝，無法向他詢問此事了。

> 我手中僅有兩張令兄的相片，是取自於中、高級班的美國畢業紀念冊上。鹿克高級班是飛行P-40驅逐戰鬥機為主的一個訓練學校。

> 我收到您的信後，即打了多通電話給當時曾是第三批的留美學生，但他們年紀都大了，時間久遠，很多事都記不得了。李欽伯伯（十三期）和關振民伯伯（十四期）就他們所知閻儒香在美訓練期間表現非常好，畢業後，被上級指派留在美國擔任驅逐科飛行教

官，其餘同學則派回國參加作戰。他有一天休假和友人駕車出遊，出了意外，車子被火車撞上而亡，至於葬於何處也都不知道了。

留美的學生都必須是未婚，且規定在美國訓練期間，不得同當地的華僑結婚，重則立即退訓送回國之處份。所以令兄是未婚，也無後人。

在此祝二位全家 新年快樂如意！

翟永華 敬上

閻儒香在馬拉納中級飛行學校
（Marana Field）
（閻儒香家人提供）

兩兄妹圖片對比，非常相像。
（閻儒香家人提供）

胡漢華說："今天通過視頻，告訴母親找到舅舅在美國墓地的消息，老人家眼淚汪汪的，我想回一趟家和媽媽多聊聊，她有很多關於舅舅的故事，我要儘快把他寫下來。"

女作家在她的《漂》話外篇"舅舅——閻儒香"裡，關於舅舅還有這麼一段描述，看得我熱淚盈眶：

等啊！等啊！外公等到了84歲離開了人世。

外婆繼續的等！每當外婆有些不適就求老天，老天啊！求求你！再讓我活幾年！我要等我的兒子儒香回來！我要等我兒子儒香回來……漫長的等待啊……

外婆等到96歲，終於可以到另一個世界和她的兒子儒香相聚了！

"舅舅出生在嵊州市溪頭村，小時候媽媽還帶我去那裡住過幾次。"三姐胡漢英說，很小的時候，舅舅就隨父母到外地生活，抗日戰爭爆發後，一家人逃回了老家。19歲時，舅舅參軍，後來又成為了一名空軍。

"外婆知道兒子不在了，但她就是不願意相信。"胡漢英說，外婆家的屋後有一片竹林，深夜風吹竹林時，她會突然跑向竹林，以為兒子回來了。

在胡漢英的記憶裡，悲切無助的外婆總是嘮叨著"讓我多活幾年，我要等兒子回來"。等兒子歸家的信念讓老人堅持到了96歲，也沒有等到任何與兒子有關的消息。

閻儒香的死亡證明（李忠澤提供）

"中國飛虎研究學會"會長翟永華聽說找到了中華民國空軍在美國的墓地也很高興。他說，談到閻儒香讓他想到了一件事，那就是會長夏功權（二戰退役軍人員協會）書中有一段話：

Chinese Cadets In U. S. Study To Become Flyers

1942年12月14日，美國《夏威夷廣告》（"The Honolulu Advertiser"）
雜誌關於民國空軍赴美培訓介紹，右圖是閻儒香，他臉上流露著微笑，訓
練結束後準備離開飛行室，正在看有關日本制服招貼。

　　關於閻儒香，我有一段奇特的經歷。閻儒香是我十四期同學，
浙江諸暨人，英文程度不好，他從雲南北上到空軍為止，一路跟我
在一起，我除了教他英文也交換很多他不曉得的事。我們在美受
訓時，有一次我和劉德敏（曾任民航局局長，華信航空公司董事長
及華航董事長），從科羅拉多調到鳳凰城，路經大峽谷，在大峽
谷遊歷了五天，夜宿剛興建的汽車旅館。翌晨劉德敏早上起床後洗
臉回來，我告訴他："昨晚我夢見閻儒香，他對我打躬作揖，還說
天亮就可以看到他了。"然後我和劉德敏又閒聊了一下，之後便到
機場，這時教官們已去飛行，葛振先領隊說："閻儒香的事你曉得
嗎？"我答不曉得。他說："他（閻）三天前出了意外，被火車撞死
了。"我聽後大愕，問劉記不記得我剛才告訴他什麼？劉一想，看
他頭髮都豎起來了。

在大洋彼岸愛心志願者們的幫助下，抗戰空軍閻儒香七十多年後終
於回到了親人的懷抱！

珍藏在手機裡的大哥

每年5月的最後一個星期一是美國陣亡將士紀念日。那一天也是美國的國定假日，為了向那些為保衛國家及理想而犧牲的人們致敬。

正巧同一天，志願者野鶴（陳凡）通過手機發出了關於尋找二戰中赴美殉職民國空軍的推文。一位好友閱後隨手轉發，很快便收到她的同事，宋昊侄女的回應。

> 太激動了！經朋友轉發此貼，半夜接到一位老師的電話，說她舅舅叫宋昊，國民黨空軍，四川邛崍人。30年前聽母親提起是於抗戰期間在美國接受培訓時飛機失事犧牲的，但全家都不知其下落。這位老師的母親早已過世，但她還有三位舅舅在成都，兩位都80多歲高齡了。明早再告訴他們這個好消息。朋友圈真是太有用了！希望也能盡快找到另一位軍人的親屬。

與此同時，在我為尋找空軍家屬而創建的郵箱，也蹦出一條新郵件，發信人是"我本善良"。

> 李女士：
>
> 你好。很偶然的一個機會看到你寫的"尋找塵封的記憶"這篇文章，在名單裡居然發現一個長葷的名字，第11個，宋昊（經父親確認，高度疑似，是他的大哥），很激動。但不知如何進一步進行確認，望給予幫助支持！
>
> 不管結果如何，還是對你表示敬佩和謝意！
>
> 老兵不死，只會慢慢的凋零而已。
>
> 四川成都 宋

真是天意！該來的都來了！

為了確定發信人就是宋昊的親屬，我立刻給"我本善良"回信，同時通知四川志願者團隊與之聯繫。郵件一經發出，太平洋東岸的我只能隔著時空，焦急等待了。

不一會兒，看到"川軍團馬姐"發話了：

馬姐：核實人還沒有消息？不會邛崍有兩個宋昊吧？

志願者：家人下午出來

王虹：請儘快確定並聯繫。

王虹：剛才宋昊的家人來電話核實是她的舅舅，宋還有三個兄弟健在。明天下午我和馬姐及幫我們聯繫上親屬的朋友會一同登門拜訪。

在尋找空軍家屬的過程中，現代社交工具"微信"真是起了極大的作用！

志願者們在微信上相互交換著信息，字字句句牽動著眾人的心弦。

終於，看到她們和宋昊的家人約好要在成都某個茶樓見面。

馬姐：家人當年接到宋烈士去世的消息，宋烈士父親很難過。

馬姐：他們一直知道安葬在美國，由於歷史原因，沒有去祭奠。

劉群：他們接到消息，是哪裡發的通知？當時是一個紙質的死亡通知書嗎？

馬姐：他們當時知情的弟弟才10歲，記不得那麼多事了。

馬姐：他們願意去美國祭拜。

劉群：馬姐，辛苦你留下家人的聯絡方式，我們這邊加快尋人。

劉群：我也在做項目計畫，希望能帶找到的這批家人去祭拜。

劉群：他們所有親人在國內，是吧？

馬姐：對，在國內。

劉群：@川軍團馬姐 辛苦馬姐！稍後我們會對接這個家庭的尋親故事，儘快推出文章。

這裡的"川軍團馬姐"（馬正群）是四川關愛抗戰老兵"川軍團"負責人。

現場傳來宋家兄弟珍藏的宋昊照片，那是1943年他從美國亞利桑那州雷鳥機場附信寄給家裡的。

群友們歡呼起來！

現場傳來進程通報，"實時"與大家互動：

> 王虹：這是宋昊烈士的五弟、六弟，拿著宋昊烈士空軍時期的照片。
>
> 劉群：看著都激動啊！
>
> 野鶴：宋家人一直以為宋昊葬在印度。當年蔣中正送給烈士家人花圈的那張照片已經毀於文革。宋昊的這兩位兄弟都是50年後加入中國人民解放軍的軍人，共產黨員！宋昊照片背面寫有一九四三年，正是宋昊飛機失事那年寄回的，家人已珍藏了七十五年！
>
> 郭翔：剛好兩位老人都在成都。
>
> 王虹：真的太好了！
>
> 郭翔：好想抱一個人轉兩圈啊！可惜周圍沒有人！
>
> 川軍團馬姐：宋昊找到，完全是湊巧。
>
> 川軍團馬姐：他的親屬告知，宋昊在美國犧牲後，各縣都有宣傳，還有照片展出，縣檔案館有記載。
>
> 劉群：沒有大家的努力，緣分也會擦肩而過。

我不願意相信這僅是個巧合，一切應該都是上天冥冥中安排好的，"烈士們該回家了"！

宋昊出生在四川邛崍夾關鄉，一座風景秀麗的小鎮，在一個非常注重子女教育、相當富裕的官宦家庭中長大。1937年抗日戰爭爆發前，全家人居住在省會成都，後來成都時常遭遇日機轟炸，只好搬回老家邛崍。

據宋昊的胞弟介紹，宋家八兄妹，宋昊排行老二，男丁中排第一，又稱大哥。抗日烽火中，年輕的大哥毅然棄學從軍，他曾經在黃埔軍校漢中分校學習，畢業後進入昆明空軍軍官學校。

1942年6月，國民政府分批派遣空軍赴美接受飛行訓練。宋昊在雷鳥機場受訓時，還給家裡寫信報平安並附寄照片。

可是，收到這張照片後不久，宋家得知他在一次飛行訓練中，因飛機失事而犧牲的消息。宋家痛失長子，父母和家人悲痛異常。他的父母分別逝於上世紀60年代和80年代，至死都不知道大兒子宋昊葬在何處？當時知情的弟弟只有10歲，已經記不得那麼多事了。

種種歷史原因，全家人更是無從尋找，也無處祭拜……

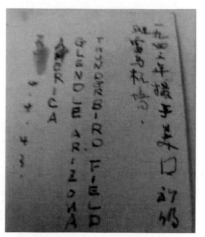

宋昊1943年在美國亞利桑那州
雷鳥機場（宋昊家人提供）

照片背面的英文翻譯是：
1943年攝於美國亞利桑那州，
格蘭岱爾，雷鳥機場（宋昊家人提供）

宋昊在美國雷鳥機場受訓期間寄給家人的另一張照片
（宋昊家人提供）

宋昊的兩個胞弟得知哥哥的消息，激動萬分（"川軍團"提供）

四川關愛抗戰老兵"川軍團"贈送宋昊親屬抗戰勝利七十周年紀念章（"川軍團"提供）

"川軍團"志願者和宋昊親屬合影（"川軍團"提供）

2018年5月，從"美國陣亡將士紀念日"開始，一場越洋尋親接力行動中，宋昊在美國軍人陵園的墓碑照片傳回中國。

消息傳到成都，宋昊的三個弟弟——三位老人潸然淚下。

"他喜歡戴著一頂高帽子，手拿著佩劍，不太愛講話，卻愛讀書。"在85歲成都老人宋旻的記憶裡，宋昊仍然是七十五年前，那個一身軍裝、英俊帥氣的大哥。

認親確實後，四川關愛抗戰老兵"川軍團"志願者和《華西都市報》記者一起，帶著抗戰勝利七十周年紀念章和抗戰時期空軍訓練照片，專程去看望宋昊烈士的親人，送上我們遲到的致敬！

喬治亞州墓園裡的民國空軍

自從德州布利斯堡國家軍人陵園的空軍名單公佈之後，"中國飛虎研究學會"會長翟永華曾經問："為什麼不見空軍第一批赴美學習而失事的五位學員？"

歲月風塵淹沒了行跡，留在倖存者記憶中的也只是雪泥鴻爪。

一個懸念由此產生："除了當年民國政府和美國簽訂埋葬在德州軍

烈士陳衍鑒准尉在喬治亞陵園（"尋找墓地"網站）

烈士梁建中准尉在喬治亞陵園（"尋找墓地"網站）

人陵園這五十二名空軍之外，是不是還有殉職空軍被安置在其他墓園？"

2018年5月17日，傳來一個令人振奮的消息！

臺灣的盧維明先生通過美國"尋找墓地"網（findgrave.com），從美國喬治亞州班寧珀斯特堡公墓[3]查到了原空軍官校十二期第一批赴美參加飛行培訓，畢業後被挑選參加P-39戰鬥機訓練而不幸犧牲的兩位學員的信息！[4]

他們是 Chen, Yan Chien（陳衍鑒）和 Liang, Chien Chung（梁建中）。

3. 美國喬治亞州班寧珀斯特堡公墓地址見最後"參考書籍及資料來源"。
4. 關於P-39事故請見十四章"飛鷹背後的故事 —— 關於P-39的疑問"。

兩個找到了，估計那三個也在同一陵園中。於是，盧維明和我一個在臺灣，一個在美國，通過微信一來一往，根據英文名和姓的不同排列組合，輸入"尋找墓地"網站，將五名學習P-39而犧牲的空軍從公墓名冊中全部找出來了！

　　　　吳　剛　（Wu, Kang） － 准尉，P-39F，4/14/1942
　　　　梁建中　（Liang, Chien Chung） － 准尉，P-39F，4/18/1942
　　　　陳衍鑒　（Chen, Yan Chien） － 准尉，P-39D，5/10/1942
　　　　李其嘉　（Li, Chi Chichia） － 准尉，P-39D，6/16/1942
　　　　李　勳　（Li, Hsun） － 准尉，P-39D，6/27/1942

　　後來，找到一張空軍官校十二期第一批學員在亞利桑那州威廉姆斯機場的合影，拍攝日期不詳。兩位早在1942年4月訓練期間犧牲的吳剛和梁建中，已經從團隊影像中消失了。又發現，1942年6月28日，中華民國空軍殞命於飛行事故的消息刊登在喬治亞州報紙上（譯文）：

　　昨天下午，中國空軍准尉李勳駕駛一架驅逐機在Dale Mabry機場進行例行訓練，起飛後不久迅速栽倒，在該機場附近墜毀，導致駕駛員身亡。

　　Dale Mabry 機場的軍方當局表示，這架飛機在中途（Midway）路上的奧爾頓·麥克米蘭（Alton MacMillan）住宅前一條溝裡墜毀。

　　墜機目擊者稱飛機起飛不久，從低空墜落到地面，顯然是發動機出了故障。戴爾·馬布裡當局說，已經任命軍事調查委員會調查這次墜機事件。

　　准尉李勳25歲，湖南人，是一位來自中國的飛行員，他們幾個月前在亞利桑那州的雷鳥機場接受了飛行訓練。

　　昨晚機場官方沒有公佈具體安葬細節。

　　至此，抗戰期間赴美殉職57名空軍的安葬地全部都找到了！

民國空軍中的中共黨員

為了找到梁建中的家人，河南省志願者們分頭行動，尋人信息通過網路，在熱心人的關注下向四面八方傳播開來……

2018年6月的一天晚上，手機屏幕上突然出現一條讓人非常驚訝的消息："梁建中是共產黨！"

從尋找民國空軍開始，不止是我，相信大家都這麼認為：我們是在幫助中華民國抗日空軍尋找家人，沒想到民國空軍裡竟然出了一個中共黨員！

仔細再想一想，並不足為奇，國共合作初期的共產黨，積極支持孫中山創建黃埔軍校，不僅從全國各地選派優秀的共產黨人和革命青年踴躍報考軍校，周恩來、聶榮臻、蕭楚女、葉劍英等人都在黃埔軍校擔任過教官，培養了大批的優秀軍事政治人才。抗戰時期，兩黨合作，摒棄前嫌，一致對外，建立"抗日民族統一戰線"，標誌著第二次國共合作的開始。

接著我又接到一條意想不到的信息：梁家人已經到陵園祭拜過，還發了幾張照片。

一連串的"意想不到"，引起了我極大的好奇心，"梁家人找到陵園地址，是不是因為梁建中是共產黨？"

答案是否定的。

2005年8月11日河南鄭州《大河報》網站發表的《珍貴物證背後的驚人史實》（見下文），比較詳細地記述了家人尋找烈士的整個過程【12.1】：

2005年8月8日，一封來自美國的特快專遞輾轉送到了記者手中。飄洋過海貼了一張又一張不乾膠標籤的白色信封上，英文列印著發信人的地址: Berwyn Heights, Maryland, USA.

發信人是居住在Berwyn Heights的一位中國老人，名叫梁淑清，河南新蔡縣人，今年82歲。

這是一個塵封了半個多世紀的英雄故事，記載了一位壯志未酬客死他鄉的中國飛行員。

>>>記者連線：經多方打聽，找到了梁淑清的長兄梁樹堂的孫子梁偉。梁偉畢業於美國哈佛大學，目前在中科院生物物理研究所任研究員。梁偉在電話中告訴記者，Berwyn Heights是緊鄰美國首都華盛頓的一座小城。82歲高齡的梁淑清目前仍在位於華盛頓的美國警察總局上班。

梁淑清曾在開封女子中學就讀，後畢業於上海震旦大學醫學院。她的來信，文筆清麗而優美：

"七七事變後，日本軍國主義的鐵蹄踏入中國，二哥抱著驅倭救國的滿腔熱情投筆從戎，考入中央航空學校……日本投降後，我興高采烈地回到開封，心想可以與久別的兄長們歡聚了。但到開封見到兄長梁樹堂時，才得知二哥在美國訓練中犧牲的噩耗。

二哥當年的英勇行為時常縈繞在我的腦海，我已是古稀之人，也許不久的將來，隨著我的逝去而再也無人知曉我二哥的英勇事蹟。我想，二哥的死是為了中華民族抗擊外來侵略而犧牲的，他的事蹟應該讓千千萬萬的中華兒女知道，而不僅僅是我一個人。"

>>>記者連線：據梁偉介紹，爺爺梁樹堂去年離世，享年90歲。梁樹堂曾任國民黨政府官員，1958年被打成"右派"回新蔡縣老家改造，1979年獲平反。1995年，梁樹堂大病一場，守候在老人病榻邊的梁偉也是第一次聽他說起二爺爺的故事。

在梁淑清的來信中，有一份出自梁樹堂之手的"梁建中生平簡介"，還有梁建中當年的中學同學張信誠（現居美國紐約）、閻迺斌[5]緬懷梁建中的文章。他們筆下的梁建中，如一顆流星，生命短暫卻璀璨無比。1919年生於河南新蔡縣的梁建中，在當時河南唯一的省立中學、全國重點中學開封高中讀書，他"學行雙優、敬業樂群"。1937年抗戰爆發後，正讀高二的梁建中，投筆從戎考入中央航空學校。1941年秋，他成為第一批派往美國培訓的航空軍官。建中此時給哥哥的信中說："學成歸國參加抗日戰鬥，指日可待。"

1942年4月18日下午，美國全國公休日。梁建中駕駛的飛機起飛、升空未達標準高度，機器出現故障，迫降未成，機毀人亡！

---

5. 空軍官校十五期、"中美混合團"五大隊26中隊飛行員閻迺斌先生於2018年3月在臺灣去世。

成立於1932年6月的中央航空學校，抗戰爆發後遷至雲南昆明，1943年冬遷至屬於今巴基斯坦的拉合爾，抗日戰爭勝利後遷回杭州筧橋。

長兄樹堂也不知道梁建中的墓地在哪裡，為此梁淑清尋找二哥四十多年。直到1989年，事情才有了轉機……

梁淑清夫家的一位親戚從夏威夷來到她在美國的家小住，他剛從美國海軍退休不久。閒談中，梁淑清提到了數十年來尋找二哥墓地所經歷的重重困難，對方非常理解她的心情，記下了梁建中的名字和飛機失事地點。"半年過後，我意外地收到他的來信，信中還有半張1942年4月19日的達拉哈西（美國佛羅里達州首府）市出版的晚報《民主報》。報上記載了二哥駕駛飛機失事的經過。"6

>>>記者查檔：《民主報》上有關梁建中的消息是這樣的："昨日下午，中國飛行員梁建中中尉的葬禮在 Dale Mabry 機場舉行。週六下午，梁中尉駕駛的戰鬥機在距Quincy高速公路兩英里的地方墜毀，梁中尉在墜機事件中喪生。這位23歲的飛行員將被運送到 Fort Benning Post軍人公墓安葬。他被埋在該公墓E區76號，那塊墓地位於公墓最好的地區。"

四十多年，歷經千辛萬苦終於找到了二哥。梁淑清從長久悲痛中清醒過來，她瀏覽了墓地，這裡埋葬的大多是在二戰中犧牲的美軍官兵。悲痛之余稍感安定後，梁淑清又有驚人的發現："二哥墓碑周圍，還有三個刻有中國人名字的墓碑，他們都屬於當時的中國空軍，並且均相繼在一個月前後犧牲。"

梁淑清在信中附上了3位英靈的姓名和犧牲日期，他們是Chen Yan Chien，卒於1942年5月10日；Li Hsun，卒於1942年6月27日；Li Chi Chia，卒於1942年6月16日。

"不知他們的親人是否知道他們的下落。也許通過國內的媒體可與他們的親人取得聯繫。"梁淑清在信中提出唯一一點希望："請求政府把我二哥梁建中的生平事蹟記錄在地方誌以供後人參閱和悼念。"

>>>記者連線：梁偉說，爺爺去世時，唯一不能釋懷的就是二爺爺，"他犧牲時只有23歲，未婚。長眠異國，沒有後人祭奠，他

---

6. 我們也找到了1942年4月19日達拉哈西《民主報》（Tallahassee Democrat），題為"少尉梁建中在空難中喪生"報導，可惜由於版權，不能在這裡刊登照片。

會不會孤單？"

　　新蔡縣政府僑務辦公室主任蔡明說，經瞭解，梁建中確實是練村鎮人，但縣裡並不瞭解他的情況。

　　根據《大河報》的這篇報導，梁建中的妹妹早在十多年前就找到了哥哥的安息處，還發現了與哥哥埋葬在一起的其他民國空軍墓碑，她也曾寫信給《大河報》，希望能協助查找，可惜沒有引起足夠的重視。

　　從"美國航空考古調查與研究"（USAAIR）網站查到梁建中駕機失事的原因：

日期	機型	序列號	中隊	大隊	基地	空軍	失事原因	等級	飛行員	國家	州	地點
420418	P-39F	41-7343	311PS	58PG	Dale Mabry Field, Tallahassee, FL		KSSP-CR	5	Liang, Chien Chung	USA	FL	4 mi N of Tallahassee, FL

　　1942年4月18日下午，他駕駛編號為41-7343的P-39F驅逐機從佛羅里達州德爾默貝瑞機場起飛，在距離塔拉赫細以北4英里升空未達標準高度，機器出現故障，迫降未成機毀人亡！

　　掃描歷史，將目光放到關於他中共黨員身份上，在戴衛陽編著的《赤色柴捆 烽火朝鮮》"深入虎穴"一章有段節選【12.2】：

　　在抗日民族統一戰線的有利形勢下，中國共產黨在國民黨統治區的地下黨組織，選派具有一定文化程度的共產黨員報考國民黨航空學校和航空機械學校，並爭取國民黨空軍航校和工廠的進步航空技術人員投身到中共隊伍。

　　學習飛行的有梁邦和（梁建中）、吳愷（吳凱）、魏堅（鄧慶春）等人。

　　1936年，共產黨員吳愷考入杭州筧橋國民黨中央航空學校第十期航空班。

　　1937年，梁建中考入國民黨中央航空學校第十二期航空班。

　　1941年秋，根據美國租借法案，美國負責培訓中國航空飛行員。國民黨空軍軍官學校第十二期飛行生分兩批赴美國受訓。梁建中成為國民黨空軍軍官學校第一批派往美國培訓的航空軍官。

　　1942年4月18日，梁建中駕駛貝爾飛機公司的P-39（空中眼鏡蛇，Bell P-39 Air Cobra）驅逐機進行訓練。起飛後飛機故障，未達標準升空高度，梁建中迫降未成，失事犧牲。

"南京抗日航空烈士紀念碑"中國烈士名單有梁建中的記錄：

　　梁建中　准尉　河南新蔡

　　八年抗戰，猶如迅猛燃燒在中國大地上的一場熊熊烈火，人們的命運隨之改變，熱血青年梁建中投筆從戎，參加共產黨，而後進入民國空軍官校，可惜壯志未酬客死異國他鄉。

13. 央視"等著我"節目打開希望之門

"星光影視園"

"安姐,到央視'等著我'去講空軍故事吧?"龍越基金會"尋找戰爭失蹤者"項目負責人劉群如是說。這是2018年6月中,頭一波尋親熱潮消退,感覺遇到了瓶頸。

"等著我"(Waiting for Me)是中國中央電視臺(CCTV)綜合頻道的一檔公益尋人欄目。自從2014年4月5日首播,每週日晚八點黃金時段在央視一套播放,聚集公安,網路,民間團體等多方面的力量,幫助尋找失散的親人、朋友、戰友⋯⋯

我想,如果"等著我"如劉群介紹的那樣:"在中國有著廣闊的平臺和觀眾",不就可以讓廣大觀眾瞭解二戰期間中華民國空軍為捍衛祖國所付出的犧牲,也能口碑相傳,從而找到更多埋葬在美國的空軍家屬了嗎?

在劉群的推薦下,編導小王通過微信聯繫上了我。她特別挑選出一些過往的節目讓我看,這才發現"等著我"呈現出太多扣人心弦的故事,在節目組和志願者的努力下,已經有很多失散多年的親人們重新團聚。還有許多觀眾看了"等著我"之後,紛紛加入為尋找失散親人而組織的志願者團隊。

按照節目安排,訪談節目進行到最後,主持人會讓"求助者"走到"希望之門"面前,按下開關。當"希望之門"開啟,尋人團找到的親人或戰友從裡面走出來,眾人歡喜相聚。如果沒有找到,出來的只有尋人團主持人舒束。

整個節目設計的高潮就在於此，靈感來自"阿里巴巴與四十大盜"中的"芝麻開門"。

原以為，這一切就像拍電視劇那樣都是事先安排好，也就是說"求助者"對結果是預知的。

可小王說：為了保持節目現場效果，"求助者"直到大門開啟那一刻，完全不知情。

為了達到這個效果，她通知龍越基金會：為支持將尋找空軍家人的故事搬上央視"等著我"，一定不能讓安姐預先知道尋親結果。

這樣一來，手機上各地區微信尋親群，一下子都"啞"了！

再不像原先那樣，從早到晚，能看到各地志願者們不停地發送尋人信息。

這讓我感到很"孤獨"，仿佛有一種被"遮蔽"的感覺。因為我已經習慣了這種生活節奏：每到"太平洋時間"下午三、四點，海峽兩岸的志願者們開始活躍起來，與尋找抗戰空軍家屬有關的信息爭相出現在各個微信群。

瞭解到我心中的感受，劉群在微信上加了一個笑臉："不就一個月嗎？我們的心是相通的。"

一句話，讓人心裡暖暖的！

的確，幾個月來，在龍越以及各省市自願者們的熱心幫助下，已經為九名赴美殉職空軍找到家屬，加上我二叔，共十個。劉群開始籌畫，若能找到十幾個空軍家屬，組織一次集體赴美祭奠活動，請有關媒體跟蹤拍攝整個過程，這樣傳播的範圍會更廣。

2018年6月24日，我飛北京，受邀參加中央電視臺"等著我"節目的拍攝。

很久沒有和中國官方媒體打交道了，內心其實蠻緊張的。但我覺得，央視錄製並播放為民國空軍尋親的故事，是抗戰七十多年來的第一次，不僅是編導們的明智選擇，也是時代的進步！

央視大興"星光影視園"攝影基地

"希望之門"

　　經過幾天陳述排練，7月3日，終於要上場了！

　　"導演最擔心的，是拍攝時您的情緒出不來"，編導小王不止一次地對我說。

　　她告訴我，許多其他"求助者"因親人幾十年失聯的切身痛苦，只要一提起尋親，自然而然地痛哭流涕。原來，熱播中的公益尋人節目之所以吸引觀眾，其中很大一部分原因是"求助者"的感人故事和真情流露，引起了觀眾的共鳴。

　　而我到北京參加"等著我"節目拍攝，純粹是為了幫二叔的戰友們尋親，是出於對英雄的崇敬和道義感。對著鏡頭講述時，導演總覺得我的陳述更像"朗誦"，甚至被她比作在"講臺上作大報告"。

　　為了激發情感，幾個年輕的導演和編導傷透了腦筋，花了很多功夫試圖"啟發"我的激情湧現。

　　"安姐，您在現場的陳述和情感發揮，彩排能不能一次通過，與我能否在這個劇組待下去有著直接的關聯。"

　　真沒想到，居然還有這麼更深一層的影響？

"安姐，我對您特別有信心，相信您一定能表現得特別好！"

還特別會鼓勵人，讓我開始喜歡上這種"苦情+鼓勵"式的工作方法了。

為了小編導的前程，也為了如期上"等著我"節目，從而尋找到更多的空軍家人，我不得不在全國"等著我"電視觀眾面前打開封存已久的內心世界，訴說我們家人走過的那段風雨歲月……

　　我家是北平書香世家，祖父是北大化學系老師，他有四個孩子，我爸是家中的老大，下面兩個弟弟一個妹妹。過去，家裡有不少老照片……

　　我父親的幾個兄弟姐妹，抗日戰爭爆發前都是北平各學校的學生，他們走上街頭，抗議日本軍國主義對中國的侵略。特別是我母親，"九·一八"事變發生後，成了東北的流亡學生，失去家鄉的痛苦對她來說比任何人都深刻。在我的記憶中，只要她聽見"我的家在東北松花江上"這首歌，就會忍不住流淚。

　　家裡的幾個學生都參加了"一二·九"遊行，可是，學生運動阻擋不了敵人的坦克，"盧溝橋事變"之後，日軍在中國發動了全面進攻。我的家人不願意在日本人的統治下當"亡國奴"，先後離開北平。我父親隨著北大工作的祖父母輾轉去了雲南昆明，到那裡協助美軍修理飛機。

　　我母親不知什麼緣故是最後一個離開北平的，她告訴我：當年和許多難民逃離北平奔昆明，那段路非常艱難，經歷了九死一生。鄭州市北郊"花園口"，黃河大堤有一段大豁口，日軍每天對準那個豁口炮轟黃河對岸來往的中國列車，造成無數平民死傷[1]。

　　當我母親乘坐的列車即將經過花園口時，全車熄燈，列車員囑咐大家不要出聲，趴在車廂地上。逃難者非常多，像沙丁魚那樣塞滿了列車，大家只能人摞人趴在一起。

　　列車突然提速，拼命地跑。

　　沒想到，還是被對岸的日軍發現了！頓時機槍火炮一齊發射……突然，"轟"的一聲，整個車廂劇烈地振動了一下，幸好還能

---

1. 為阻止日軍繼續往西進犯，1938年6月9日，國民政府軍隊扒開位於河南省鄭州北郊17公里處的黃河南岸"花園口"，造成人為黃河決堤氾濫。

繼續疾駛，一直開到安全地帶才慢慢停了下來。

母親驚恐地發現，她所乘坐的後一節車廂，被日軍的炮彈炸出一個大洞！男女老幼哭聲不斷，車廂裡血淋淋一片！

每次說到這裡，她總是止不住心有餘悸，"要知道，火車倘若慢了0.01秒，我就沒命了！"

原來，她趴在前一節車廂的尾部，距離被炮彈命中的後一節車廂前部才幾步之遙！

歷經千辛終於到達雲南昆明，母親與我父親匯合了。可是，日本人的飛機三天兩頭來轟炸，昆明的老百姓們依然生活在生死關頭。每當敵機接近昆明的警報聲響起，大家就趕緊往大山裡跑，實在跑不動只好躲進防空洞。

有一天，空襲警報再次"嗚嗚嗚"響起……他們拼命跑上山坡，看見日軍轟炸機編隊"黑壓壓"一片襲來，在昆明上空狂轟濫炸。突然，他們的職工宿舍和廠房被投中了！

炸彈的震鳴中，一排排房子依次倒下……

我家有一把小銀勺子，背後被削平了一塊。我爸告訴我，"這就是那次轟炸留下的印記！"

從此，這把銀勺子就一直伴隨著我，直到進入大學。

這把小小的銀勺子，是日本侵略者在中國犯下滔天罪行的見證，記載了我父母在抗日戰爭時期所遭受的重重苦難。

……

聚光燈下，我面對著主持人春蔚老師，在全體導演、攝影師、錄音師、嘉賓和觀眾們的注視下，緩緩講述……

我們的祖輩，我的父母以及千百萬中國人民在戰爭年代所遭受的苦難，一幕幕悲慘的景象，像電影在眼前閃現，歷歷在目，猶如昨日，不知不覺地淚水模糊了我的雙眼。

特別講到二叔轉學到西南聯大物理系之後，滿懷一腔熱血，毅然從軍抗日，被派到美國學習飛行，最後屍骨埋沒他鄉七十多年……

所有的悲慟無常，一下子鋪展在眼前，忍不住數度哽咽落淚，為聰慧英俊、滿懷壯志的二叔英年早逝，壯志未酬而惋惜，為他的愛國義舉而感慨，而驕傲。

這世界上，哪裡有這樣一座學校，入校前先寫遺書，出校門能活過六個月就算長壽？犧牲時，他們的平均年齡不到23歲？這就是中央航空學校！他們譜寫了驚天地，泣鬼神，永垂不朽，與日月同輝的戰爭奇跡！

在美國犧牲的那些航校空軍英烈們，當年懷著滿腔熱血棄學從軍，遠離家鄉，到美國學習飛行，雖然沒有機會回到祖國的藍天與敵人浴血奮戰，但他們用自己的生命，實現了參加航校時的集體宣誓："我們的身體、飛機和炸彈，當與敵人兵艦陣地同歸於盡"！

……

周身沉浸在講述抗戰空軍故事中，恍若隔世，突然想起從舊金山飛北京的旅途中看到的那部感人影片，不知不覺又添加了一段：

美國皮克斯動畫電影《尋夢環遊記》（英文：Coco）特別提到了這樣一個墨西哥風俗，那就是，如果逝者失去了親人們的惦念，他們的靈魂會永遠在靈界飄蕩而回不了家。墨西哥的"亡靈節"，就是用來祭奠逝去親朋好友的節日，體現了一個非常重要的價值觀：珍愛你的家人，不要遺忘他們。

我們，有什麼理由不把我們抗戰英烈們帶回家，而讓他們孤零零地躺在異國他鄉七十多年？

今天我來到"等著我"節目，就是希望通過大家的努力，去尋找他們的親人，把他們帶回家。

故事講完了，現場的觀眾們報以熱烈的掌聲……[2]

節目組嘉賓們紛紛發言，總政歌舞團著名歌唱家郁軍劍談及抗戰空軍所作出的卓越貢獻；北航老師從專業的角度介紹了當時學習飛行的危險與艱難；央視尋人團長特別敬佩中國好男兒，尤其是很多家境優越的富家子弟，國難當頭不願苟且偷安，毅然挺身而出。

---

2. 可惜因為時間關係，在央視現場所講述的內容沒有全部播出。以下是"等著我"節目連結：http://tv.cntv.cn/video/C16624/344120f732464340b28caad7e2f97043

"請打開我們的希望之門！"春蔚老師話音剛落，觀眾席緩緩向兩側移開，前方露出了那扇高高的大門。

"請走向你的'希望之門'。"

我站起身，緩緩走向"希望之門"，每往前跨一步，腳下的彩燈閃爍著移向兩邊，像是踩著雲彩一直往前走，心裡充滿著希望。

"準備好了嗎？"耳邊傳來春蔚老師的聲音。

"準備好了！"我堅定地回答，隨即將手放到那個象徵著掌印的開關上去。

要知道，多少人，此時此刻，滿心期盼著"希望之門"開啟，從裡面出現久違的親人！

今天，我也站到了央視演播大廳的"希望之門"前。

心，在胸腔裡狂跳起來……

緊閉的大門背後有多少等待已久的空軍家屬？他們會是誰呢？

眼前，浮現出美國德州布利斯堡軍人陵園，孤零零躺在那裡的五十多位民國空軍學員墓碑。當年，他們懷揣著一顆顆憂國憂民之心，嚮往著為中國人民擺脫苦難，洗刷恥辱而奔赴異國他鄉。而今卻在德州酷熱的荒漠，頭枕漫漫黃沙，遠離塵世喧囂，忍受著無邊的孤寂……

一個個在藍天下飄動的靈魂，他們中的每一個都是我的二叔啊！

滾滾的淚，齊刷刷像小河一樣在臉頰上流淌，我顧不上伸手擦一把，雙眼死死盯著大門，滿心希望能從裡面走出一群盼望著聚首的空軍家屬。

"為緣尋找，為愛堅守，請開門！"春蔚老師發出了最後的指令。

不知等了多久，沉重的"希望之門"終於緩緩地打開了，我瞪大眼睛仔細看。

裡面黑呼呼的，出現了兩個人影……看清楚了，那是尋人團主持人舒東和一位敦實黝黑的中年人。

他倆徑直來到我的面前，停住了。

太激動了！卻也掩飾不住心裡的失望，"只找到一個"？

不過，我明白，七十多年過去了，沉重的歷史早也已經翻過一頁又一頁，老一輩隨著時間依次凋零，還有多少遺跡可尋？

　　抑制不住內心的急切，迎上前緊緊擁抱住那位空軍家人，開口問的第一句話："您家上輩犧牲的空軍叫什麼名字？"

　　"朱朝富是我的大伯。"

　　"啊！朱朝富？我知道！"

　　與袁思琦同機失事，那個英俊年輕的容貌立刻閃現在眼前。他千里迢迢，從烽火連天的東北，流亡到北平，又從北平到成都、昆明，然後飛越駝峰到印度，乘船赴美，再也沒有歸來……

　　為緣尋找，為愛堅守，感謝這些年來，為尋親行動默默奉獻與付出的人民警察們！他們為此成立專門研究小組，對信息進行排查梳理、實地走訪、及時采血樣比對。

　　感謝中央電視臺編導們的積極參與，這是官方和民間彙集在一起的尋親力量！

作者和民國空軍朱朝富的侄子朱海林（右）以及"湖南龍越和平公益發展
中心"秘書長夏衡芳大姐（左）在央視"等著我"拍攝現場

雙雙折翼在藍天

1943年2月16日下午2點，距離亞利桑那州米薩（Mesa）機場三英里處，有架飛機在飛行訓練中左翼突然脫落……

那是來自中國的飛行員袁思琦（學號347）和朱朝富（學號332）駕駛的AT-17B戰鬥機（編號42-38856）。他們從亞利桑那州威廉姆斯軍用機場（Williams Field, AZ）起飛，正進行儀錶飛行訓練。

在駕駛員袁思琦的"飛行記錄"上：

　　　　駕駛AT-17B：44:55小時；

　　　　全部飛行小時數：177:25小時；

　　　　過去三十天內飛行：13:40小時；

　　　　過去90天內一共飛行：104小時；

　　　　在過去六個月內使用儀錶飛行的小時數：33:40小時；

誰料到，起飛不久，倏忽間左翼斷裂，機身失去平衡，受強大的地心引力，急速墜落，機翼碎片從飛機墜毀點，沿飛行軌跡散落，長達1.2英里。

"飛行事故調查委員會"調動了所有的資源，有關人員相繼參加聽證會，找不出任何原因，只能將此次事故責任歸屬於"飛機金屬結構問題"。

那天，甚至在他們起飛之前，其他幾位飛行員都駕駛過這架編號為42-38856的AT-17B，沒有發現任何問題。唯有一種可能，那就是他們在飛行時速度過猛，突然提升，導致機翼部分葉片毀損，以致整個左翼斷裂，機毀人亡。

簡短的結論，殘酷的現實！

那一年，朱朝富25歲，袁思琦26歲。

媒體爭先恐後地報導此次墜機事故：

　　　　威廉姆斯機場公共關係官員宣佈：2月16日，威廉姆斯機場，兩名空軍學員駕駛AT-17訓練機在米薩以東墜毀，事故調查即將展開。——《亞利桑那共和報》

朱朝富、袁思琦飛機失事現場（摘自朱朝富、袁思琦《飛行事故報告》）

中國空軍學員朱朝富，袁思琦週二在圖森附近遇難，週六將在國家軍人陵園為他們舉行隆重軍人葬禮。——《艾爾帕索時報》

該機副駕駛朱朝富，原籍東北瀋陽（瀋陽南關通順巷八號），民國七年出生（1918年），黃埔軍校十六期，空軍官校十四期第三批赴美學員。央視"等著我"尋人團從"東北航空烈士紀念館"找到朱朝富的名字，並從館長李偉民那裡得知"南京抗日航空烈士紀念碑"上也有他。

黃埔軍校十六期步兵七隊（空軍官校班）通訊錄中的東北籍抗戰空軍朱朝富（張家儀提供）

李偉民也是抗戰空軍的後代，1988年為尋找失蹤多年的祖父、空軍烈士李潔塵[3]，邁上為銘刻在"南京抗日航空烈士紀念碑"上54位東北籍空軍烈士尋找家人的征途，並自費在遼寧鞍山建立"東北航空烈士紀念館"。

受央視"等著我"尋人團的委託，警方立刻對瀋陽地區帶有"朱朝"字樣，且出生在上世紀二、三十年代的居民信息進行分類研究。經檢索發現，朱朝貴（1924年出生，2012年去世）疑似烈士家人，隨即警方立即與朱朝貴的兒子朱海林取得聯繫。

雖然與大伯素未謀面，但朱海林常聽父親念叨，他說："爺爺、奶

---

3. 李潔塵，中央航空學校第六期第二班（洛陽空軍軍校）學員，1937年8月在安徽蚌埠駕機起飛，因飛機故障墜地殉職。【13.1】

奶的身體都不好，是大伯將我的父親拉扯大，1937年他參軍抗日，後來犧牲了，從此再沒有音訊，連屍骨都不知埋在哪裡。打我記事起，逢年過節，父親都會念叨大伯，經常嘮著嘮著就哭了，哪怕在父親彌留之際，還是一直念叨著大伯。我的大伯長得很帥，據說他和父親長得很像。"朱海林還說：如今家裡早已沒有大伯的照片，但聽說"南京抗日航空烈士紀念碑"上有他的名字。

隨著朱海林父親的去世，有關大伯的信息更無從可查。直到最近有一天，當地民警突然上門，讓他不免有些發怵。警員追問："你父親的兄弟姐妹是不是'朝'字輩的？是不是有個大伯叫朱朝富？"

朱海林這才突然發現，"俺大伯是個空軍英雄！他的墓地在美國找到了！"

當朱海林看到我拍攝的朱朝富墓碑的照片，喜極而泣："我現在高興得找不到北，之前我只知道大伯是在美國飛行訓練時犧牲的。可是，哪年犧牲的？墓地在哪裡？我們都一無所知，這回父親的遺願終於實現了，壓在全家人心底的這塊大石頭落地了！"

朱海林還表示，目前我已經退休了，願意當一個志願者，去幫助其他空軍親人團聚。要讓這份努力延續下去！

北大"未名湖"畔

為配合"等著我"拍攝，還需要拍攝一些外景和日常生活場景。開始的時候，他們想讓央視駐美國記者到我舊金山灣區的家裡來，後來考慮到製作費而放棄，導演轉而讓攝影師帶我去"星光影視園"一些顯示不出地理特質的地方去拍攝，比如星巴克咖啡館以及附近的小公園。

編導小王問："在北京還想去什麼地方？"

不假思索地，"北京大學"四個字脫口而出。

北大未名湖畔有一座"國立西南聯合大學紀念碑"，碑鐫千字之文，記述著西南聯大的創建史和校風校典，是中國革命史、教育史上的一塊豐碑，也是我嚮往已久的地方。【13.2】

抗戰爆發後的1940年，二叔從輔仁大學數理系轉學西南聯大物理系二年級，為響應國家號召，1942年棄學從軍，遠渡重洋到美國學習飛行，再也沒有機會回到生於斯長於斯的故鄉。

這些年，我一直渴望著去北大瞻仰那塊紀念碑，特別想查看一下二叔的名字是否如《環球人物》2015年第34期"西南聯大學子從軍"那篇文章所提及的"刻在碑上"？

多麼希望他的名字是銘刻在碑上的832位西南聯大學生中的一個，而不是連名字都沒有留下的其他300多名從軍學生。

離開北京前的最後一天，我們如願以償終於來到了北大。進了門，一行人扛著攝影器材興沖沖直奔未名湖。

那天正巧舉行畢業典禮，穿著學士、碩士和博士袍的莘莘學子，和他們的家長在校園內喜氣洋洋取景留念。

驕陽似火，滿身大汗的我們頻頻詢問過往的學生："'西南聯大紀念碑'在哪裡？"

令人大為失望的是，沒有人知道在北大還有這麼一座紀念碑！

最後，還是在手機地圖的引導下，才找到那塊被厚厚塵土遮掩的紀念碑，黑色大理石已經變成了灰色，只有及人高那一段才露出大理石原色。

我用顫抖著的手，撫摸著這塊本該名滿天下，現在卻顯得寂寂無名的碑文，上面刻著西南聯大832個從軍學生的名字，從上到下，從左到右，一個名字一個名字地尋找……找了很久，很久。非常遺憾，沒有"李嘉禾"。

多少年來，千百位昔日聯大學生、今日海內外著名專家學者絡繹不絕前來參拜此碑，追撫往日聯大的校園生活，緬懷先師們的教誨。希望今天北大新一代學子，切不要忘記他們的學長們，在烽火連天的抗日戰爭中，為保衛國土完整，用生命的代價換來今天的和平。

央視攝製組在北大"國立西南聯合大學紀念碑"前拍攝，
只有及人高那一段才露出大理石原色。

北京大學未名湖畔國立西南聯合大學紀念碑介紹

與央視"等著我"節目組年輕的導演、攝影和編導們在北大

14. 飛鷹背後的故事

"空中眼鏡蛇"的厄運

　　第十二期第一批學員在亞利桑那州完成高級飛行訓練之後，調往佛羅利達州（Florida）首府搭垃赫細（Tallahassee）戴爾馬布裡（Dale Mabry）機場，在美空軍第58戰鬥大隊接受實戰訓練（OTU: Operational Training Units），學習駕駛P-39 Air Cobra（空中眼鏡蛇）戰機。

第十二期學員，1942年在戴爾馬布裡（Dale Mabry） 機場
身後是P-39（空中眼鏡蛇）（佛羅里達州立圖書館和檔案館）

　　P-39是美國貝爾飛機公司設計的戰鬥機。與其他戰鬥機最大的差異是，P-39的發動機不像其他飛機通常安置在機首，而是被放在了機身中央，也就是飛行員的後方，通過一根長長的驅動軸，帶動前方的螺旋槳。這種設計最大的優點是將整架飛機最重的部分放置在飛機重心上，使得飛機的運動性能得以提升。另外一項特點是有別於當時廣

泛運用在戰鬥機上的後三點起落架，此機型使用前三點的起落架，與後來的噴氣式戰鬥機相同。

貝爾 P–39D空中眼鏡蛇　（公共領域圖片）

這種飛機重，速度比P-40快，但不適於特技飛行，更不適合空戰，主要用於對付地面坦克及海中的潛艇。對此新型飛機，美方飛行員也不太熟悉。P-39的構造很特別，37毫米機關炮在機頭前，駕駛座的後方有塊鋼板，鋼板後面安置飛機引擎，飛機若控制不好迫降猛衝的話，炮管機頭往後頂，引擎很重往前推，人擠在中間就被夾成了三明治。

訓練中，頭一天摔死一個學員，第二次及第三次訓練分別又有兩位學員喪命，赴美空軍十二期學員見習期內共有五人殉學，美軍亦有多人傷亡。[1]

也許是因為這個原因，P-39沒有用於中國戰場。這類機型連美國人也很少用，依照對蘇"租借法案"大都援助給蘇聯空軍了。

有意思的是，這種被美國和英國飛行員視為"雞肋"的二線機種，卻讓二戰期間的蘇聯空軍喜歡至極，他們派出了最精銳的飛行員來駕駛它，而且制定了一系列針對P-39的空中戰術。

P-39維修困難，怎麼辦？

好辦！精英飛行員開著飛機落地後，立馬就有一群精英地勤人員

1.見第十三章"喬治亞州墓園裡的中國空軍"。

向飛機撲過去。

P-39座艙不好逃生，怎麼辦？

這個問題根本不是問題，擁有P-39的部隊番號幾乎都有"近衛"二字，再說他們身後就是莫斯科，無路可退，找個高價值的敵人目標俯衝過去就是了！

蘇聯軍人憑他們的智慧和勇氣一一化解了P-39的種種不足！去掉了BUG的P-39在蘇聯空軍的眼中當之無愧成為最完美的飛機！

唉！為什麼當時我們的空軍為學習這種款式的飛機困難重重？三個月不到犧牲了五名優秀學員？

喬治亞州班寧珀斯特堡陵園（黃勇提供）

沒有人知道歷史曾經在此走過，留下了英靈化入潤土而滋生。七十多年後，美國志願者黃勇說自己年輕的時候曾經是個軍迷，他特地帶著家人，驅車幾個小時，從亞特蘭大到喬治亞州班寧珀斯特堡軍人陵園去看望埋葬在那裡的五位十二期空軍烈士，並為他們獻花插旗，以示深切緬懷之情。

關於P-38的疑問

"軍人魂"翟永華又發來一封郵件：

> 您的二叔我認為可能是空軍官校第十六期生第七批留美學生，我想起李繼賢老人（十六期）曾告訴我，他們飛戰鬥機學科的畢業學員共15人，準備返國作戰，但是軍方決定留下10人接受P-38戰鬥機飛行訓練，這飛機很不好飛，等到他們畢業10人之中有5人失事殉學，只有5人返國，但已抗戰勝利，所以我相信您二叔可能就是這5人之一，李老並未告訴我是哪五人殉學，所以都無此方面的資料。

經查證《飛行事故報告》，我二叔李嘉禾並不是因為駕駛P-38戰鬥機而殉職，但我對他1944年2月在鹿克機場（Luke Field）學開AT-6C戰鬥機，同年10月卻乘坐TB-25D轟炸機，從亞特蘭大飛往奧克拉荷馬州的威爾‧羅傑斯軍用機場，途中因氣候及機長操作不當而墜機的過程很有疑問。

據我所知，空軍初級訓練結束後，通常根據個人意願及組織分配相結合的原則，分別參加戰鬥機或轟炸機培訓，他怎麼會先參加戰鬥機訓練，然後又乘坐轟炸機？

"軍人魂"的來函，讓我特別關注P-38相關資料。

十六期第七批赴美學員，自他們1944年4月畢業後，除與二叔同機的三位學員之外，已查明有六位在1944-1945年間先後殉職。我心中更是疑問重重，"難道他們都是為了學習P-38？"

偶然發現空軍官校學員 Jude Pao（包炳光）[2]在美國"P-38協會及博物館"網站有篇文章《P-38閃電戰鬥機和民國空軍》，詳細描述了他在美國受訓，畢業後參加P-38飛行訓練以及回國後參戰始末（譯文節選）。【14.1】

> 大部分P-38閃電機戰鬥任務通常都由聰明的山姆大叔飛行員駕駛，並由高素質的美國乘員組支援。然而，從抗戰開始至1944-

---

2. 包炳光，空軍官校第20期第十三批赴美受訓，畢業於Class 45-F。

1945年在中國大陸結束戰爭之前，再後來到臺灣，大約三十名左右的中國空軍飛行員已經有八年駕駛P-38並使用照片偵察配置的經驗。

　　五批中國空軍飛行員被選中參加P-38飛行培訓，其中大多數是陸軍航空兵西部訓練指揮飛行學校畢業生。只有三個飛行員是經驗豐富的老手，他們是第12中隊指揮官C. C. Fang（方朝俊）少校，副執行官K. L. Shih（時光琳）上尉，以及中國戰時首都重慶中隊首席作戰官中尉K. C. Weng（翁克傑）。

空軍官校學員包炳光於1945年在亞利桑那州的雷鳥機場
（包炳光網站提供）

　　1945年8月，我從Douglas Army Field, Douglas, AZ（按照美國“租賃法案”中國空軍培訓計畫中的45F班）畢業，立即與其他三名同學被選中，指定成為第五批或最後一批P-38學員。和我一起參加P-38閃電作戰人員訓練的那三名學員是Peter Huang（黃銳臣）少尉，K. K. Chow（周冠光）少尉和Y. S. Chiu（邱玉嵩）少尉。

　　……畢業典禮剛過，我們奉命隨隊乘坐一輛列車連夜從道格拉斯機場到奧克拉荷馬州的威爾·羅傑斯機場。威爾·羅傑斯場由第3編號空軍的一個部隊運營。正如過往在報告中所提到的，我們受到了很好的接待。

　　我們到達目的地住下之後馬上參加培訓指導，機場領導為我們安排了80個小時密集B-25轟炸機儀器培訓和地面課程。我們也收到了很多個人飛行器材。在威爾·羅傑斯的這段時間裡，我們每個人都被安排了閃電戰鬥機標記性飛行，每次三航班，非常有趣。

P-38（Lighting）是美國洛克希德公司在第二次世界大戰爆發初期成功設計的戰鬥機，就像其響亮的名字"閃電"那樣，這是一款雙發動機加上雙尾桁機身結構的高速攔截機，不僅外觀漂亮而且性能優越，從洛克希德生產線推出後不久很快聞名於世。在戰場上的用途包括對地攻擊、轟炸機護航以及奪取空中優勢。據稱這是美國空軍當時最主要遠程戰鬥機，駕駛艙設計在機翼上，飛行速度超過400英里/小時。由於渦輪增壓器的排氣被靜音，P-38對於戰鬥機來說非常安靜，而且比其他戰鬥機有更好的有效射程。據稱如果飛機失去一台發動機，飛機也不會翻轉。眾多的優勢讓P-38問世不久迅速投入了戰場，成為當時最成功的戰鬥機和攔截機之一。

在第二次世界大戰各個戰場上，無論是戰區巡邏和防禦，地面掃射，轟炸機護衛和偵察攝影，都能看到P-38"閃電"的身影，覆蓋整個德國、義大利，整個西歐、北非、大西洋、英國海峽、北海和地中海。在遠東和太平洋，P-38飛越日本所佔領的島嶼群，印度支那，馬來亞，緬甸叢林和中國大陸。德國空軍為P-38起了一個綽號"叉尾魔鬼"，而日本戰機飛行員則稱之為"雙身魔鬼"。

P-38是二戰期間美國空軍主要远程戰鬥機（公共領域圖片）

P-38最卓越的戰績是1943年4月18日，美國陸軍航空隊出動18架P-38戰鬥機中隊在太平洋布幹微爾島上截擊飛往前線視察的日本聯合艦隊司令長官山本五十六一行。"閃電"充分發揮出高速攔截性能，經短暫空中激戰，山本五十六的座機被擊落。這個親手策劃並指揮偷襲珍珠港，被視為日本海軍靈魂人物的山本五十六當場被擊斃，外加同行七名高級軍官，兩架轟炸運輸機和三架"零式"戰鬥機，而美軍僅損失一架P-38。"斬首行動"的成功，使美國陸軍航空隊獲得足以載入史冊的重大戰果，也讓P-38得以青史留名。

翻閱著一篇篇關於P-38的故事，猶如重新觀看戰後日本人自己拍攝的戰爭片《山本五十六》，縱觀戰爭罪犯醜惡行徑的同時，驚心動魄的空戰場面令人心潮激蕩。

不過，關於我二叔一行9人連夜乘機趕赴奧克拉荷馬州威爾·羅傑斯機場，"是不是為了接受P-38戰鬥機培訓？"這個疑問始終在我腦海中盤旋……可惜的是，空軍官校十六期第七批赴美接受飛行訓練的老人們都不在了，我心裡的疑問久久縈繞，卻無從驗證，除非能找到當年學員培訓的第一手資料。

隨著對抗戰空軍研究的不斷深入，美國志願者李忠澤先生向我推薦《乾坤一鏡：空軍照相偵察機部隊史（一）》，這是唐飛將軍任中華戰史學會理事會長時，根據鄒寶書、田建南、施龍飛、高興華、傅鏡平、時錦棣、劉善榮等航空史研究者提供的文字及圖片所編，該文證實了我二叔一行去威爾·羅傑斯機場（Will Rogers Field）學習P-38的推測：

> 1943年（民32）年11月，空軍因應抗戰任務需要，為重新建立偵察機部隊，培養偵察機飛行員與接收新型偵察機，乃甄選幹部方朝俊少校，時光琳上尉及翁克傑上尉等三員前往美國受訓。首先在加州聖安納機場（Santa Ana, CA）執行AT-6考核，飛行4架次及格後，12月轉至亞利桑那州鹿克機場（Luke Field, AZ）接受戰鬥機訓練（AT-6及P-40），1944（民33）年4月，再轉至密西西比州Key Field機場（Meridian, MS）進入P-40和P-51戰鬥機訓練，9月至奧克拉荷馬州威爾·羅傑斯機場（Will Rogers, Oklahoma），與其他在美國受訓的剛葆璞少尉，陳嘉少尉，盧盛景少尉，童鳳笙少尉，劉新民少尉，鄭文達少尉，張慶顯少尉，李澤

民少尉，李嘉和（禾）少尉[3]，施兆瑜少尉[4]，楊力耕准尉，陳冠群准尉等12員會合，一起接受B-25及P-38等型機偵察課目訓練。1945（民34）年1月29日，11位完訓人員獲頒結業證書，之後便搭船前往印度昂達爾機場接機。

另外，根據旅居美國的時錦棣先生在回憶其先君時光琳中將的文章《一個標準而且完整的飛行員——時光琳將軍的飛行生涯》，再次幫助我深入到這段歷史之中：

民國卅一年底參與航空委員會甄選偵察部隊重建中隊幹部。卅二年五月獲選，與三期方朝俊少校，七期翁克傑上尉共三人，組成中隊基層幹部。八月十四日於印度孟買登上美國運兵郵輪西點號，經南太平洋，澳洲，九月十四日到達舊金山。

十一月廿一日一位美軍飛行軍官E. Qualline中尉飛了架高級教練機AT-6（600匹馬力）來到機場，針對三位中國飛行軍官進行嚴格飛行考核，四天後全部順利通過。

卅二年（1943）十二月中，三人到達亞利桑那州鳳凰城西郊的鹿克機場，經過四個月，完成一百八十小時的AT-6及P-40訓練……卅三年（1944）四月下旬轉往密士西比州Meridian市的Key Field進行戰術偵察訓練。三個月期間中，前後使用BT-13，P-40及P-51等機型，做各種戰鬥和低空戰術偵察訓練，但是一直沒有見到P-38和高空戰略偵察訓練。經向華盛頓中國空軍代表團毛邦初反映察明，系美方作業錯誤，浪費三個月時間……

九月轉到俄克拉荷馬州（Oklahoma）Will Rogers戰略偵察訓練基地，才終於和其他在美國各地受訓中選拔出來的中國隊員會合，初具中隊規模。因為P-38沒有雙座教練機型，無法直接進行雙發動機訓練，必須先使用相近馬力的雙引擎輕轟炸機B-25C進行訓練。九月十二日開始使用AT-17進行雙引擎過渡訓練，廿小時飛行鐘點後，進入B-25飛行訓練。十一月十四日經過兩次45分鐘無操縱後座piggyback[5]臨空後，十五日首次單飛F-5E（P-38J的偵察機

3. 1944年10月1日一架B-25訓練飛行失事，李嘉和（禾）少尉，楊力耕准尉，陳冠群准尉及美國教官同時罹難。
4. 1944年11月29日施兆瑜少尉是第一位P-38訓練飛行失事殉難人員。
5. 指兩機疊加在一起搭載飛行。二戰歐洲戰場上曾經發生過兩架B-17（空中堡壘）因發動機損壞而不得不搭載飛行。

型）。經過五個月近一百七十小時，高空，長途，夜間及儀器飛行，於民國卅四年元月十九日在美國獲Photo Recon（照片偵察）結訓證書，二月中最後一次飛行後，束裝返國。

經過兩月大西洋行程，五月初抵達印度加爾各達上岸。

時錦棣先生詳盡地敍述了父親時光琳隊長、盧盛景等隊員在美國接受偵察機訓練的換裝經歷，讓我們在許多年之後，隨緩緩流淌的字裡行間，探尋那些熱血男兒為抗日赴美受訓的經歷。

我也徹底明白了，我二叔李嘉禾與他另外兩名戰友，空軍官校十六期第七批赴美的楊力耕、陳冠群以及美國教官等共九位中美空軍，是為了參加P-38訓練，乘坐TB-25飛往威爾‧羅傑機場進行長途夜間訓練途中失事的。

空史研究者高興華提供的史料進一步揭示：高級班飛行畢業後，在這批通過甄選而參加P-38空中偵察培訓的中國空軍學員中，最後只有十一位獲得威爾‧羅傑機場指揮部頒發的"照相偵查"結業證書。未料，李澤民少尉在隨後的熟飛過程中，因氣候原因俯衝著陸喪生。1945年2月，方朝俊、時光琳、翁克傑、陳嘉、盧盛景、剛葆璞、童鳳笙、張慶顯、鄭文達、劉新民十人束裝回國。經過兩月大西洋行程，5月初抵達印度加爾各達上岸。5月14日於印度Ondal基地，接收九架F-5E-4（P-38）偵察機[6]，並正式成立"中國空軍第12照相偵察中隊"。[7]

為了學習P-38，除了上文提到的五名殉職空軍，接下來又有二名學員王小年[8]和許銘鼎[9]在空中不幸折翼。

天蒼蒼野茫茫，天空雖美，嚴酷的飛行訓練卻毫無浪漫可言，我們的空中勇士必須時刻準備以鮮血和生命作賭注，穿雲破霧去體驗高難度的飛行動作，纏鬥、俯衝、掃射……

塵封七十多年的歷史，透過老一輩空軍及空史研究者的記錄，終於雲開霧散，豁然開朗。

---

6. 引自《乾坤一鏡－空軍照相偵察機部隊史》：RF-38型機原稱為F-5E偵察機，美國空軍成立後，原來二戰時驅逐機的代號P被取消，改以戰鬥機的°F來代替，R是偵察機的代號，故改稱為RF-38。

7. 根據陳嘉之子陳祖亮先生提供的資訊：1944年（民國33年）08月25日被選派去Will Rogers Field, Oklahoma學習P-38之際，13期陳嘉、盧盛景，14期剛葆璞已經晉升中尉，其中陳嘉為領隊。

8. 王小年的故事見下一節"跑道撞機死於非命"（十五章）。

9. 許銘鼎的故事見第十七章"空軍隊列裡的愛國華僑"。

跑道撞機死於非命

不得不佩服央視公益尋人欄目"等著我"的強大傳播力，節目播出後接二連三傳來好消息：

> 我很小的時候就聽父親說，我的六叔公是空軍，在美國受訓時被飛回的飛機相撞犧牲了。家裡在四九年時享受過烈屬待遇。我叫王建國，湖南株洲人。

王小年的侄孫王建國非常感動，家人記憶裡王小年去世的消息，是他在機場訓練，另一架飛機降落下錯了跑道，直接撞到他的飛機，致使兩架飛機同時墜毀。

查詢1945年4月4日《美國飛行事故報告》，看到兩則在威爾·羅傑斯機場（Will Rogers，OK）的事故記錄。失事原因：KCRL（Killed in Crash Landing）在著陸時喪生。

日期	機型	序列號	中隊	大隊	基地	空軍	失事原因	等級	飛行員	國家	州	地點
450404	F-5E	44-24579		3TAD	Will Rogers Field, OK	3	KCRL	4	Wang, Siao N	USA	OK	Will Roger Field, OK
450404	F-5E	44-24588		3TAD	Will Rogers Field, OK	3	KLAC	4	Thatcher, Richard E	USA	OK	Will Roger Field, OK

抗戰期間，中華民國空軍赴美學習飛行，大多學習駕駛P-40, P-38, P-39系列戰鬥機或B-25轟炸機。維基資料介紹F-5E實際上就是由P-38J/L改裝的偵察機。

前一節"關於P-38的疑問"中提到，不少空軍官校第十六期第七批赴美學員因駕駛P-38失事犧牲，王小年不幸成為又一個因駕駛同類飛機失事的空軍學員！

1945年4月4日，中國的抗日戰爭已經接近尾聲，空軍官校第十六期第七批學員，准尉王小年在奧克拉荷馬州威爾·羅傑機場參加F-5E訓練。按照指揮官的要求準備著陸，不知什麼原因，與停靠在機場跑道邊另一架飛行相撞。

中華民國空軍准尉王小年安息在德州布利斯堡軍人公墓，墓碑號4F
（張勤拍攝）

　　那架飛機的駕駛員是美國陸軍航空隊的理查德·撒切爾（Richard E Thatcher），他倆同屬於3TAD航空大隊。

　　訓練中的意外誰也無法預知，飛機的速度實在太快，一旦出現偏差，躲避不及，中美空軍的生命因瞬間碰撞而終止。

　　事故發生的第二天，1945年4月5日《奧克拉荷馬日報》和《伊爾瑞諾日報》分別報導在威爾·羅傑斯機場發生的兩機相撞嚴重事故：

　　　　羅傑斯機場雙人撞毀——週三傍晚，威爾·羅傑斯（Will Rogers）機場進行例行訓練過程中，一架著陸戰鬥機沖向地面另一架飛機，造成兩名男子死亡，第三人受重傷。

　　　　死者是中國空軍駕駛員准尉王小年，當時他正駕機準備著陸，顯然在操作中有些困惑。第二名是理查E.撒契爾中尉，家住379號瑞吉街，溫內特卡，伊利諾

Crash Kills Two At Rogers Field

Two men were killed and a third was injured critically early Wednesday night when a pursuit ship coming in for a routine landing at Will Rogers field crashed into another plane on the ground.

The dead are Sub. Lieut. Saio-Nien Wang, Chinese air force, who was piloting the landing plane and who apparently became confused in his landing operations; and Second Lieut. Richard E. Thatcher, 379 Ridge, Winnetka, Ill. The injured man is Sgt. Edward J. Welk, 4843 Bloomingdale, Chicago, who was working with Lieut. Thatcher on the parked plane when it was struck by the Chinese flier's ship.

1945年4月5日《俄克拉荷馬日報》
對事故的報道，黃勇提供

州。受傷的男子是中士愛德華J.韋爾克，家住4843布魯明戴爾，芝加哥。當時他正與理查一起工作，被中國駕駛員的戰機撞上時，撒契爾正在機場停放著的另一架飛機上。

《奧克拉荷馬日報》還提到：在這次撞機事件中受重傷的美軍中士愛德華J.韋爾克，被送到芝加哥一所醫院後也去世了。

再次感謝美國志願者黃勇發來事故報導，澄清事故原委。

依據王小年的"准尉"軍銜判斷，他已通過高級班訓練，正在學習新機型F-5E。

一段塵封的記憶悄然彌漫，心頭的懸念經久旋繞：王小年駕機下降時為什麼會猶豫？與指揮塔通訊時會不會有誤解？另外一架飛機停靠在機場什麼地方？

原以為發生在威爾·羅傑斯機場的那場致命一擊已成絕響，未料辦事追求完美的美國志願者李忠澤先生不願就此甘休，為查清事故原委，自費定購王小年的《死亡證明》和《飛行事故報告》，獲得事故發生前15分鐘的詳細解述：

> 1945年4月4日19點27分，塔臺工作人員接到王小年"右冷卻器開關設自動擋不工作"報告後，立刻指示：調整冷卻器開關到手動擋並馬上著陸。命令發出後，收到王小年回應"請求著陸"，並沒有提及需要"緊急著陸"。F-5E（44-24579）在空中正常回轉，進入下降通道，對準規定跑道，速度沒能降低到規定要求，飛機卻已超過跑道二分之一，塔臺因此建議他"複飛"。只見飛機以50-65度角急劇攀升並向右側滑動，在離地面150英尺高度突然停機，接著側翻，直接撞到停靠在跑道右側200碼處另外一架F-5E上。

兩機碰撞發動機受到嚴重損壞，無法透露可能導致故障的原因。如果駕駛員王小年已知右發動機失去動力，應該請求"緊急著陸"，這樣就能及時清理著陸通道，避免意外傷亡。

當然，《飛行事故報告》不能提供所有細節，特別是飛行員操控飛機時急速的心理活動，很多評判只能依據目擊者的證詞和現場技術分析。

後來，收到雷鳥機場檔案館香農·沃克女士（Shannon Walker）寄來的《亞利桑那州鹿克機場的歷史》[10]，特別注意到這樣一段評語：

> 中國飛行員還因出現過多飛機撞擊事故而聞名，無論是在訓練期間還是在戰鬥演習中，主要是因為他們中的一些人在著陸時堅持只使用跑道的後半部分。

不知這件事故是否歸於其中一個例證？

兩架飛機三條性命，從此被寫進《飛行事故報告》，只能讓後者引以為戒。

願逝者安息⋯⋯

被螺旋槳"親吻"了一下

人們嚮往在藍天飛翔，憧憬著天空所賦予的遼闊與自由。然而，戰備訓練飛行絕無浪漫可言，甭提一個個規定動作必須在最短的時間裡反復練習，才能熟能生巧，以應付戰時的需要。訓練中，哪怕一個小小的疏忽，都會帶來不可挽回的遺憾，甚至以生命為代價。

1944年11月24日，在科羅拉多州普韋布洛（Pueblo）訓練基地，在一次緊急起飛訓練中，發動機開啟那一瞬間，飛速旋轉的螺旋槳葉片"親吻"了一下准尉曹旭桂，毫不留情地將他帶走了。

意外的到來總是無法預知，人們常常在失去後才發現，生命原來是如此脆弱！

劉希瑞屬於第八大隊75組，是這架B-24J轟炸機的正駕駛，中央航校第七期畢業。當他開啟B-24J發動機的時候，怎能想到自己的戰友，機槍手曹旭桂又跑出機艙了？

日期	機型	序列號	中隊	大隊	基地	空軍	失事原因	等級	飛行員	國家	州	地點
441124	B-24J	42-100155		215CCTS	Pueblo AAF, CO		KGRA	1	Liu, Hsi Jui	USA	CO	Pueblo AAF, Co

---

10. 見附錄4"培訓中國學員"。

曾經在美國科羅拉多州普韋布洛機場與曹旭桂一同參加整合訓練，航校六期機械組另一位成員李日賦在1944年11月24日那天用英語記載了所發生的狀況，以下是譯文：

　　Shong Chun將軍本來今天是要到中國空軍基地來視察的，可是因為惡劣的天氣，來不了了。

　　今天發生了一次非常糟糕的事故，一個機槍手被螺旋槳打死了。他從飛機的前端走到機尾，可能還有什麼事情需要做，可是，他被捲進了旋轉中的螺旋槳。

　　他是我們這個隊裡第三個死亡的人。

我注意到，他在寫這篇日記的時候，正巧日記本上有一個註腳：

　　I believe in democracy because it releases the energies of every human being. （我相信民主，因為它釋放了每個人的能量。）

Woodrow Wilson 伍德羅·威爾遜

（見下圖）

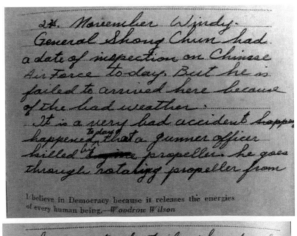

李玲玲父親李日賦的日記（盧維明先生提供）

湯瑪斯·伍德羅·威爾遜（1856年12月28日－1924年2月3日）是美國政治家和學者，1913年至1921年擔任美國第28任總統。

在硝煙四起的年代裡，為還我江山，把日本人趕出中國，激勵著多少熱血青年響應"一寸山河一寸血，十萬青年十萬軍"號召，走上抗日征途，還有很多衝破重重阻攔奔向寶塔山。

他們都是為了拯救苦難中的祖國！

一次次嚴格、緊張的飛行訓練落地時，同學們的臉上會露出完成訓練任務的喜悅，但每次目睹教官和同學的死亡，有淚不輕彈的男兒們，也會忍不住淚如雨下，幾不成語，回到宿舍，把頭緊緊蒙在被子裡狠狠地哭。昔日朝夕相處的同學時時出現在夢境裡。

與曹旭桂同寢室的何運元永遠忘不了那次慘案，失去室友的痛苦被寫進了回憶錄。

難忘回憶錄最深之事：

在Pueblo受訓半年期間，我住在BOQ-614宿舍，室友為曹旭桂同學（桂籍人），他是30組同學受訓期間唯一不幸死亡者。某日（正確日期已忘記）共同赴機場（不同機）接受空中作戰訓練，他不幸於起飛由前輪窗進入飛機，（發動機已發動）而被螺旋槳打死。當夜我整夜難眠，幸好次日有粵籍飛行員遷入同陪住，否則苦日害怕的日子如何？實不敢想。

《空軍忠烈表》上的記錄是：曹旭桂，准尉，在檢修機槍時被螺旋槳擊傷殉職。沒有出生年月，沒有籍貫，沒有官校期數，只有"軍械見習員"。

他是一名普通的空軍戰士，沒有死在血雨腥風慘烈悲壯的戰場上，但也是那場反抗外來侵略戰爭中所犧牲的幾千名中外空軍中的一員。

"人生自古誰無死，留取丹心照汗青。"

死亡並不可怕，可我為他的不幸扼腕歎息，年紀輕輕的他為抗日來到遙遠的美國受訓，還沒有機會為後代留下不朽的身影，剎那間，回國參戰的願望擱淺於遠方。

曹旭桂室友回憶錄對事故的記載
（盧維明先生提供）

《空軍忠烈表》記錄曹旭桂殉職原因
（盧維明先生提供）

民國空軍准尉曹旭桂安息在德州布利斯堡軍人公墓，墓碑號11E
（張勤拍攝）

曹旭桂侄子曹浩斌先生通過網路看到我們為抗戰空軍尋親的消息，2019年12月特地發郵件聯繫我，希望瞭解德州墓園消息以及關於烈士的史料。在這之前的許多年裡，他做了大量的調查研究工作，抄錄了許多有關抗日空軍的資料，一直在默默地尋找赴美犧牲的大伯。

　　親人的堅持和志願者們的愛心，使曹旭桂成為第31位找到家屬的赴美空軍，我們由此得知，他出生於1923年，籍貫是廣西永淳。犧牲時，年僅二十一歲。

B-24（解放者）空難始末

　　為了尋找赴美殉職空軍記錄，臺北的盧維明先生多次去台大圖書館查閱《空軍忠烈錄》，找到這樣一段記錄：

　　　　陳烈士培植，湖南省資興人，生於1914年2月8日。在空軍軍官學校航炸班第四期畢業。歷任空軍第二大隊第13中隊、第30中隊轟炸員，航空會軍官附員，派赴美國航校深造，升至上尉二級。1944年9月9日，烈士在美國隨機飛行，因飛機發生故障，迫降，失事殉職。生前有戰績五次。遺有父母及妻李氏與一女。

　　通常，臺灣"忠烈祠"只入祀殉國者，即戰鬥陣亡者，不列殉職、殉學者。埋葬在美國的空軍全部屬於殉職或殉學者，因此無法入祀。

　　與陳培植同機的領航員李覺良執筆回憶空難發生的情況，提到意外事故的原因，他自己被大火嚴重灼傷，永遠不能再飛行，除他之外副駕駛張雁初也被嚴重燒傷，轟炸員陳培植和射擊士程大福喪生[11]，正駕駛錢祖倫少校幸運生還。

從《空軍忠烈表》找到
陳培植遺像
（盧維明先生提供）

　　機長錢祖倫的"回憶錄"是這樣寫的：

_____

11. 陳培植和程大福烈士的女兒都找到了。請見二十章"讓人感動餘生的親情故事"和"爸爸，家鄉還有個女兒念著您呢！"

在Pueblo訓練，每天都在半夜12時起飛，作各種戰鬥動作。有一次練習完畢返航落地時，忽然左發動機熄火，飛機無法進場。所謂undo shot，接近地面時我一時性急，提起機頭轟然一聲，飛機失速著地起火燃燒。我爬出機艙清點人數，槍炮手一名死亡，另一燒傷，副駕駛領航員死亡。接著在基地開失事審查時，委員會司令官問我明知飛機無法進場，為何拉起機頭造成失速，我歎氣說：我當時覺得情形好像在湖中游泳，乏力下，唯有仰著求救。司令官問願繼續飛行否？我想我受國家培植，早已許身報國，豈可貪生怕死，隨答稱願繼續飛行……對於傷亡同僚我真是痛心萬分，從此後生活檢點不少。

領航員李覺良執筆回憶影印件-1（盧維明先生提供）

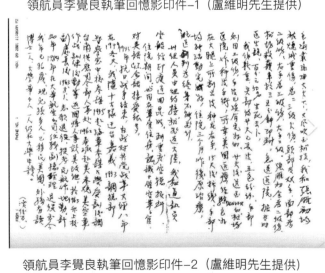

領航員李覺良執筆回憶影印件-2（盧維明先生提供）

尋得1944年9月9日重大空難記錄如下：

日期	機型	序列號	中隊	大隊	基地	空軍	失事原因	等級	飛行員	國家	州	地點
40909	B-24J	42-51515	CCTS	215BU	Pueblo AAB, Pueblo, CO	2	FLEF	5	Chien, Tsu-Lun	USA	CO	3/4 mi ESE of EW Runway, Pueblo AAF, CO

　　B-24又名解放者，是第二次世界大戰期間美國和英國廣泛使用的遠程重型轟炸機，由聯合飛機公司（後來的Consolidated-Vultee）依據1939年1月美國陸軍航空隊（USAAF）對四引擎重型轟炸機的要求而設計。第一架原型機1939年12月試飛，1941年春天B-24被送往英國作為主要運載器（英國首相溫斯頓·邱吉爾的私人空中交通工具就是一架改裝後的B-24）。

　　後續型號的B-24配置密封油箱、雷達和重型防禦武器，成為反潛艇及對地目標攻擊的主要重型轟炸機。它在大西洋海戰中發揮了重要的作用，有助於關閉大西洋中部"缺口"，德國U型艦艇曾經在那裡肆無忌憚阻截過往艦船。在太平洋戰場它也顯示出長距離飛行的獨特優勢，因日本在已佔領各島嶼間防禦比較鬆散，B-24有效地取代過去的B-17轟炸機，對獲取中緬印戰區的勝利發揮了極為重要作用。

　　二戰結束後統計顯示，全部B-24生產總數為18482架，是戰爭中生產數量最多的機種，各大盟軍戰場幾乎都使用過。其中2100架服務於英國空軍，1200服務於加拿大空軍，287架服務於澳大利亞空軍隊，還有少數用於地中海和南非，而絕大多數是美國軍隊自己使用，這支飛行部隊裡包括曾經在美國受訓的中華民國空軍。

　　1944年9月11日，科羅拉多州普韋布洛《社克維勒先驅報》（Circleville Herald），《舊金山觀察家》（San Francisco Examiner）和《伯靈頓自由報》（The Burlington Free Press）分別以醒目的標題"洋基救助中國人"，高度讚揚來自斯萬頓，佛蒙特（Swanton, Vt）的一等兵羅蘭·弗羅德（Roland S. Flood）。他在普韋布洛空軍機場轟炸機墜毀過程中拯救了8名中華民國空軍的生命，而陳培植上尉和程大福中士不幸遇難。

　　由於志願者們找到的那些珍貴老報刊史料影像未能授權發表，以下僅是譯文：

中華民國空軍學員在轟炸機一側貼上了科羅拉多州小姐伊蒂絲哈倫的照片
並標上"科羅拉多小姐的飛機"
（從左到右：徐龢中士，王國南上尉和錢祖倫少校）
他們是第一批到美國學習重型轟炸訓練畢業的機組人員。
（美國國家檔案館，章東磐提供）

錢祖倫少校與他的B–24組員在普韋布洛空軍機場（Pueblo Air Base）
（盧維明先生提供）

兩名中國人在轟炸機墜毀中喪生

普韋布洛（科洛拉多州）：9月9日，普韋布洛空軍基地發生重大事故，一架轟炸機墜毀並燃燒，炸死了兩名中國空軍飛行員。在該機唯一一名美軍航空工程師的幫助下，另外八名中國人安全地從燃燒的殘骸中解脫出來。

一等兵羅蘭·弗羅德（Roland S. Flood）獲得基地指揮官弗農·史密斯上校（Vernon C. Smith）的高度讚揚。墜機事件中喪生的是陳培植上尉和程大福中士。

陳培植安葬在德州布利斯堡國家軍人陵園，墓碑號18E（張勤拍攝）

人們喜歡用"天有不測風雲，人有旦夕禍福"來形容生命無常。可是，作為空軍飛行員，"他們的每一次起飛都可能永別，每一次落地都必須感謝上蒼，他們戰鬥在雲霄，勝敗一瞬間，他們在人類最大的戰爭當中成長，別無選擇。"──《沖天》

B-24J（Liberator）解放者（編號42-51515）轟炸機長錢祖倫，江蘇無錫人，曾就讀蘇州東吳大學，英國皇家空軍大學畢業，航校第五期結業。抗戰時曾參加襄樊戰役，1943年赴美國受訓，那場意料之外的空難中，機長本人也因大火被燒傷。但他並沒有因此放棄，而是擦乾眼淚，鼓起勇氣繼續飛行在抗擊侵略者的最前線。

日本宣佈無條件投降後的1946年5月16日，中華民國政府作為戰勝國，派朱世明中將組成中國軍事代表團，前往東京出席由中、美、英、法、蘇、印等十一個同盟國聯合組成的遠東國際軍事法庭，審判日本東條英機等重大戰犯。

航空委員會和八大隊的領導對物色機組人選問題十分重視，命令迅速改裝一架B-24轟炸機送代表團去東京。

回想1938年，日本侵略者氣焰囂張，在到處烈焰升騰的日子裡，由中華民國空軍1043號機長徐煥升和佟彥博駕駛的兩架B-10B"馬丁"139WC型轟炸機，曾經受命悄然遠征日本九州，投下100多萬份傳單，進行人道主義宣傳，極大鼓舞了中國人民抗擊侵略者的鬥志。

如今，經過艱苦卓絕的抗戰，著名的"紙片轟炸"八年之後，中華民國空軍終於將以勝利者的姿態，駕駛重型轟炸機從上海起飛，昂然直入東京。

錢祖倫少校駕駛的B-24轟炸機　（錢祖倫家人提供）

這次重要任務交給了八大隊33中隊長錢祖倫少校和他的B-24機組成員。由錢祖倫少校擔任機長，劉善本少校任副機長，加上領航員尹士悅上尉，空中機械長汪積成上尉，通訊員朴道釘上尉，護送中華民國軍事代表團去東京。【14.2】

整個審判歷時2年7個月，審理了日軍在侵華戰爭、太平洋戰爭中的一系列暴行，並對南京大屠殺進行了專案審理。

法官梅汝璈擔任中華民國駐國際法庭法律代表團團長，他據理力爭，伸張正義，讓那些發動慘絕人寰戰爭的罪犯們不得不認罪伏法。這場 "世紀審判" 無論在過去和今天，對於我們緬懷英烈、告慰英靈、警示未來，理解和珍視世界和平，都有著極其重大而深遠的意義。

永遠的失蹤者

除了安葬在德州布利斯堡和喬治亞州班寧珀斯特堡軍人陵園裡的52+5=57位空軍之外，還有一名沒有墓碑的中華民國空軍學員，他是消失在亞利桑那州鹿克空軍基地附近沙漠的空軍官校十九期特班學員俞國楨（YuKuo-Cheng）。

出事地點是後來找到的，飛機損毀為4級。這架P-40迫降在亞利桑那州溫特斯堡（Wintersburg），鳳凰城以西80公里。溫特斯堡是美國最大的核電站帕洛維德角（PaloVerde）所在地，即使到2010人口普查時，那地方也才一百多號人，非常荒涼，生還的可能性非常渺茫。熟悉的人都知道，鳳凰城終年日頭高照，氣溫高達四十多攝氏度。即使下雨也是陣雨。九月的亞利桑那，更是炎熱灼烤，一望無際的沙丘如波浪連綿起伏，缺水乾燥，狂風起時無處可循。

志願者黃勇找到一則1945年9月9日《亞利桑那共和報》剪報，鹿克機場為了尋找俞國楨，派飛機四處搜尋，無意中發現了前一年耶誕節（1944）墜毀的另外一架美國人駕駛的P-38。

9月8日，鹿克機場指揮官今天宣佈，去年耶誕節從加利福尼亞州長灘機場飛往德克薩斯州達拉斯的一架P-38失蹤戰鬥機殘骸被意外發現，地點在科羅拉多 Salome 東南32英里處。

這是為了搜索上週四從鹿克機場起飛後失蹤，由中國空軍准尉駕駛的P-40戰鬥機。

一名地面人員報告說那架P-38飛行員的屍體被燒毀了。名字暫不公佈，等待親屬通知。

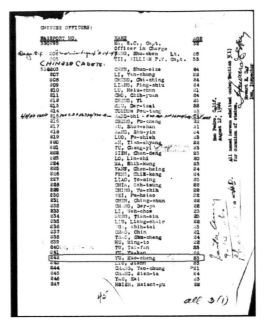

入關記錄：空軍俞國楨與隊友曹樹錚，田國義，卓志元
1944年8月12日同船赴美（黃勇提供）

俞國楨與隊友們的合影（局部），上面有他的簽名（王立楨收藏）

軍方判斷俞國楨駕駛的P-40因故在沙漠迫降之後，本身並未受傷，為了及早走出困境，他做了一個錯誤的決定，那就是試圖走出沙漠。亞利桑那州9月的高溫，況且沒有飲用水……

他沒能走出沙漠，卻走進了歷史……

沒有後繼報導，也沒有留下任何影像，茫茫沙漠無痕無跡，俞國楨失蹤了。"美國航空考古調查與研究"的網站上，中華民國空軍准尉俞國楨是永遠的"MIA"（Missing in Action）。

真是無巧不成書，美國舊金山灣區有位長年研究撰寫空軍故事的作者王立楨，在整理過往收藏的空軍照片時，將其中的一張放到臉書社交網站（Facebook），被黃勇發現了。那張照片上有些簽名，他一一仔細查看，其中一位是"俞國楨"。

黃勇覺得在什麼地方似乎看見過這個名字，可一時又想不起來。

記憶在大腦中的存儲方式很神奇，類似中藥店裡存放各種藥材的小抽屜，相互獨立卻又有一定關聯。有時候，當你千方百計想從那些記憶體中找到所需信息時，又想不起確切的位置。

絞盡腦汁仔細回憶……第二天，終於想起來了！

從電腦裡找出過往資料，他確定相片上的人就是沙漠裡失蹤的俞國楨，立刻通過臉書與之聯絡。

王立楨買下這張照片已經三十多年，上面除了他所熟悉的幾位空軍教官，他並不瞭解其他人，沒想到在他準備將照片捐出去的時候，臉書上居然出現了黃勇，並告訴他空軍俞國楨烈士離奇的故事，我們的讀者在這裡才能看到沙漠失蹤者俞國楨生前的影像。

這個故事，會不會成為王立楨下一本書中的內容？

古人壯言"青山處處埋忠骨，何須馬革裹屍還"。中華民族為抗擊日本侵略者，多年艱苦奮戰，無數先烈血染長城內外、大江南北、異國他鄉、甚至大洋彼岸。

遙望亞利桑那州茫茫群山丘墟，還埋葬著多少無名屍骨？誰來祭奠那些沒有墓碑的軍人？

空軍後人盧維明先生早在尋親初始階段，就在我們"空軍尋親群"裡鄭重提議：俞國楨是赴美殉職空軍中的一員，即使沒有墓碑，我們也應該為他找到親人。

於是，他的名字被列在"尋找戰爭失蹤者"《赴美殉職空軍尋親名單》中第58位。

Yu Kuo-Cheng，俞國楨，空軍官校十九期特班畢業，Chinese Air Force，September 6, 1945，MIA，沙漠墜機失蹤者。

希望他的家人，有機會看到這篇文章，與我們聯繫。也希望所有到德州陵園掃墓的葬美空軍後人，記得為他燃一炷香，獻一束花，告慰烈士在天之靈。

15. 他們都是家世良好

    抗戰時期的空軍飛行員，有一個共同的特點，那就是家世良好，受過高等教育，有著自覺的愛國心。這些空軍烈士犧牲時，大都只有20幾歲，以至於"同年入校，同年畢業，同年犧牲，這種情況在抗戰中極為普遍"。【15.1】

從韓家花園到空軍官校

    身穿航空夾克、年輕英俊的空軍戰士常常會引起人們無限浪漫的遐想，他們的身邊又總圍繞著一群帶著仰慕眼神的姑娘。這種浪漫，除了來自他們碧空遨翔的矯健身影，還來自對生命和明天不可預知的神秘感。

    空軍駕駛員的生命，特別在戰爭時期，短暫而絢爛。他們的每一次起飛，都有可能走向地獄。一次事故，一次戰鬥，也就意味著一個個生命在空中殞落，導致一個個家庭的破碎，留下無數翹首盼望兒孫們歸來的父母和家人。

    為了尋找赴美殉職民國空軍家屬，我們在《空軍官校學員名冊》中找到了對應Han Chiang的中文名字——韓翔（字：光燮）。他出生於民國十年（1921年），祖籍四川東山。經"川軍團"志願者考證，他的故鄉實際是四川江油縣。隨即又發現韓翔的家，居然是四川江油中壩外東韓家花園，一座遠近聞名的江南園林。父親韓子揆和大伯韓子極都是清末留日學生，抗戰時期從韓家花園還走出許多參加不同軍種的抗日志士。

    大伯韓子極從日本留學回國後在南京政府財政部印鈔局當總工程師，當時國民政府發行的那些錢幣應該都是他參與監製的吧？

而韓翔的父親韓子揆早年畢業於日本東京工業大學機械科，專攻水利機械。當過四川省公路局副局長，後任教於四川省立工業學院（至1935年），四川省立成都高級工業職業學校、四川大學工學院。1935年，四川金堂玉虹橋水力發電廠 40 千瓦混流式水輪機也是在擔任工程師兼工務部主任韓子揆指導設計下建成的。勘測、設計、施工、調試、投運所有階段他皆全力以赴。[1]

抗日戰爭開始了！

四川是抗戰大後方，日軍為了迫使中國政府投降，三天兩頭派飛機入川轟炸，試圖通過狂轟濫炸摧毀中國人民的抗戰意志。據相關史料記載，自1938年至1941年，成都多次遭日機空襲，房屋損毀無數，死傷人數達四千多。然而，在中國軍隊的頑強抵禦下，侵略者始終沒能夠從地面，越過崇山峻嶺直接攻打進"陪都"重慶。

大江南北，長城內外，全面籠罩在戰火硝煙之中。為捍衛國土完整、將侵略者趕出家園，許多四川富家學子離開舒適的生活，在國家危難之際請纓出征。韓家花園裡長大的韓翔和幾個同時代年輕人，瞞著家人偷偷離家投入抗日救亡最前線，空軍，遠征軍……各個兵種都有他們的身影。

韓翔投考的是空軍官校十四期第三批赴美培訓。年輕聰慧的他，順利完成學業，取得少尉軍銜，以教官的身份，留在亞利桑那州鹿克機場培訓來自中國的新學員。

非常不幸的是，在一次試飛訓練中，由於飛機突發機械故障，以身殉職。

日期	機型	序列號	中隊	大隊	基地	空軍	失事原因	等級	飛行員	國家	州	地點
440212	AT-6C	42-43849	332SEFTS		Luke Field, Phoenix, AZ		KSF	5	Han, Chiang	USA	AZ	15 Mi SW Luke Field, Phoenix, AZ

1944年2月12日中午11：30，教練韓翔帶領學員李益昌駕駛AT-6C（編號42-43849）在亞利桑那鹿克軍用機場進行例行飛行訓練。

韓翔對駕駛AT-6這種類型的飛機應該十分嫻熟。在他的飛行記錄中，此類飛機的飛行小時數是350:38，過去的90天內共飛了76:30小時，

1.《四川省志.機械工業志》嚴志堯著。

而其他各類飛機全部飛行小時數是586:40。

突然，飛機的巨響驚動了全體地勤和飛行員！

根據《飛行事故報告》，出事當刻，鹿克機場大約有1100多人親眼目睹了這次飛行事故慘狀。一位目擊者報告說，他聽見空中發出刺耳的轟鳴，抬頭發現有架飛機在距離機場一英里處，正以水平方向45角急速俯衝向地面，距離地面2000英尺（610公尺）左右時，機頭又猛然拔起，以45度仰角朝天空飛。就在飛機迅速轉向後幾秒鐘，零零落落不斷有散件往下掉，看上去好像是機翼被折斷了！發動機發出更為刺耳的尖叫聲，飛機急速下墜，落地之前在空中接連三圈翻滾，"轟"的一聲墜地，燃起沖天大火。

目擊者和其他工作人員迅速趕往現場，沒能發現駕駛員和副駕駛有試圖脫離機艙的跡象，他只能協助其他人員設法將飛行員的軀體從熊熊燃燒中的駕駛艙搬出來。

另一位目擊者也提到："看見飛機在落地之前連續滾翻三周。"

可是，沒有任何一位目擊者，能提供確切現場情況，幫助事故調查委員會瞭解飛機向下俯衝之前的狀況。

還有證人在附近的房子裡，聽見飛機馬達賽車般轟鳴，接著發出奮力拔高的聲音，他趕緊跑到屋外，不幸飛機已經轟然撞到地面，烈火升騰沖向天空。

通過收集一系列人證物證和現場調查，由威廉·培彤上校簽署《飛行事故報告》的結論是："飛機機械結構問題導致墜機"。同時也著重提到，飛機的過度操縱，有可能造成機械結構損壞。由此，務必在訓練中提醒每一位教官和學員注意。

血的教訓，讓我們再次瞭解飛行訓練的危險性！

世事無常，回望逝去的歲月，有多少人世間的未知，隨著逝者走進了歷史。轉眼七十多年，隨風而去，真跡永遠掩埋在亞利桑那混沌磅礴的沙丘中，再也無跡可尋，令人不勝感慨。

不過，我們的學員在申請加入空軍的那一刻，哪能不明白千鈞一髮，生死瞬間的含義？為了從空中將侵略者趕出中國，他們義無反顧地選擇了"航空救國"這條道路，用生命踐行了踏入航校時的誓言。

中華民國空軍少尉、飛行教官韓翔安息在德州布利斯堡軍人公墓
墓碑號15E（張勤拍攝）

來自"匯文中學"的抗戰烈士

德州布利斯堡中華民國空軍墓群中，在編號為15F的墓碑正面，雕刻著：SUN YUN HSIA, Cadet, Chinese Air Force, February 7, 1943。

經志願者仔細查詢，證實他是夏孫澐，原籍江蘇江陰，生於1916年。1936年畢業於北京匯文中學，1943年2月7日在美飛行訓練失事，時年27歲。

為什麼他會從江陰到北京上學？何時參軍赴美？相關官校名冊和赴美名單上找不到他任何信息，圍繞他所有的一切，像解不開的謎，時常縈繞在我心頭。

一個年輕的生命，在人間僅存留短短的27年，猶如天空耀眼的禮花，放射出最後燦爛的光芒，隕落了，沒有留下一絲痕跡……

在江蘇南京紫金山北麓，有一座依山而建的紀念館，四周樹木掩映，綠草地嫩綠青翠，這就是"南京抗日航空烈士紀念館"，展館一側，有一面"北京匯文十烈士"紀念牆，他們都是為了抗擊侵略者，保衛祖國的藍天而獻出年輕生命的空軍烈士【15.3】：

滕茂松（1933年匯文中學初中畢業、1936年高中畢業），1937年8月在揚州空戰中殉國，追贈中尉；

宋恩儒（1932年匯文中學高中畢業），1938年1月在漢口空戰中殉國，追贈上尉；

李煜榮（1931年匯文中學高中畢業），1938年在廣州虎門空戰中殉國，追贈中尉；

洪炯桓（1932年匯文中學高中畢業），1938年在廣西柳州空戰中殉國，追贈上尉；

祖萬福（1933年匯文中學高中畢業），1940年在雲南某地殉國，生前為中尉教官；

王自潔（1934年匯文中學高中畢業），1940年10月在四川邛崍空戰中犧牲，追贈上尉；

張秉康（1932年匯文中學初中就讀），1941年冬殉國；

鄂凌翔（1934年匯文中學高中畢業），1942年殉國；

張汝澄（1936年匯文中學高中畢業），1942年殉國；

夏孫澐（1936年匯文中學高中畢業），1943年殉國。

最後一位，就是我們急切想要尋找，犧牲在美國的夏孫澐。

除了以上十名烈士，根據"北京匯文中學"提供的校史資料，還有五位空軍烈士，他們是：

一·翁心翰烈士[2]，桂林前線作戰時日軍的防空火力擊中了他的戰機，腿部也被擊傷。返航途中，油盡彈絕，迫降失事，留下新婚妻子。

二·楊如桐烈士，河北玉田人（1915.6.16-1938.2.24），中央航校第六期畢業，任空軍第五大隊第29中隊少尉本級隊員。在廣東南雄空戰中陣亡。時年24歲，追贈中尉，遺妻趙氏及一女。

三·彭仁忭烈士[3]，山東省德縣人（1913.6 – 1937.8.26），中央航校

2. 見本書第二章"升官發財請走別路，貪生怕死莫入此門"裡提到的最大牌"官二代"。
3. 南京"金陵五烈士"名錄牆上的彭仁忭和'北京匯文十烈士'照片牆上的彭仁忭是同一人。彭仁忭1931年在南京金陵中學就讀初中。是北京匯文中學1935年屆高中畢業生，但他1934年高中未畢業就考入杭州筧橋航校飛行科，航校畢業後留校擔任轟炸組教官。南京金陵中學和北京匯文中學都是"百年學校"，彭仁忭烈士是兩校共同的校友，也是兩個百年中學共有的驕傲。

第六期畢業，任空軍第六大隊第3中隊少尉本級隊員。他在上海完成轟炸日軍的任務後，返航時犧牲在浙江臨安上空，時年24歲。

四·楊季豪烈士[4]，原籍上海，生長北平（1914-1937.10.23），航校三期學員，任中國空軍第八大隊飛行員。歷經眾戰役，功擢中尉。駕駛一架"馬丁B-10B"轟炸機執行完轟炸上海日軍的任務，烈士期望保住這架受了重創的戰機而沒有棄機跳傘，冒死返回南京大校機場，降落時不幸失事。

五·高春疇烈士，河北省南皮縣人，（1917.9.13-1941.7.28）。空軍軍官學校第九期畢業。任空軍第五大隊第27中隊中尉三級飛行員，參加各戰役，積功升上尉。犧牲當日，日本108架轟炸機分五批入川襲擊，烈士所駕駛7237號機隨隊長奮起抗敵，被敵彈擊中，受傷迫降合川，後因受傷過重殉職，追贈上尉，遺有父母。

晚清同光年間，美國美以美教會（The Methodist Episcopal Church）在北京、南京各創辦了一所匯文書院。經過多年的積累與發展，北京匯文中學成為華北名校，其大學部分成為燕京大學前身。【15.4】南京匯文成為金陵大學的一部分，其中學部改名為金陵大學附屬中學，成為江南名校，與北京匯文遙相呼應。各地名流、官員、富商爭相將子女送入其中。這兩所民國時期所謂的"貴族"學校，走出了許多歷史名人，包括幾十名為國盡忠的年輕空軍。

抗戰時，這些年輕飛行員的平均飛行壽命，不到六個月！

為了尋找夏孫澐的犧牲地點，美國志願者黃勇寄來1943年2月8日"韋科新聞論壇報"（The Waco News Tribune），上面有一篇報導：

> 威廉姆斯機場官員宣佈，2月7日下午2:30，在亞利桑那州威廉姆斯機場（Williams Field，Chandler Ariz.）附近墜毀一架雙引擎訓練機，23歲的James C. Shepherd美國空軍中尉殉職，當時他正參與一次常規飛行訓練。

---

4. 楊季豪出征時，把積蓄國幣1500元捐給了清華大學航空工程學專業。全面抗戰時，清華大學併入西南聯合大學。輾轉撤到大後方的西南聯大在安定辦學之後不久，設立了一個"楊季豪先生紀念獎學金"。而楊季豪犧牲時的撫恤金只有540元。可以想見，他省下悄悄捐出的1500元對於平民來說是怎樣一筆鉅款。【15.5】

2019年3月筆者拍攝的北京匯文中學新校址

　　《艾爾帕索時報》（"EI Paso Times"）同時報導了民國空軍學員夏孫澐在威廉姆斯機場犧牲，並提及他的葬禮將於週五（1943年2月12日）上午11點在布利斯堡國家公墓舉行。

SUN YUN HASIA.
Funeral services for Sun Yun Hasia, who died at Williams Field, Ariz., will be held in Fort Bliss National Cemetery at 11 a. m. Friday, under the direction of Kaster and

《艾爾帕索時報》（"EI Paso Times"）報導中國空軍學員夏孫澐
在威廉姆斯機場犧牲

　　仔細檢索"美國航空考古調查與研究"網站，1943年2月7日在威廉姆斯機場沒有找到其他4或5級空難事故，由此估計他們倆是同一次因機械故障空難（Killed in CRash Mechanical Failure）中喪生。

日期	機型	序列號	中隊	大隊	基地	空軍	失事原因	等級	飛行員	國家	州	地點
430207	AT-17	42-133	534 TEFTS		Williams Field, AZ		KCRMF	5	Shepherd, James C	USA	AZ	3 Mi S Apache Junction

　　如果不是國土淪陷，大好河山化為斷垣殘壁，人民慘遭姦淫擄掠，這些出身良好家境富裕的學子們怎麼會年紀輕輕走上不歸路？身為社會

精英階層的他們，完全可以按照父母為他們預設的前程，按部就班地完成大學學業甚至出國深造，在各個學科中有所建樹，成為國家的一代棟樑。他們也本應當收穫自己的完整人生，娶妻生子，享受天倫之樂。

可是，這些年輕人，在國家和民族存亡的危難關頭，選擇的不是他們自己的前程，而是貢獻青春投身抗戰，血灑長空，甚至付出年輕的生命。

塞斯納AT–17（山貓）是在美國設計和製造的雙引擎高級教練機，
在二戰期間用於彌合單引擎教練機和雙引擎戰鬥機之間的差距。
（公共領域圖片）

夏孫澐烈士在美國德州布利斯堡國家軍人墓地，墓碑號15F（張勤拍攝）

國難家仇，從軍殺敵

2018年7月間，年輕的空史愛好者@曆戰豪雄（黃麒冰）又發來一條信息：

> 盧錫基，中央空軍官校十九期學員，原籍廣東中山，民國十年生人。

他根據墓碑上的犧牲日期"12/16/1944，Che Lu-Si"，從《殉職空軍名冊》對應出中文名字：盧錫基。

最初，那些空軍的名字，來自墓碑上的英文名，與中文名相差很大，實在難以甄別。頭腦靈活的黃麒冰發明了"依據犧牲日期對應中文名"，以此類推，居然成功對上不少殉職空軍的中文名！

我們"空軍群"志願者都有一個共性：不願意面對歷史的空白，不辭辛勞地從封存的檔案中尋找蛛絲馬跡，試圖用科學的方法追溯過往，讓真實的證據為歷史發聲。

我們相信：經由時間的淬煉，那些被歷史淹沒的人物終將獲得重新的理解和安放。

根據盧錫基的出生與犧牲日期推算，這位年輕的空軍在世界上僅存留23年。沒有成親，沒有子孫後裔，除了空軍官校十九期名冊，找不到任何關於他的記錄。

英年的他，就像一顆耀眼的流星，滑過亞利桑那州黑暗的夜空，放射出一道耀眼的光芒，從此，無聲無息消失了，留給後人的除了深深的歎息，還有無限的懷念……

因為尋找盧錫基，發現了赫赫有名的盧錫良居然是他的七弟！

盧錫良之所以有名，不僅因為他和哥哥共赴國難，為保家衛國參加空軍，還在戰後成為臺灣著名的黑貓中隊首任隊長，也是任期最長的隊長。戲劇性的是，他參與過冷戰時期台美合作監視中國，多次駕駛美製RB-57A型偵察機深入大陸進行高空偵察，以及策劃和指揮U2偵察機飛大陸。

在盧錫良後來參與編著的回憶錄裡有一張照片，那是弟弟去美軍部隊醫院探望哥哥盧錫基，病床前，不知是谁為兄弟倆拍了一張合影。不幸的是，這張照片竟然成為兩個年輕人最後的合影。

盧錫良在回憶錄裡還記載了那天兄弟倆為報名學轟炸還是驅逐發生過一番爭執。

哥哥堅持去學驅逐，而讓弟弟學轟炸！因為他們都很清楚：戰鬥機比轟炸機飛行員死得快一些！

抗戰期間戰鬥機的飛行任務遠比轟炸機多，他們都想讓對方有更多的存活率，可是，誰也不願意講明原因，彼此互不相讓。

望著兩位年輕飛行員的英姿，想到23歲的哥哥盧錫基未能有機會報家仇國恨，返國與敵人在空中格鬥，卻殞命於風華正茂之時，不免感到無限的惋惜。

這是一張來自美國國家檔案館的照片，標題為"他們將與日本在空中搏殺"。亞利桑那州雷鳥場 ——對於這些民國空軍學員來說，飛行比英語更容易，這就是教練約翰·威拉德需要使用大量手勢來確保他的意圖得到充分理解的原因。
(美國國家檔案館，章東磐提供)

因為尋找盧錫基，找到了弟弟盧錫良，再從盧錫良自己或他人撰寫的幾篇文章中，瞭解到盧家兄弟的身世和他們報考空軍的動機。【15.2】

盧家祖籍在廣東中山縣上柵鄉大金鼎墟，與國父孫中山是同鄉。他們的父親盧兆生，字慶舉，自幼離開家鄉到上海創業，在上海南市高昌廟江南造船廠與人合資開設"海記"木工廠，承包政府及民間各式大小船隻的木工部分，最大的應該是江南造船廠製造的"平海"號，是四千噸位級的巡洋艦，屬於那個年代的巨型船艦。

盧家在上海當屬富裕之家，父親一生娶了四房太太，在閘北區北江灣路172號有一幢自建三層樓洋房，前後花園，妻妾同堂，熱鬧非凡。

盧錫良就讀於上海工部局所屬華童公學，這是上海四所最著名的中學之一。當時工部局的董事只有兩個中國人：一是杜月笙，二是王曉賴，其餘均為英國人。讀華童公學的學生，有時會被國人罵洋奴。盧錫良後來就讀的高中，是上海有名的聖約翰教會大學附中。

在他讀高中時，上海淪陷成為孤島，日本人在租界內外耀武揚威，尋釁鬧事。淞滬戰役之後，日寇一方面繼續向內地挺進，到處姦淫擄殺，另一方面狂轟濫炸，中華大地遭受空前浩劫。

盧家遭到了滅頂之災，先是住房和造船廠被日軍炸毀，半個世紀發展起來中國造船工業毀於一旦，那條基本打造完工，準備向國民政府交貨的"平海"號巡洋艦被炸沉，家裡該收的七萬元現大洋全部泡湯！當時的七萬現大洋約值現在千余兩黃金。盧家一下子淪為貧窮之家，一大家子人要生存，只能靠變賣家當度日，天天排隊和民眾一起去搶購配置物品。

俗話說"福無雙至，禍不單行"，就在這個時候，從雲南騰沖傳來姐姐、姐夫和侄女慘遭日寇毒手的消息。據一位目睹姐姐、姐夫及小侄女被害經過的遠親所述，姐夫被日軍捆在樹上，用刺刀殘酷刺死，姐姐為了逃避日軍施暴，抱著不滿一歲的女兒憤然投江。老父親聞知噩耗，心如刀絞，經不起這一連串的慘重打擊，不久便含恨離世。

家破人亡之痛，讓盧家兄弟義憤填膺！

他們痛恨敵寇之殘忍，不堪忍受家園所受劫難，一心從軍殺敵，報仇血恨。盧錫良與五哥坐船前往香港，在船上結識幾個意氣相投，有著類似遭遇的年輕朋友，得知香港必遭日軍攻打，非久留之地，於是立刻轉道去廣州，經桂林抵達重慶。戰亂奔波，滿目瘡痍，斷垣殘壁，沿途見聞對他們觸動極大。

盧錫良在重慶海關找了一個工作，按理收入挺好，可他無法心安理得地呆在後方。他辭去海關工作，跑到成都報考空軍，一系列體格考試合格後，到昆明入伍，進入空軍官校十八期，被派往美國受訓。他的兩個哥哥也都先後從上海轉輾到內地，可是三哥盧成康因聽力未達飛行員標準，改為中美聯隊的翻譯官。六哥盧錫基比他先考取空軍官校，卻晚幾天到達昆明報到，因此比他低一級，成了空軍官校十九期生。

兄弟倆參加空軍沒有其他想法，就是為了以死報國！1936年創作的《空軍軍歌》是那些不願意做"亡國奴"的年輕人浩然氣節的寫照：

凌雲馭風去，報國把志伸，遨遊昆侖上空，俯瞰太平洋濱，
看五嶽三江雄關要塞，美麗的錦繡河山，輝映著無敵機群。
緬懷先烈莫辜負創業艱辛，發揚光大尤賴我空軍軍人，
同志們努力努力，矢勇矢勤，國祚皇皇萬世榮。
盡瘁為空軍，報國把志伸，那怕風霜雨露，只信雙手萬能，
看鐵翼蔽空馬達齊鳴，美麗的錦繡河山，輝映著無敵機群。
我們要使技術發明日日新，我們要用血汗永固中華魂。
同志們努力努力，同德同心，國祚皇皇萬世榮。

他們和其他赴美空軍學員一起乘坐運輸機飛越"駝峰航線"，被送到印度臘河機場，在那裡先接受基本飛行訓練，然後前往美國亞利桑那州鳳凰城附近的雷鳥機場學習飛行。

不幸的是，六哥盧錫基在雷鳥初級飛行訓練中失事殉職，被安葬在德州國家軍人公墓。

以下是1944年12月16日，盧錫基在雷鳥機場訓練的飛行失事記錄簡要，失事原因為KCR（Killed in a CRash）——墜機喪生：

日期	機型	序列號	中隊	大隊	基地	空軍	失事原因	等級	飛行員	國家	州	地點
441216	PT-13D	42-16927		3040BU	Glendale AAF, AZ		KCR	4	Lu, Si-She	USA	AZ	5M ENE Glendale, AZ

美國志願者黃勇從老報紙網站幫助找到幾篇關於盧錫基在雷鳥機場的空難報導，以下是《亞利桑那共和報》1944年12月17日那篇：

"雷鳥中國飛行軍校學員遇難"——根據戰地指揮官威廉·斯隆（William. P. Sloan）少校發佈的消息，昨天（1944年12月16日）下午3點左右，在雷鳥機場訓練過程中，一名中國空軍學員盧錫基試圖從距離地面不到300英尺的訓練飛機上跳傘逃生，不幸遇難。

空軍烈士盧錫基在德州布利斯堡國家軍人陵園的墓碑，姓和名都拼錯了。
墓碑號 9E（張勤拍攝）

　　雷鳥機場官員表示，官校學員當時正在進行例行的訓練飛行，這架無人駕駛飛機墜毀在第19大道與一條路名為伯大尼（Bethany）交叉口附近的一塊土地上。官校學員的降落傘在他從飛機上跳下後打開，但他的高度不夠。

　　關於該機場的安全記錄，威廉·斯隆少校又稱：每飛行30萬小時，其死亡率不到一人。

　　今天，千里迢迢，我們終於從美國洛杉磯地區找到弟弟盧錫良的家人，得知家人曾經到墓前為哥哥獻花祭奠，願烈士不再孤單，英雄不被遺忘。

愛國鄉紳家的長公子

　　2018年6月4日，《江南晚報》微信公號發佈一篇文章"無錫版《無問西東》！當年他們血灑長空，還有兩位竟葬在美國"，介紹了埋葬在美國的兩位空軍的情況，受到眾多讀者的關注。

　　2018年6月5日，尋親消息出現在《江南晚報》頭版。幾天後，赴美空軍范紹昌的親屬，在無錫出現了！

　　這才知道，七十多年來，范紹昌的親人在大洋的另一邊也在苦苦尋找，終於如願以償。

記者很快與范紹昌的親屬加了QQ好友。

"黃老師，今天看見《江南晚報》尋找無錫抗戰英烈，其中范紹昌是我老公奶奶的哥哥。我們一直聽老太太講她的兄弟姐妹的故事。這個大哥很厲害，後來犧牲了。現在終於知道安葬在哪裡了。"

"啊！太好了！有沒有聯繫方式？我們一直在找他的家人，可是沒有任何消息。"

"就聯繫我啊，我家老太太還健在，94了。"

微信上短短一段對話，讓我激動得熱淚盈眶！

把兩人年輕時候的照片放在一起，范家人
都覺得相似度很高 （范紹昌家屬提供）

歲月流失，斗轉星移，伴著蒼穹的星光忽明忽暗，荒山殘留的飛機碎片無人問及，蔓延的灌木雜草隨著歲月的變遷，掩蓋了這裡所發生的一切……天空，只有鳥兒匆匆飛過；原野，除了呼嘯而過的風，一片寂靜。

在范紹昌離世七十五年後，志願者與范紹昌家人一起，通過越洋微信語音與我聯繫，他們迫切地想知道困惑了范家人幾十年的謎團：大舅飛機失事的原因和安息地。

那次飛行非常詭異。1945年3月14日晚，范紹昌駕駛著AT-6D（編號42-85684），於10:45從鹿克機場出發，獨自進行日常夜間巡航飛行。在沒有全球定位系統（GPS）的年代，夜間飛行危險起伏，連經驗豐富的飛行員都得格外小心。范紹昌義無反顧地起飛了。預計巡航路線是鹿克-羽馬-伯萊茲-鹿克，出發比預定時間晚了半小時，沒有報告異常情況。

起飛後不久，飛機與地面失聯⋯⋯當搜索隊在大角峰山坡上發現飛機殘骸，已經是1945年3月20日下午4點左右。從殘骸散落長達60多米，左翼在地上戳出深坑可見，飛機沖向山坡的力度很強。沒有查到機械故障，駕駛員也沒有與塔臺溝通過。當時的飛機上沒有黑匣子，事故在於飛機本身？還是駕駛員的原因？無可奉告。

《飛行事故報告》還顯示，當天空中飄著濛濛細雨，不知是否影響空中視線而撞山？

范紹昌《飛行事故報告》主頁

黃勇找到1945年3月21日《亞利桑那日報》"發現鹿克機場飛機殘骸"，不過，這篇報導裡，也沒有提及失事原因：

3月20日，兩架鹿克機場失蹤的AT-6訓練機中的一架今天被發現，它撞向距離這裡45英里的大角峰（Big Horn）。

鹿克機場指揮官蘭斯·考爾（Lance Call）上校說，飛行員是一名中國空軍學員，他在3月14日晚上的墜機事故中立即喪生。

這架飛機殘骸，是昨天晚些時候由派出的搜索隊從空中發現的，地面搜索人員已經到達這個偏遠地區。

年輕的空軍飛行員，是藝高膽大的空中英雄，電光火石般劃過天際，稍縱即逝，無影無蹤……

妹妹范克美和她的兒女們懷著激動的心情，屏息凝神，聆聽烈士范紹昌空難調查過程，還錄音保存了下來。

據介紹，范紹昌兄弟姐妹十人，范紹昌排行第四，上面有三個姐姐，下面四個妹妹和二個弟弟。十兄妹中除了范紹昌當空軍，還有一名教師，一名工程師，其他七人都從醫。范家人基因特別好，兄弟姐妹都長壽，長姐范景星活到101歲。范紹昌若不是為抗日當空軍英年早逝的話，估計也能活得很長。

小妹范克美94歲，如今身體還算硬朗，雖然記憶力有些衰退，但對家族的歷史記憶猶新。她說范紹昌眼力非常好，小時候，每次鎮上有集市，會有攤販來擺"套模模"，攤主特別不喜歡范紹昌玩，總是把他轟走，因為他一套一個准。她還說大哥記憶力也特別好，喜歡騎馬，多才多藝。為了反抗日本侵略者，他瞞著家人去報考黃埔軍校，直到被送去美國培訓，才寄照片回家，不幸卻飛行失事。母親經常為這個聰明的兒子英年早逝而傷心，在范家無錫堰橋的老宅中，范紹昌年輕時英俊帥氣的照片一直都在。

范紹昌的父親范平伯，是家中的獨子，從上海復旦大學的前身——震旦大學畢業歸鄉。他懂醫術，周邊的農民找他看病，家境不好的分文不收。范家女兒很多，他曾經還想開一家女子醫院。儘管家中田產、房產不少，但范家懸壺濟貧，是堰橋出名的"大鄉紳"，很受當地人尊敬。

范紹昌的母親姓王，也是大戶人家出身，人長得漂亮，是無錫城牛師弄人，范平伯三天兩頭到城裡老丈人家去。沒料到，抗戰開始不久，日軍空襲無錫城，一顆炸彈落在崇安寺，正在附近的范平伯受了驚嚇，不久就去世了，留下愛妻和兒女。

國仇家恨，使得范紹昌堅定了從軍的決心。他不忍心母親為他擔驚受怕，也怕母子情長受阻攔。於是悄悄離鄉，走上了報國之路。

范家人樂善好施，范克美說，同學中有人交不起學費，家裡就會幫著代交。當年他們在東街上的房子有幾十間，今天的市民停車場原先都是范家的舊宅遺址。1949年後這些房子改建為學校，後來推倒成為停車場。鄉里人都記著范家的好，許多鄉親敢於站出來幫他們說話，認定范家為"開明地主"，才沒有受到太多的政治波及。

這些年，范家人也一直在尋找范紹昌的安息地……

二姐早年去了香港，後到澳大利亞定居，有個女兒在美國，上世紀90年代，她曾經找到舅舅的墓地，還特地去墓地祭奠。記得當時陵園管理人員說："范紹昌，這幾十年終於有人來看你了！"

二姐拍攝了弟弟墓碑正反面的照片，還在墓前抱著弟弟的墓碑流淚，這些照片都被帶回到國內。范家人還請人翻譯了墓碑的英文，但幾次搬家，照片不知所終。

可惜的是，二姐沒有留下陵園的具體地址，她的去世，再次帶走了范紹昌。尋找遠在美國的大哥成了全家人的心病，范紹昌的外甥曾幾次托朋友在美國尋找，回應總是"美國這樣的軍人墓地很多，沒有具體信息無法尋找。"

沒想到《江南晚報》的報導，竟然奇跡般地帶來了親人的消息，讓全家人激動無比！

和范紹昌95歲的小妹范克美相見，大家激動萬分！（張勤拍攝）

"紹昌，我們一定會去美國看望你，在墓前為你獻花，以表示全家人的敬意。"

2018年11月，在趕赴"南京抗日航空烈士紀念館"的途中，我和先生特地在無錫下車，為的是去看望赴美殉職空軍范紹昌的妹妹。

亞利桑那州大角峰山區那片飛機殘骸的照片在眼前晃動……[5]

2018年初接到克雷格先生從鳳凰城發來的郵件時，為赴美殉職空軍尋找家屬還只是一個美好的願望，腳下幾乎無路可尋。幾個月來，通過積極與各界聯繫，在志願者們的幫助下，不僅找到了20多位空軍家屬，此時此刻，范紹昌的親妹妹和家人就站在面前，緊緊握住我的手。

老人的臉上洋溢著歡悅，讓我突然覺得有些恍惚，眼前的一切似夢，卻不是夢……

范家人歷經多少年尋訪，終於再次找回了大哥在美國的安息處。所有范家親戚和我們一樣，激動的心情不言而喻。

滿門忠烈司徒氏

2019年感恩節前夕，居住在加拿大溫哥華的司徒國先生發來一封郵件：

> 我在網路上看到《尋找塵封的記憶》一文，在下方的列表中，得知四伯父司徒潮也名列其中，我想更進一步瞭解在德州El Paso布利斯堡國家軍人陵園的狀況。司徒潮是南京保衛戰殉國司徒非中將的第四個兒子，司徒潮乃是四川銅梁空軍士校六期生，1945年赴美接受中級飛行訓練，於1945年10月25日被鄰機擦撞墜毀殉職。特此來函，欲與聯繫。

真是滿門忠烈！

感歎之餘，第30位赴美殉職空軍家屬找到了!

隨著時間的推移，尋找空軍家屬這項工作，會越來越困難。可我相信，空軍尋親信息隨著網路和圖書的傳播，一定能讓更多的人們瞭解這

---

5. 見第十一章"山坡上那片閃亮的飛機殘骸"。

段歷史。今天，烈士司徒潮家屬聞訊找上門，就是一個很好的例證。

司徒非將軍為國獻身的事蹟以及他們家人這些年回大陸捐獻史料，為後人留下真實的歷史印記，更令人深受感動。【15.6】

> 司徒非（1893年10月15日—1937年12月13日），名榮曾，號非，字嚴克，廣東開平人。1917年保定軍校第六期步兵科肄業。1932年1月，任十九路軍上校團長參加一·二八淞滬抗戰；後任66軍160師少將參謀長，1937年9月赴淞滬前線；同年11月參加南京保衛戰，12月12日壯烈殉國。因骸骨無存，抗戰勝利後曾於廣州白雲山山麓建有衣冠塚，被國民政府追授為陸軍中將。犧牲時任國民革命軍陸軍第66軍160師參謀長。

南京城被日軍攻破後，鬼子進城大開殺戒，任意宰割無辜平民，製造了震驚中外的南京大屠殺慘案，進而肆無忌憚地對中國領土吞食、霸佔……

緊接著，太平洋戰爭爆發，香港淪陷，深明大義的寡母將五個兒子全部送到軍校，長子，二子參加陸軍軍官學校，三子和五子進航空技術學校，四子司徒潮在香港初中畢業後成為四川銅梁空軍飛行士校六期生，後轉為空軍官校二十二期特班赴美受訓。

四川銅梁空軍飛行士校位於重慶市銅梁縣舊市壩。抗戰期間，空軍官校飛行學生招生不足，1937年底"空軍航委會"決定成立"飛行士校班"，以國內初中畢業生為招生對象。不過據說，不論是官校還是士校，要被錄取，要緊的似乎不是"學歷"，也沒有什麼認真的書面考試，但必須通過一套嚴格的體格檢查。每次報考空軍的考生幾千人，通過體檢被錄取的通常只有幾十人左右。

當時空軍士校有一首激蕩人心的校歌：

> 錦城外，簇橋東，壯士飛，山河動。
> 逐電追風征遠道，撥雲剪霧鎮蒼穹。
> 一當十，十當百，百當千，艱難不計，生死與共。

進入銅梁空軍士校校區的大路入口立有兩根門柱，上刻著一副對聯：
"民族復興路，空軍第一關"（中國飛虎研究學會網站）

一當十，十當百，百當千，碧血灑瀛海，正氣貫長虹。
我們是新空軍的前衛，我們是新空軍的英雄。

奮進，奮進，掃蕩敵蹤，保衛祖國領空。
奮進，奮進，粉碎敵巢，發揚民族的光榮。

尚存的"空軍士校"老兵告訴志願者，這副對聯有兩個特殊的意義：

第一，要想成為空軍男兒，進入此門是第一個考驗，結訓完畢時，還有不幸的同學會被淘汰。

第二，想要讓我們中華民族復興，必先要發展空軍，沒有空軍，國家怎能不被欺凌。

"空軍士校"的學習非常艱苦，建校時正是抗戰最艱難的時期，進入"空軍士校"的，都是抱著為國捐軀的壯志。學員和教官們都知道，當時的空軍已經損失了大部分的飛機和飛行員。空軍的存亡，國家的希望，寄託在這些學員的身上。

我把美國志願者找到關於司徒潮的一些史料，包括（1）當地報紙關於空難的報導，（2）官校二十二期特班赴美入關記錄，（3）《死亡報告》，（4）1941年司徒潮在香港參加童子軍記錄，（5）墓碑照片等，鄭重轉交給烈士的家人，同時詳細告知德州布利斯堡軍人陵園的地址，還把"湖南龍越"近期組織殉職空軍家屬到德州舉行集體祭奠活動的視頻一併發給司徒潮的侄子司徒國。

《亞利桑那州共和報》1945年10月26日（週五）關於鹿克機場兩機相撞事故有一篇報導：

> 鹿克機場10月25日
>
> 鹿克機場指揮官霍華德.J.貝克特爾上校宣佈，週四下午兩架AT-6訓練飛機的空中相撞中，一名飛行員喪生，另一名成功跳傘。
>
> 飛機墜毀發生在維肯堡西南約20英里處。
>
> 跳傘的飛行員的額頭略有瘀傷。兩人都是中國航空學員。他們正參加常規編隊演習訓練。死亡飛行員的姓名將被保留，以待通知其親屬。
>
> 已組成"事故調查委員會"調查這起墜機原因。

這是1945年10月25日，司徒潮在鹿克機場參加飛行編隊撞機而棄機跳傘犧牲的記錄（BOMAC - Bailed out due to Mid Air Collision）：

日期	機型	序列號	中隊	大隊	基地	空軍	失事原因	等級	飛行員	國家	州	地點
451025	AT-6C	41-34327		3028BU	Luke AAF, AZ		BO-MAC	4	Sze, Ti-Chien	USA	AZ	20M SSW Wicken-burg, AZ

年輕的軍人，與母親和家人匆匆一別，竟成永訣……

空軍戰士司徒潮繼承父志，投身到救國救難的抗日戰爭，用年輕而寶貴的生命，為祖國、民族書寫了光輝的一頁。

德州布利斯堡國家軍人陵園中的司徒潮烈士墓，墓碑號1E（張勤拍攝）

16. 空軍隊列裡的愛國華僑

為自由而飛行

尋找空軍抗戰歷史的過程中，非常幸運地，我在美國舊金山灣區找到幾位抗戰空軍老兵。

> 為了自由，你們不怕犧牲自己。為了打倒法西斯，你們不分國籍、種族、信仰和貧富忘死戰鬥，給後人創造一個美好的明天。我們被你們的崇高行動深深的感動。
>
> ——《為自由而飛行》朱安琪筆述
> 空史研究者鄭立行編輯

朱安琪是美國出生的第二代華僑，父親朱忠存來自廣東臺山，畢業於北京大學。

1920年，父親受邀來美國加州出任中華學校首任校長。他積極支持孫中山先生"航空救國"的號召，組織愛國熱血青年，成立"飛鵬學會"並擔任會長。朱安琪從小在中華學校學中文，中英文皆通。

"九‧一八"事變驚震中外，全美各城市愛國華僑群情激憤，紛紛捐錢、捐飛機、學飛行……在波特蘭、舊金山、芝加哥、底特律、紐約、匹茲堡、波士頓等華人聚集的城市，先後成立不同規模的航空學校。

"美洲中華航空學校"於1933年7月在舊金山華埠成立，朱安琪的父親身體力行，以50飛行小時成為該校第一屆畢業生。在父親的言傳身教下，從1937年中日戰爭開打，14歲的朱安琪每天下午放學後跑到航空學校學習飛行，1938年十五歲時獨自駕機上天。

1939年4月，第三屆學員畢業，其中包括28名飛行生，17名機械生。

時局非常危急，日本已經佔領了中國半壁江山，中國急需空軍！空軍！

全部華僑飛行生決定分兩批回國參加空軍。

朱安琪因年齡太小，不得不虛報歲數，在父親的支持下買了一張單程機票，獨自經夏威夷回國。1939年8月他在香港與先期回國的同學匯合，輾轉越南再到昆明。通過了美國教官的考核，直接進入空軍軍官校第十一期中級班受訓，成為空軍裡最年輕的飛行員。

我們的身體、飛機和炸彈，當與敵人兵艦陣地同歸於盡。

面對空軍官校的校訓，這些愛國華僑青年完全將生命置之度外，投身中國抗戰，參加嚴格的飛行訓練，準備在空中與日寇拼死一搏。

1940至1941年是中華民國空軍所遇到最困難，也是最黑暗的時期。幾年空戰打下來，兵員犧牲無數，飛機也多遭摧毀，餘下那些陳舊破損的戰機根本敵不過日本的先進裝備。終於熬到1943年7月，各大隊開始裝備美製戰鬥機P-40以及後來的P-51，加上美國第14航空隊的進駐，還有那些在美國完成飛行培訓，陸續歸來的空軍飛行員補充到各大隊，才壓制住日本空軍不可一世的氣焰。

愛國華僑朱安琪，十六歲回國參加空軍，空軍官校十一期畢業，空軍四大隊上尉飛行員
（朱安琪提供）

從1942到1945年8月，朱安琪與戰友們共同出擊，經歷大小戰役72次，直至日本宣佈無條件投降。在那激情燃燒的歲月裡，他遭遇過許多次危險，幾乎壯烈成仁，身邊戰友先後為國捐軀，而他能活著飛回來，心裡有說不出的難過。

朱安琪一直認為對日作戰的那段時間是此生最值得回憶的日子，說自己"是戰場上活著回來的幸運兒"。

永遠的空軍上尉朱安琪 （李春峰拍攝並提供）

每當回憶過去，現居舊金山的朱伯伯總是深情地說："那時候，明知前面是一條不歸路，我們唯一的目的就是要將日本侵略者趕出去，解救全中國人民！"

他怎麼會忘記，那些從海外回到祖國參加抗戰的熱血青年，他們中的許多人被永遠留在了殘酷無情的戰場上？

眼看身邊的戰友相繼犧牲，我們的空中勇士除了擦乾眼淚繼續飛行，別無選擇……

華僑空軍埋葬在美國

在德州發現的52名受訓殉職空軍中，有幾位和朱安琪一樣，也是義無反顧地回到山河破碎的祖國，投入抗戰前線的歸僑，在美國飛行訓練的過程中，不幸駕機殉職，被永遠留在了美州大陸。

這些愛國華僑空軍的名字銘刻在德州布利斯堡國家軍人陵園墓碑上，值得我們後人永遠緬懷。

英文名	軍銜	中文名	出生年	原籍	空軍官校	去世日期
Chen, Han Ju	准尉 (Sub Lieut.)	陳漢儒	民國七年 (1918)	廣東東莞	14期第三批	03/27/43
Shu, Ming-Ting	准尉 (Sub Lieut.)	許銘鼎	民國十年 (1921)	福建海澄	16期第七批	03/16/45
Feng, Louis	上尉 (Captain)					08/03/46

到目前為此，我們尚沒有找到關於Feng, Louis上尉的任何信息，有關他的中文名，出生年月，原籍，官校及赴美期數全部都是空白。

　　不過，那次重大的空難事故報告找到了。上尉Feng, Louis和另外兩位，空軍准尉劉萬仁和中級班學員陳文波，以及三位美國空軍在同一架飛機上遇難。[1]

　　駭人聽聞的墜機事件發生之後，各大媒體的報導只提到兩名中國空軍遇難，因為上尉Feng, Louis的名字看似像美國人。不過，我們從空難報告和墓碑篆刻可見，上尉Feng, Louis確實是一名Chinese Air Force。

　　他的家人或許永遠不知道這位年輕人的命運，也沒有人會知道他曾經承受過什麼。可我還是希望有一天，他能像其他赴美殉職空軍一樣，活生生地出現在大家的視線裡……

上尉 Feng, Louis 安息在美國德州布利斯堡國家軍人墓地，墓碑號14D
（張勤拍攝）

　　有關另一位華僑殉職空軍陳漢儒（英文：Chen, Han Ju），盧維明先生從臺灣《空軍忠烈表》找到了關於他的一些資料：

　　陳烈士漢儒，廣東省東莞縣人，中華民國八年五月五日出生在千里達及托貝哥國（現翻譯成千里達及多巴哥）。在空軍軍官學校

---

1. 見第十七章"亡者的幸運，後人的虔誠"其中的一段"哥哥，我們想帶你回家"。

十四期畢業，任空軍官校准尉見習員，派赴美國深造。

民國三十二年三月二十七日，烈士在美國亞利桑那州馬里科帕縣（Maricopa）鹿克機場駕機練習飛行，失事，殉學。遺有父母。

美國志願者李忠澤根據這批學員的入關記錄，查到陳漢儒1919年5月5日生於Port of Spain, Trinidad, British West Indies （中文譯為：英屬西印度群島的千里達的西班牙港），他在1942年入關記錄上登記的連絡人住在千里達。

根據陳漢儒出生到駕機殉職推算，犧牲時他才24歲。飛行失事原因是KCRGC（Killed in Ground Collision），即與地面相撞殉職。

日期	機型	序列號	中隊	大隊	基地	空軍	失事原因	等級	飛行員	國家	州	地點
430327	P-40F	41-13650	543 SEFTS		Luke Field, AZ		KCRGC	5	Chen, Han-Ju	USA	AZ	Luke Field, AZ

CHEN HAN-JU   **Age 22**

Tall, young, handsome boy who speaks good English with a Trinidad accent. Loves driving cars with nice girls, too! But likes snakes better than he likes the Nipponese.

空史研究者于岳從空軍官校十四期第三批赴美學員名冊找到陳漢儒的照片（譯文）高挑，年輕，英俊的男孩，英語中帶有千里達口音。也喜歡帶著漂亮女孩一起飆車！但喜歡蛇勝於喜歡日本人。

陳漢儒葬於美國德州布利斯堡國家軍人陵園，墓碑號13F（張勤拍攝）

黃埔軍校中的印尼華僑

為了搜尋第三位埋葬在布利斯堡國家軍人陵園裡的華僑空軍許銘鼎，居然讓我找到了一段黃埔軍校鮮為人知的史實。

1940年上半年至1941年初，日本侵華戰火愈燃愈烈，中華民族抗日戰爭全面鋪開，國家安危處於極其危難時刻。國內外同胞同仇敵愾，抗日情緒日益高漲。為報效祖國，海外各城市掀起了從軍熱潮，許多華僑青年學子從印尼、越南、泰國、緬甸、菲律賓等南亞國家，奮不顧身回國請纓殺敵。

黃埔軍校總共招收了一千多名華僑，分批回國入伍。入伍期滿後，華僑入伍生改為中央軍校四分校華僑學生總隊。後來，為了保持黃埔軍校延續下來的期別和番號，1941年華僑總隊改稱為中央軍校第四分校第十七期二十六總隊，以迄至全部學生畢業。

《黃埔軍校中的印尼華僑》【16.1】中提到：

> 黃埔軍校中的印尼華僑學生有多少？鑒於史料的缺乏難以統計。但從已公開的資料，至少有40餘人。他們是彭嘉衡、朱雲卿、林金珠、陳英傑、林川、劉慶仁、李德源、韋瑞陶、楊春閔、鐘國良、何茂生、賴超群、田小橫、朱淑夜、李心機、梁志堅、楊瑞山、王國良、蔡水安、魏鳳章、梁英賢、朱諏銘、楊方石、陳為全、吳雲從、黃德禧、饒耿華、黃富錦、陳廁勳、陳錫銓、俞藝順、陳齊利、許銘鼎、黃偉正、黃興祥、張國良、溫登祿、林凱淼、梁月波、陳啟明、陳正等。
>
> 1942年，華僑總隊同學學成畢業，正值抗戰中期，戰爭進行激烈之際，部隊急需要幹部補充，大部分同學分發到陸軍各野戰部隊，馬上投入戰場，為抗日作戰而犧牲奮鬥，有的成功，有的成仁，都表現了革命軍人的本色及華僑愛國的情操。另有兩百位左右的同學被選到貴州息烽所設的訓練班，接受特種訓練，期滿後大都潛入南洋各自僑居地，去作敵後工作。

在《黃埔軍校第十八期轉學同學錄》裡，找到了空軍學員許銘鼎：【16.2】

隊別	姓名	籍貫
炮二隊	許銘鼎	福建海澄（荷屬東印度爪哇泗水，印尼華僑）

許銘鼎轉入空軍官校十六期第八批被派往美國學習飛行，不幸於1945年3月16日在一次飛行訓練中喪生，失事地點距離奧克拉荷馬市6英里。

《奧克拉荷馬日報》報導了這次飛行事故：

威爾羅傑機場中國實習生死亡——中國空軍學員試圖靠單發動機迫降著陸，可是沒有成功，星期五下午在威爾·羅傑斯機場以北一英里處機毀。

根據指揮官約翰·保德爾上校，駐扎在該機場參加訓練的許銘鼎少尉在此次墜機事件中不幸死亡。

"美國航空考古調查與研究"（USAAIR）網站有關這次飛機失事原因：

日期	機型	序列號	中隊	大隊	基地	空軍	失事原因	等級	飛行員	國家	州	地點
450316	F-5E	44-24530	3TRD		Tulsa AAF, OK	3	KCRL	4	Hsu, Ming Ting	USA	OK	6M SW Oklahoma City, OK

許銘鼎所駕駛的飛機型號F-5E是P-38的改進版，民國空軍學員在訓練中發生過多次事故，尤其在十六期第七、八批學員中。

沒有想到許銘鼎也是其中的一位殉難者！

一個年僅24歲的華僑空軍，在遼闊的奧克拉荷馬機場，隨著飛機著陸那一瞬間，轟然化為灰燼……

留下多少未盡的事業？生活中，他有沒有遇到過心愛的人？是否品嘗過甜美的愛情？遠在印尼的父老鄉親們得知他的死訊會是如何的悲痛？他們是否知曉自己的親人埋葬在德州布利斯堡軍

《空軍忠烈表》中的
許銘鼎遺像
（志願者黃麒冰提供）

人陵園？

美國志願者黃勇看到我在"文學城"博客發表的"二戰空軍航校裡的印尼華僑們"，其中提到許銘鼎，特別發來郵件：

假設他的家人在印尼獨立後沒有離開，由於印尼排華政策，基本上50歲以下的華人都不懂中文，尋找就更難了。家鄉海澄倒是可能找到同宗的家族成員。比如我爸，他已經是第三代印尼出生的華人（1937蘇門答臘出生），基本上在家鄉南安都只是100年前是一家那種親戚關係。2000年代父母在福建做生意時，特意去尋祖，好像找到祖先的那一條村，但由於年代已經久遠，村內長者說都對不上族譜了，所以只能在祠堂拜了一下祖先算是認祖了。

是啊，許銘鼎的離去，讓我們驚覺"死亡"的真實與殘酷，也留下一個語焉不詳的故事，一連串的問號反復浮現，寄託著對逝者無盡的哀思。

八年抗戰，更是一段沉重的歷史，有多少華僑空軍英雄為此折翼？

我只想對他說：許銘鼎，我們沒有忘記您和所有愛國華僑的義舉！正是你們為祖國所付出的犧牲，才給後代換來今天安定的生活環境。下次有機會重訪軍人陵園，我一定會在您和其他軍人的墓前再次獻花，以示哀思。

英雄雖遠去，福澤延綿，逝者在天堂中將得以永生……

歸國華僑空軍許銘鼎安息在美國德州布利斯堡國家軍人墓地
墓碑號6E （張勤拍攝）

17. 亡者的幸運, 後人的虔誠

永遠的軍魂

八年抗戰，中華兒女浴血疆場，原籍來自廣東興寧的就有85位抗日將領和大批愛國將士，空軍少校陳衍鑒是其中的一位。

> 校尉級抗日軍官則難於統計，他們血灑戰場，貢獻巨大。其中，林茂連（連長）、陳拔雄（上尉）、王家珍（上尉）、陳衍鑒、劉佑寰（少校）、黃茂松（中尉）、盧世鐘（中尉）、王志英（少尉）等都是貢獻卓越的知名烈士，萬古流芳。【17.1】

據記載：陳衍鑒1918年2月18日出生，廣東興寧城鎮北街道陳屋人，是菲利賓歸僑陳輔南之子。早年在衙背正小學讀書。1937年春，前往南京，投靠當時擔任軍政部軍械司長的胞叔陳宇飛。

抗日戰爭爆發後，面對實力懸殊的戰爭，他毅然投筆從軍，考入航空學校第十二期，接受飛行訓練。

1941年，作為空軍官校第一批嚴格挑選出來的赴美飛行員，陳衍鑒前往美國深造。經過一系列艱苦鑽研，出色完成戰時飛行訓練的各項任務，畢業時這批受訓空軍獲得美國總統羅斯福的嘉獎。

戴爾·馬布裡機場位於佛羅里達州達拉哈西，蔚藍的天，湛藍的水，陽光沙灘，無敵海景，是世界上最完美的地方。如果不是可惡的戰爭，家園被強盜侵佔，帶來硝煙和殺戮，人們原本過著各自寧靜的日子，那該多好？

然而，因為戰爭，中華民國空軍來到了這裡，挑戰最難駕馭的P-39

（空中眼鏡蛇）。

1942年5月10日，隸屬於 311PS 大隊的陳衍鑒駕駛 P-39D 驅逐機，編號為41-7007，在佛羅里達州戴爾·馬布裡機場進行回國前最後一次練習。未料在距離機場4英里處因油量存儲為零，迫降失速（KFLoG-Killed in a Forced Landing out of Gas），不幸壯烈犧牲。

我從"美國航空考古調查與研究"（USAAIR）網站找到關於陳衍鑒飛行失事簡記：

日期	機型	序列號	中隊	大隊	基地	空軍	失事原因	等級	飛行員	國家	州	地點
420510	P-39D	41-7007	311PS	58PG	Dale Mabry Field, Tallahassee, FL		KFLoG	5	Chen, Yen-Chien	USA	FL	4 mi WSW of Dale Mabry Field, FL

陳衍鑒被安置於美國喬治亞州班寧珀斯特堡軍人公墓，空軍總部呈報民國政府批准，追認陳衍鑒為抗日烈士。[1]

"中國飛行員在墜機事故中喪生，事故原因仍未查明"，這是當地報刊《達拉哈西民主報》（Tallahassee Democrat）在出事的第二天，1942年5月11日對於此次空難事故的報導：

> 昨天，一架P-39驅逐機在該市西南幾英里處墜毀，殉職駕駛員是在戴爾馬布裡（Dale Mabry）機場訓練的中國飛行員陳衍鑒中尉。
>
> 事故原因尚不清楚，戴爾馬布裡機場公關人員今天說，但表示即將任命一個調查委員會。
>
> 駕駛員今年23歲，原籍中國廣東。事故發生在昨天下午4:30左右。
>
> 今天下午4點將在莫爾·富爾克森（Mul Fulkerson）和瑪律波夫（R. P. Malboeuf）的庫利（Culley）教堂舉行軍事葬禮。該服務將是非宗教的，逝者將被安葬在班寧珀斯特堡陵園。

"南京抗日航空烈士紀念館"中國烈士名單中也有他的名字：

---

1 見第十五章"'空中眼鏡蛇'的厄運"。

陳衍鑒（1918－1942）廣東興寧　　民國九年1942美國學習於58大隊部隊訓練飛P-39戰機失事殉職。

　　這是中華民國空軍抗戰歷史上最攝人心魄的一張留影！

　　空軍官校第十二期第一批赴美空軍學員在亞利桑那州鹿克機場高級班畢業照（白十字陣亡/殉職，紅十字病故），他們曾經個個都是我國空軍驍勇善戰之虎將。

　　陳衍鑒是標著白十字的烈士之一，犧牲後安葬在美國喬治亞州墓園。這位空軍勇士，再沒有機會回到祖國與日寇空中鏖戰。

　　他也是千千萬萬慷慨赴死的忠臣孝子中的一個，為挽救國家存亡挺身而出，希望大家能瞭解他，記住他，相信歷史必將永遠銘記這些為國捐軀的抗戰英烈！

十二期第一批留美空軍學員在亞利桑那州鹿克空軍機場（Luke Field, AZ）
（空軍官校十二期第一批陳炳靖先生珍藏）

陳衍鑒烈士的父輩是梅州興寧陳屋村華僑。據瞭解，陳衍烈的近親，除了早先去臺灣，在五、六十年代因政治環境陸續離開家鄉，再無音訊。

尋找陳衍鑒的親人幾乎到了"山窮水盡"的地步……

可是，關愛抗戰老兵廣東團隊志願者江宏章沒有放棄，2018年8月19日，他在參加完興寧抗戰老兵聚會之後，按照當地幾個比較大的陳氏家族名單，挨家挨戶去尋找安葬在美國的廣東籍空軍陳衍鑒烈士的親人。

為了能讓烈士英魂歸鄉，他顧不上酷暑與辛勞，沿著腳下若隱若現的蹤跡，探訪一個個撲朔迷離的村落，一路詢一路問……想必一定是志願者的執著感天動地，居然讓他找到了陳烈士的堂侄陳麟！

烈士陳衍鑒無兒無女，當年訂婚的姑娘早已遠走印尼，最親近的是叔叔陳宇飛中將，國民革命軍軍政部軍械司司長。陳宇飛中將的兩個兒子分別在臺灣和澳門去世，後人多年沒有聯繫。

志願者江宏章找到的陳麟先生應該是陳衍鑒的第三代親人。

不知該如何感謝萬能的互聯網，就在這本書即將完成之際，我又在網上發現陳衍鑒烈士的侄子陳京松發表在搜狐網站的博文"我長輩中分屬國共的四位軍人"。【17.2】

陳京松的大伯陳衍鑒是家裡的長子，陳家長輩出了國共兩黨四位軍人，陳京松的父母參加共產黨軍隊，大伯和七爺則是國民黨軍隊的軍人。陳宇飛將軍就是七爺。

> 七爺的經歷曲折傳奇。廣州黃埔軍校的紀念牆上，有黃埔各期教官和學員的名字。第四期教官名單中的陳隱冀，是我祖父的七弟，我的七爺。他又名陳宇飛。
>
> 1917年，他考入雲南講武堂，為第十二期學員。不久，被保送到日本士官學校炮科深造。回國後，任黃埔軍校少校教官。他調任潮州分校期間，參加了兩次東征。他指揮的炮兵，轟開了陳炯明固守的營壘。
>
> 北伐中，七爺陳隱冀升任炮兵團長。此時，他結交了國民革命軍總政治部主任周恩來。二人曾同吃同住。我的大伯去看七爺時，見到他與周恩來住在同一房間，一人一張行軍床。

抗戰時期，陳隱冀任廣州行營總務處處長。他在軍政部任職時，提升為中將。此時，他將我大伯陳衍鑒送入航空學校。我大伯犧牲後，七爺萬分悲痛。他說："哀莫過於鑒仔壯志未酬身先死啊！"

戰時通信困難，家裡一直沒有陳衍鑒的音迅。沒想到，收到的第一封美國來信竟是殉職通知書！

不久，政府寄來撫恤金，陳家一直領到50年代……

當陳京松的父親收到美國朋友丹尼的來信，得知大哥埋葬在喬治亞州美國軍人公墓，時光已飛逝50多年。熱心的丹尼還通過有關部門找到了陳衍鑒的照片、電影片拷貝和遺物。他在信中說：陳衍鑒畢業後，在回國前最後一次飛行訓練中，他駕駛P-39戰鬥機，在佛羅里達州上空巡航失事，年僅24歲。

他還告訴家人，烈士犧牲後第二天，空軍基地舉行了隆重的葬禮。

終於回到了親人的懷抱！

蓉城蜀風園園長，四川志願者王虹突然發佈一個大快人心的消息："李益昌家屬已經確認！家屬願意去美國參加集體祭奠。"

"真的？！"好消息突如其來，大家將信將疑。

看到王虹轉發李益昌家屬的一段文字，海峽兩岸以及美國志願者們喜出望外：

李安女士、王虹女士等志願者，祝大家國慶日快樂！從2018年8月5日央視播出"等著我"節目至今已經二個月。是你們的辛勤工作喚起了我們對大哥李益昌的深深懷念。由於經歷時間久遠，加之當年信息發佈者存在關鍵錯誤，致使我們在彼此接觸後未敢貿然認可。信息在其他部分則是正確的，這點請你們理解。現在，我們通過一段時間和多管道的查證後，認可信息中除某些錯誤以外大部分是可信的。至此，我們再次對你們工作表示深深的敬意與謝意！並請告知你們後續的安排。

"頑固不化"的家屬（很抱歉！在這裡恕我不恭）突然願意認親了？

連與他"糾纏"很久的王虹都驚奇，"可能……還是親情吧？"

看到空軍尋親群裡的志願者們發出一連串"歡呼跳躍"，一向沉穩的盧維明先生也忍不住發來熱情的祝賀："@王虹-蜀風園園長，皇天不負苦心人，精誠所至金石為開。贊！"

正高興呢，突然意識到：天大的喜事，王虹怎麼擱了一個多月才告訴大家？

"被折磨得麻木了！"古道熱腸、為人直率的王虹不得不承認"最近那麼忙，還是冷處理一下好。"

很長一段時間裡，美國志願者李忠澤與王虹根據所能找到的史料，耐心地與家屬一遍遍核對烈士出生地、出生年月和父親姓名（三個字全對上！），但家屬就是不肯接受！

如今，得知"家屬終於認親"的消息，耿直的李忠澤說了一句真心話："我不知該哭還是笑？"

隔著手機，看不到他的表情，可我不難想像從長久的無奈等待，到出其不意的狂喜，帶給他是一種什麼樣的突兀？

為赴美殉職空軍尋找家人，常常就像親歷一本偵探小說，時而跌宕起伏、時而峰迴路轉。且不說尋親線索曲曲折折，即使找到了家屬，還會遇到些麻煩。有些是你認他（她）不認，還有是他（她）認你不認。

為了幫助李益昌的幾個弟妹們認親，為了烈士李益昌能夠回家與親人們"團聚"，志願者王虹親自上門，"叔叔"、"阿姨"一個勁兒地叫，叫得人心都碎了！

……

1944年2月12日中午，空軍高級班學員李益昌和教練韓翔駕駛編號為42-43849的AT-6C，在亞利桑那州鹿克軍用機場進行例行飛行訓練（韓翔的飛行員編號為293，李益昌是602），不幸突然飛機在空中解體墜落。當救援人員火速趕往現場，已經回天乏力，韓翔和李益昌雙雙犧牲在熊熊燃燒的機艙裡。[2]

兩位殉職空軍被安葬在德州軍人陵園，和其他許多空軍將士在一<u>起，七十多年沒有親人來看望他們。</u>

2. 韓翔，四川江油人，空校十四期第三批赴美學員，見十五章"從韓家花園到空軍官校"。

烈士李益昌墓碑上刻的名字卻是Lee，Wei Chang。

墓碑信息量很小，志願者經過各種資料的比對，最後確定這位Lee，Wei Chang其實是李益昌，空軍官校第十六期學員，來自江西撫州南城。

新浪江西網 > 新聞頻道 > 江西信息 >首頁發出一篇尋找空軍家屬的文章"這名南昌籍抗戰飛行員埋骨美國七十三年，誰來帶他回家？"

李益昌家人也從電視上看到為空軍尋親拍攝的"等著我"，激動萬分，立即通過央視與志願者聯繫。

找到失散幾十年的大哥，本來是喜事一椿！

萬萬沒有料到，因墓碑名字的拼法與李益昌的實際拼音不符，記憶中的犧牲年月及失事地點也不一致，家人拒絕認親，無論志願者苦口婆心，怎麼解釋都無濟於事！

"川軍團"志願者王虹是著名企業家，譽滿蓉城的蜀風園就是她一手創辦的。可是，在尋親的路上，我們的女強人幾度淚奔，為空軍烈士李益昌回不了家而痛心不已。她還想方設法邀請媒體記者一起上門去說服老人，可是老人們就是固執己見。

不得已王虹使出最後一招，把我邀請到微信群，試圖讓我出面幫助打動老人"堅硬的心"。

這是老人家發來的問題：

我們的主要疑問是：

1.我們家兄弟姐妹共八人，仍在世的是四人，其中年長的哥哥今年九十，身體健康。我們的一致記憶是，李益昌大哥是逝於洛杉磯，而且當年父母及二哥留下的信息也是在洛杉磯，所以請李安女士能否查詢當年洛杉磯空軍基地及洛杉磯公墓的記錄？

2. 如果說德克薩斯州的墓碑李偉昌（Lee Wei_Chang）是我大哥的，我們認為錯誤是可能的，但我們不能根據"可能"就認定，需要有其它信息來證明。所以希望有鹿克空軍基地當年李益昌在該基地的檔案信息，包括作為學員檔案中的名字、像片、出生年月、籍貫的影本等，以及學員活動的其他記錄。

3.我大哥肯定不是出生於1923年。

4. 如果李益昌與韓翔是在同一次飛行中犧牲的，按理說二人的墓穴應是處於相近位置！韓翔墓碑在何位置？

5. 如果確認為現有Lee, Wei_Chang墓碑是我大哥的，我們後人在心裡上是接受不了錯誤的墓碑的，能否更改W為正確的Y？

以上疑問解決要煩請李安女士勞神！在此我代表我家族向她表以深深的敬意！當然所需費用我們會承擔的。再次謝謝你們團隊！

W和Y一字之差，讓我們的志願者磨破了嘴皮，好心酸！

為了能夠說服家屬認親，我仔細查詢《飛行事故報告》，看到兩位飛行員名字，Lee，Yei-Chang和Han，Chiang，與李益昌和韓翔完全吻合！

志願者李忠澤工作之餘費神費力找到了失事當日報紙上的訃告以及入關記錄，上面都是Lee Yei Chang。1943年6月22日第七批空軍離開孟買，1943年7月26日到達紐約的入關記錄上也有Yei-chang Lee的名字。

在我收藏的空軍墓碑記錄中，李益昌和韓翔的墓碑號是14E和15E，說明他們倆的墓穴相鄰。

李益昌的墓碑上刻的是Lee, Wei Chang, 犧牲日期1944年2月12日, 沒有埋葬日期, 墓碑號14E （張勤拍攝）

時光飛逝，浮雲已蒼老，相關的歷史陳跡，漸行漸遠……國內的家屬們渴望我們能從美國訓練基地或是臺灣空軍司令部找到當時學員的註冊信息，以為搜尋這些史料是件輕而易舉的事情。

Chandler, William, b. 06/16/1920, d. 03/09/1979, US Navy, CDR, Res: ...
bur. 03/14/1979
Chaney, Mary Elizabeth, d. 07/15/1943, US Air Force, LTC, Plot: B 0 221A, ...
Chaney, Newton Cornelius, b. 09/05/1886, d. 05/08/1965, Plot: B 0 221, bu...
Chang, Lee Wei, d. 02/15/1944, Plot: PD 0 14E, bur. 02/15/1944
Chanson, Marguerite C, b. 02/22/1905, d. 04/14/1975, US Air Force, CMSG...
Plot: I 0 1010, bur. 08/31/1970
Chanson, Marius Jean, b. 12/07/1901, d. 10/13/1973, US Army, CPT, Res: ...
1010, bur. 10/26/1973
Chao, Ping Yao, d. 07/19/1946, Plot: PD 0 17D, bur. 07/25/1946

布利斯堡國家軍人陵園資料庫記錄是Chang, Lee Wei（名和姓又錯了），
犧牲日期1944年2月15日， 埋葬日期1944年2月15日
（犧牲的日期與《飛行事故報告》不符）

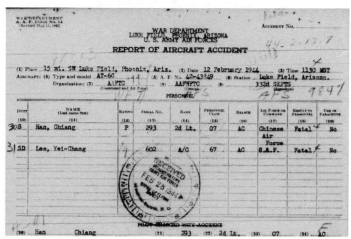

《飛行事故報告》上的名字是 Lee, Yei-Chang 和 Han, Chiang,
犧牲日期1944年2月12日

事實上，哪有這麼簡單！

花費了九牛二虎之力找到
的這些資料與家屬記憶中的李益
昌赴美、還有他飛行失事的時間
地點有差距。家屬一口咬定：我
大哥肯定不是出生於1923年，甚
至還說，雖然大哥犧牲時他們都
小，但一家弟兄幾個的回憶是一
致的。

Chinese Cadets Buried
Two Chinese fliers, 2nd Lieut.
Han Chiang and Aviation Cadet
Lee Yei Chang, killed a few days
ago were buried yesterday in the
Ft. Bliss National Cemetry with full
military honors.
Th men had been stationed at
Luke Field, Ariz.

當地報紙刊登中國飛行員Han Chiang
和Lee, Yei Chang飛行事故

255

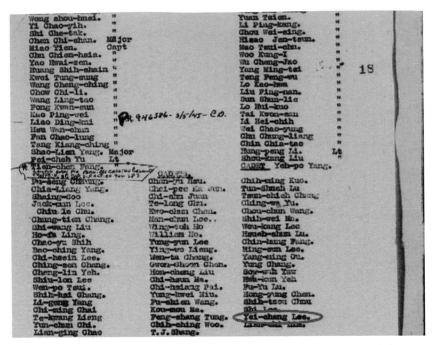

1943年6月22日離開孟買，1943年7月26日到達紐約的入關記錄上
有Yei-chang Lee 的名字（李忠澤提供）

既然家屬如此篤信無疑，那就實在無計可施了……

無奈之下我只得告訴他們："美國、臺灣和中國的志願者們在尋找空軍信息方面已經付出極大的努力，哪怕我們發現丁點蛛絲馬跡，都會刨根問底。墓碑名字拼錯的例子很多，比如秦建林，盧錫基，姓和名甚至都倒置了。如果還有異議，最科學的方法是進行DNA驗證，我問過墓園負責人，迄今為止從來沒有做過這樣的事，當然不是沒有可能，但需要提供確切證據，還需要提交法院，經過一系列審核，裁定和批准程式。"

眼睜睜地看著烈士李益昌孤零零滯留在德州荒漠七十多年，如今終於找到家屬了，可人家就是不願意去認領。大夥心裡都揪著呐！

沒想到，突然收到了家屬願意認親的回應，"空軍群"裡能不歡欣鼓舞嗎？

當初哭得最傷心，對尋親最上心的志願者王虹卻在一旁幽幽地說："我累了……"

志願者的努力和心裡的委屈，我理解！

李益昌是家裡八個子女中的老大，體魄壯實，喜愛運動，在家中，他尊敬父母，對弟妹呵護有加。據說小妹出生不久，有一天大哥從外回家，看見躺在母親懷裡呀呀學語的小妹，可愛極了，便對小妹說，等你長大出嫁時，我要送你一份厚禮。

家裡七個弟妹從小對真誠、厚道，樂於助人的大哥十分敬愛，一家人其樂融融。當時弟妹們年齡尚小，對大哥除了依稀的記憶，更多的從父母平日閒聊敍述中有所知曉。

李氏家族精於商道，先後在省會南昌和家鄉縣城經商，並置有良田數十畝。李益昌的父親李馥蓀為開明愛國人士，當年曾幫助做地下工作的饒漱石逃脫追捕。他常教導子女求知效國，從軍報國。李益昌從小耳濡目染，深受影響。

因父親經商常去福建，李益昌高中畢業後考入福建協和大學農業經濟系。1942年，日寇侵佔大半個中國，國家處於危難關頭。正在福建協和大學讀書的李益昌，懷著拳拳報國之心，積極回應國家號召報名參軍。22歲的他與吳恒本同學體檢合格，兩人一起邁入官校，成為抗擊日本法西斯的戰士。

離校前，學校農經學會開大會歡送。中文系系主任陳易園教授賦詩一首以贈："凌雲意氣壯平生，萬里長風送此行，記取扶桑酣餘日，從天飛將漢家營。"

抗戰空軍李益昌
（李益昌家屬提供）

進入官校後，李益昌努力學習，刻苦鑽研，順利從初級，中級，接著進入高級驅逐科飛行班。他渴望回到祖國，在空中將侵略者趕回去！

李益昌家人告訴志願者："在美國受訓的7個月中，大哥有好幾封家書從洛杉磯寄回。其中一封大約是1944年初，信中提到即將結業回國參加抗戰，全家人都為此興奮不已。隨信還附上一張大哥的戎裝照。雖然當時我們還年幼，但記憶猶新，他頭戴飛行帽，身穿飛行皮衣，右手扶著螺旋槳的槳葉，英姿颯爽地站在一架戰鬥

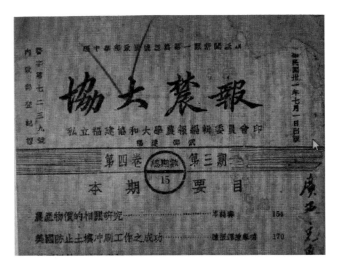

《協大農報》第四卷第三期民國三十一年七月一日（李忠澤提供）

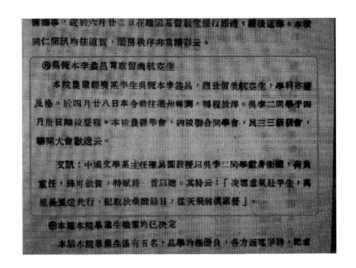

《協大農報》第四卷第三期民國三十一年七月一日（李忠澤提供）

機的左前方，後來我們得知這是當時美軍最新的戰鬥機P-51。真可惜，這張照片已毀於文革時期。"

未料，戰鷹空中折翼，一聲驚天巨響過後，滾滾濃煙沖天而起，死神無情地奪走了李益昌和教練韓翔短暫而又璀璨的生命……

今天，在許多愛心志願者的不懈努力下，空軍烈士李益昌終於回到

2019年2月12日李益昌烈士犧牲七十五周年紀念日，小妹李益祥率家人代表
全體家族成員到"南京抗日航空烈士紀念碑"拜祭
（湖南龍越"尋找戰爭失蹤者"提供）

2019年5月12日，在美國布利斯堡國家軍人墓地，
侄子李世華在大伯李益昌的墓前長跪不起。

了親人的懷抱！

美國國家軍人陵園出於對中國軍人的尊重，在空軍家屬赴美祭奠前一天，特地重新為烈士李益昌篆刻一塊潔白堅實的大理石墓碑，上面刻著：

LEE, YEI CHANG
CHINESE CADET
CHINESE AIR FORCE
FEBRUARY 12, 1944

哥哥，我們想帶你回家

2018年8月，《浙江新聞》刊登"浙江三位抗戰英雄遠赴美國培訓，最終卻長眠他鄉"的報導之後，接到不少熱心讀者提供的尋人線索。經各方面信息對比，浙江金華志願者張安來到陳文波烈士生活過的地方——浙江永康，終於確認了抗戰時期的飛行員陳福槐就是陳文波。

> "哥哥，我們想帶你回家！"得知陳文波安葬在美國德州公墓的消息，他的堂妹，88歲的陳香蕉老人不禁老淚縱橫，她希望自己能在有生之年，將哥哥接回家。
>
> ——《浙江新聞》

1944年，正值抗戰後期，空軍官校二十二期學員陳文波和其他官校學員一起來到美國學習飛行。他們先到印度臘河機場接受短暫訓練，然後乘船轉輾到美國。

臺灣志願者提供的空軍名冊，使張安獲得了一條新線索。該名冊有清楚的記錄：

陳文波；空軍官校中級班；官校第二十二期飛行生；籍貫浙江永康；民國三十五年（1946年）八月三日，逝於美國加州；死亡原因則是赴美受訓，練習長途飛行，失事殉職。

李忠澤在美國找到1946年8月3日當地的一篇報導："Chen Wen Po 等6名飛行員駕駛B-25轟炸機在迫降時墜毀爆炸。"再次確證陳文波就是殉職空軍名單裡中Chen Wen Po！[3]

我從美國"航空考古調查與研究"網站，發現1946年8月3日那天，全美共有三起飛行事故，其中一次是4級重大墜機事故：

---

3. 抗戰已在1945年結束，為什麼戰後仍然有中國飛行員在繼續訓練？請見十八章 "亡者的幸運，後人的虔誠：他們是不是抗戰空軍？"。

日期	機型	序列號	中隊	大隊	基地	空軍	失事原因	等級	飛行員	國家	州	地點
460803	B-25J	44-30213	C	2518AAF-BU	Enid AAF, OK	TC	KCR	4	Chartier, Craig L	USA	CA	Long Beach AAF/ 7mi S

　　1946年8月3日上午，由美國空軍中尉克雷格·沙蒂爾（Chartier，Craig L.）（機長，0-839727）所駕駛的B-25J，編號44-30213轟炸機，從俄克拉荷馬州伊尼德空軍機場（Enid，OK）出發[4]，進行遠程飛行訓練，目的地是加州河濱縣（Riverside，CA）。除了機長之外，還有5名機組成員，他們是陳文波（民國空軍中級班學員，1970），劉萬仁（民國空軍准尉，2147），Feng，Louis（民國空軍上尉譯員，258-C），戈登·弗洛伊德（Gordon，Floyd E.）（美國陸軍航空隊中尉，0-720061），西爾斯·約瑟夫·A（Sears，Joseph A.）（美國陸軍航空隊技術軍士，15065621）。

　　該機途徑德州阿爾伯克爾基（Albuquerque，TX）加油，然後到亞利桑那州普萊斯考特（Prescott，AZ）這一段，按照飛行條例（CFR：-Contact Flight Rules），一路"綠燈"暢通無阻。

　　可是，當他們到達預定加州河濱縣上空時，飛行目的地被要求改為加州長灘（Long Beach，CA），44-30213號機立刻調轉機頭往長灘飛。凌晨一點左右接近長灘上空，地面塔臺通知機長找准方位為著陸準備下降。當時，長灘機場上空的雲層高度離地面1000英尺，能見度為4英里，駕駛員的回應是："根據飛行條例沒有問題，可以著陸。"

　　於是，塔臺通知該機使用12號跑道。

　　好一陣過去了，長灘上空卻遲遲不見44-30213號機的蹤影。多次無線電緊急呼叫聯絡不上！

　　中午12點，不幸的消息從長灘消防隊傳到第556陸軍航空隊基地（AAFBU：Army Air Forces Base Unit）：長灘空軍基地東南方向7英里處有一架飛機墜毀。消防車趕往事發地點緊急救援，確認該機是B-25J，44-30213。

　　這是一場多麼慘烈的空難。

　　目擊者注意到這架B-25J沖出雲層急速往下俯衝，曾試圖拔高，但機頭控制不住地又栽向地面，緊接著多次爆炸起火，滾滾濃煙沖天而起，全部機組人員灰飛煙滅，無一倖免。

---

4. 該機場後改稱為奧克拉荷馬州"萬斯空軍機場"（Vance，Okla）。

當時的飛行狀況是：

• 1000英尺碎雲，能見度4英里

• 根據曼努埃爾·戈麥斯（Manuel Gomez）中尉的證詞，44-30213到達長灘機場時，處於雲層之上。

• 44-30213根據飛行條例確認可以著陸。

• 曼努埃爾·戈麥斯中尉駕機與44-30213同時到達長灘機場上空。因無法調整好機上的無線電發射機，曼努埃爾·戈麥斯中尉拒絕採用"儀錶飛行"著陸。事實上在這種雲層和能見度情況下只能使用儀器飛行。

• 現場目擊者證實該機引擎聲音正常。

• 由於飛機殘骸嚴重損壞，無法確認在墜機前是因材料還是機械受損。

綜上所述，飛行事故調查委員會的結論是：

導致此事故的原因可能是由於飛行員試圖人工操控飛機。可以肯定的是，雲層或高霧層在長灘機場上空不是很密集，可以看到下面的燈光，致使飛行員相信下降可以根據目測飛行規則進行。然而，飛機墜毀的區域內的燈很少，飛機下降期間進入雲層，飛行員只能使用儀錶飛行繼續下降。當飛機突破雲層，已經太靠近地面，駕駛員只得重新調整試圖讓飛機急劇上升，又因調整操作過度而撞向大地！

1946年8月3日B-25J，44-30213號機空難現場照片

1946年8月3日，美國加州《奧克斯納德新聞快遞》報導"六位機組人員遇難，屍體遍地：該機曾在機場附近盤旋"震驚讀者（譯文略）。

巨大的震撼之後是突然的沉寂，壯士陳文波從此了無音訊。

陳文波88歲的堂妹
（陳文波家屬 提供）

幸好，陳文波的親友們還惦記得他，即使當年浙江永康的年輕人陳福槐為參軍離家出走，甚至埋名改姓，仍有不少鄉親瞭解他，沒有忘記他為家鄉，為國家，所做的無私貢獻。

我打從心裡為陳文波感到高興，又一名空軍戰士可以回家了。

陳福槐的名字在浙江永康中學
1933年學生名冊上 （浙江新聞提供）

烈士陳文波安息在在美國德州布利斯堡國家軍人墓地
墓碑號20D（張勤拍攝）

家鄉才是心靈的安息地

2018年5月31日，當《郴州新報》接到湖南志願者的求助信息後，立刻發佈以"資興籍抗戰飛行員陳培植，你的親人在哪裡？"為題的尋親消息。微信推文發出三小時內，閱讀量超過2000，"電臺郴州"和"郴州發佈"等媒體也都積極轉發尋親信息。許多網友紛紛留言，對抗戰英雄表示欽敬，還有眾多留言提供各類信息，都希望能夠儘快找到陳培植的家人。

三天之內，湖南志願者@青蓮發來信息："今天接三個電話，都是陳培植的親屬，一個是侄孫，一個是哥哥的外孫，剛才又接到一個……"

"川軍團"也發來消息，有一個叫李聯盛的人通過微信聯繫：

"我叫李聯盛，是華潤鯉魚江電廠的內退職工，陳培植是我外公培基之弟，他的妻子是四川簡易縣人，名李淑斌，育有一女叫陳實惠。她們都很高齡了，不知是否能找到。"

"川軍團"馬姐認為："簡易"是輸入錯誤，應該是"簡陽"。

志願者在媒體的幫助下，撒開搜尋的大網，一步一步接近目標……

2018年6月3日，志願者接到李聯盛和曹江陵的電話。經過核實，兩人確為陳培植的親人，李聯盛家中還保留著一本回憶錄，裡面記錄著陳培植抗戰的故事。

　　"我是陳培植的外孫，我應該叫他小外公。聽家中的長輩說，當年小外公從上學到參軍，一直在外奔波，後來飛機失事，就再也沒有回來過，所以沒有留下什麼東西。"李聯盛出生時小外公已經去世，所有關於他的故事都是後來長輩的回憶。不過，陳培植的哥哥陳培基的兒子，也就是陳培植的侄子陳健球寫過一本回憶錄《憶往》，其中有一段落是唯一保留下來的關於小外公故事。

　　"川軍團"馬姐發微信告訴大家："陳培植的哥哥陳培基，其兒子陳健球是黃埔二十二期，後遷至臺灣，在臺灣中華航空公司工作，曾經回大陸尋找叔叔陳培植的妻女未果。"

　　我馬上查找《黃埔軍校第二十二期湖南學員名錄》，果然發現陳培植的侄子：

　　　　陳健球　21歲　湖南資興東江木市橋郵箱

　　看到馬姐又發出："陳培植在家叫陳家善，大哥陳家生，二哥陳家讓（陳培基），陳培基比三弟陳培植大幾歲，他是由二哥帶出來當兵的，在國軍任職不低。據說陳培植老婆是四川人，生孩子沒多久，陳培植就離開家了。妻子從來沒有去過陳培植老家湖南資興。"

　　我從《上海地方誌》網站的"專業志->上海軍事志->第一編駐軍->第二章部分->第三節　中華民國時期駐滬部隊"，找到他哥哥陳培基的一些信息：

　　12. 空軍部隊

　　空軍第八大隊。民國34年10月，航空委員會決定派空軍第八大隊（下轄有第33、34、35三個中隊）來滬駐防，駐紮大場機場，該大隊系B24轟炸機，原駐印度，後奉命由參謀主任夏矩率領，同月21日飛抵上海，計有空勤400餘人，飛機40餘架，大隊長王世鐸，副大隊長顧彭年。

　　空軍空運第一大隊，為中國空軍第一聯隊第一大隊。民國34年

志願者和陳培植的侄外孫還有嫂弟的孩子一起聊與陳培植
相關的故事（湖南志願者團隊提供）

《憶往》，陳培植的侄子陳健球所著，是唯一保留下來
的關於小外公的故事（湖南志願者團隊提供）

注: 中美混合聯隊於民國34年9月撤消番號後,原三個大隊先納入空軍第一聯隊司
令部,但當時空軍仍沒有聯隊的編裝,所以聯隊番號很快撤消,第一,三,五大隊回到空
軍總司令部直屬,而空運第一大隊(空運機)的大隊長是衣復恩,但空軍避免與第一大
隊(轟炸機)混淆,所以將空運第一大隊改為第十大隊,於民國42年才在台灣由各大
隊擴編為聯隊.

11月中旬從中美混合機隊調出，由漢口遷駐上海江灣機場，接受美軍的C—46運輸機和組織飛行訓練。大隊長衣複恩（詳見左頁注）。

空軍空運第二大隊，前身為轟炸機第二大隊。民國25年成立於安徽廣德機場。翌年參加抗日戰爭，擔任東海一帶防務，有東海大隊之稱。其後，參加過武漢會戰及湘北、鄂西等著名戰役。民國35年10月初，奉命改編為空運第二大隊調駐上海江灣機場，裝備為C—46運輸機。大隊長汪治隆。政訓主任陳培基。

空軍第二勤務大隊。主要是負責機場之地面勤務保障，如場道、航油、航材、彈藥等。駐江灣機場，大隊長張偉華。

空軍高炮部隊。空軍總司令部高炮團（即原陸軍炮兵四十八團），原駐四川萬縣，民國35年10月，奉命調上海，駐吳淞張華浜，團長陸文深。其裝備有大口徑（7.5釐米以上）高炮24門，機槍24挺；小口徑高炮36門，機槍36挺。

此外上海空軍地面部隊，尚有警備團、工兵團及汽車部隊等。

陳培植的哥哥陳培基有兩個夫人，老家的夫人生有一子一女，女兒在武漢會戰期間生的，所以名字裡有個漢字。在兒子陳健球1991年回鄉祭祖時帶來的回憶錄《憶往》裡，關於叔叔陳培植離家出走的原因，他是這麼描述的：

我的祖父，碧山公，從事教育，當年塘尾李家村紳士李培玉在外當上縣長，與我塘下陳家有親戚關係，我祖父追隨其任所，擔任教育主管，未料這位縣老爺貪婪無厭，我祖父不願同流合污，乃棄官歸裡。因而對世事的亂象多所不滿，鬱鬱成疾，四十餘英年早逝。傳承有三子，我父家讓居老二，老大家聲，是一位目不識丁粗暴又黑心的惡農。老三家善早年為上代弟三公做童工，某日工畢在主人窗外聞主人夫婦一場對白，女主人說："那碗剩菜剩飯是要喂貓兒的，你怎麼端上來想要給家善吃嗎？"男主人回答："是呀，家善這輩子能有這些剩飯剩菜吃，已經是他的福氣啦"。我叔一氣之下，不幹了，修書要求我父親幫助他上學讀書。經過此一打擊，他立志發奮向學，但在高中尚未畢業時，他接受我父親的指示，考入中央航校學飛行[5]，畢業後適值八年抗日戰爭，以屢建戰功，曾獲政

5. 因抗戰爆發，原位於杭州筧橋的"中央航空學校"1938年遷至雲南省會昆明，更名為"空軍軍官學校"。

府頒授二等宣威章，不幸於民國三十三年（西元1944）九月九日在美國接受B-24訓練時，飛機失事殉職。遺眷：妻李淑斌（四川簡陽縣人），幼女陳實惠。

"我父親跟我說過，陳培植是空軍軍官學校航炸班第四期的學生，在校期間表現優異，曾參與淞滬，武漢，長沙保衛戰，後來被派到美國深造，升至上尉二級。他是中美聯合抗戰這段歷史的見證人，今天卻忠骨埋沒在他鄉七十多年。"年過花甲的曹江陵回憶起這些往事淚眼朦朧。陳培植的哥哥是他的姑父，按輩份他喊陳培植叔叔。他說："只知道他在四川打仗時有妻女，可是沒人知道她在哪裡。落葉歸根，哪個離人不想家啊！"

曹江陵還告訴記者，從1934年離開家鄉之後，陳培植再也沒有回到過故鄉資興，哥哥陳培基戰亂時去了臺灣，與親人分離，直到1974年去世都沒有機會回家看看。1991年，陳培基的兒子陳健球跟隨旅行團從臺灣回到資興陳家村祭祖，他和李聯盛全程陪同。那時正值清明前夕，天氣比較冷，大家都還穿著厚衣服，陳健球卻脫掉鞋襪，一步三叩首走了一里路，慟哭失聲，腦袋都磕到泥土裡去了，祭完祖還帶了一捧墳前的泥土回去。

"他跟我說，不管走多遠，家鄉才是心靈的安息地。"曹江陵告訴大家。

"陳培植是一位抗日戰士，是我們家的驕傲。"李聯盛說以前只知道他埋葬在美國，不知道在什麼地方，如果條件允許，很想去美國看看這位未曾某面的小外公。

女記者的抗戰空軍英雄情結

李礪瑾，河南《洛陽晚報》記者，人如其名，行事堅韌不拔，百般磨礪終成美鋼。得知抗戰空軍犧牲在美國的故事後，她非常激動，懷著對抗戰空軍的崇敬，以一位優秀職業記者的嗅覺，想方設法聯繫上了我。

"李老師您好，我想幫助尋找官校十五期河南籍學員趙光磊的家屬。"

太好了！過去都是志願者找記者，懇請媒體出面幫忙發佈尋人消

中國轟炸機學員正在準備實飛訓練
在美國西南某地的空軍基地，十名首批畢業的中國空軍學員於1944年10月
29日獲得畢業證書，即將駕駛轟炸機對抗侵略他們國家的日本軍隊。
（美國國家檔案館）

息。現在，反倒是媒體記者主動找上門，自告奮勇提出願意幫助尋找空軍家人。

媒體的傳播能力巨大，好幾次在當地報刊網站上刊登為空軍尋人消息，不出幾天，准能找到家屬。陳培植、范紹昌、卓志元的家人就是這麼找到的！

我迫不及待地將有關趙光磊的信息、墓碑照片等統統發過去，還將她推薦給湖南龍越"尋找戰爭失蹤者"項目負責人劉群，這樣一來，媒體、公益團體和志願者三方結合，人多力量大！

以上對話發生在美國太平洋夏令時間2019年4月10日早上9點12分，北京時間應該是次日淩晨12點12分。

沒有想到，當天下午5點04分，也就是北京時間上午8點04分，《洛陽籍抗戰烈士埋骨美國76年，你能幫助他找親人嗎？》已經發到微信，請求審閱了。

整夜沒合眼啊！

七個小時之內，她不光完成了為空軍烈士尋親的長篇微信推文，還從《空軍軍官學校第十五期同學錄》收藏者于岳那裡要到了趙光磊的照片，甚至根據我的文章查到了趙光磊的《飛行事故報告》。

"這個鏈接您看下好嗎？如果可以，我想在當地推一下，希望能找到家人。"一張布利斯堡陵園照片即時也發過來了，還問我有沒有原圖？

沒待我打開文件，她的新問題又出現了。

"今天找到了趙光磊的關鍵信息，週末應該就可以找到他的家人。不過，有個問題想請教您，如果找到他家人的話，可以把遺骸遷回來嗎？據說趙光磊是家裡的獨子，家族的人肯定希望他能夠回來和父母團聚。"

前腳才踏上尋親之路，就開始考慮後面的遷葬安排了。

實在抑制不住心裡的好奇，"怎麼這麼自信？發現什麼新情況了嗎？"

這才明白，她非但找到了趙光磊的親戚，瞭解到他家原來比較有錢，父親是個地主，有個堂弟仍在世，還聽說，堂弟過繼到了趙光磊家。

明天一早，她準備去見趙光磊堂弟了！

真是絕了，只能相信這是天意。不得不再次佩服媒體的力量。

空軍官校十五期第五批學員名冊上的趙光磊（于岳提供）

　　20歲，來自河南。他是一個有性格的孩子，瞭解他，就會喜歡上他。這是又一個"最年輕的"的空軍學員，有著良好的判斷力和勇敢的心。

記者李礀瑾連自己都沒有想到，從看到赴美殉職空軍那張名單，隱隱中產生了一種奇妙的感覺，居然能如此迅速找到他的家人！

2019年4月19日的《洛陽晚報》電子版，文章開頭有一段感人肺腑的文字：

　　　　在電影《無問西東》中，年輕的西南聯大學生沈光耀投筆從戎，駕飛機給饑民投食物。在那個山河破碎的時代，出生望族的他已經做好與敵人同歸於盡的準備，當他的飛機撞向敵艦的那一刻，他只輕聲說了句："媽媽，對不起。"

　　　　在遙遠的美國布利斯堡國家軍人陵園裡，50多位抗戰空軍飛行員已經在這裡長眠了七十多年，去年之前他們的親人並不知道他們葬在何處，也沒有辦法遠赴重洋祭奠。昨日，記者收到一張珍貴的照片，長眠異國76年的洛陽籍軍人趙光磊，留下的不再僅僅是墓碑上那個冰冷的名字。

　　蒼穹之下，如果我們的烈士趙光磊能知道，在他去世的76年後，河南老家有一位年輕的女記者廢寢忘食、竭盡全力在為他尋找家人，該會多麼感動！

　　"雖然我不信教，但我覺得冥冥中每個人的相遇都是一種緣分。從我見到那張照片開始，我就覺得這是一種責任，一件必須要做的事情。"李記者不止一次這麼對我說。

　　一番話出自肺腑，我們想到一塊兒去了！

　　不是嗎？一路走來，身邊發生無數感天動地的人和事，許多次這樣的"巧合"，不正驗證了"人在做，天在看，舉頭三尺有神明"嗎？

　　我為李礪瑾的出現而高興，心裡明白那是我們的空軍烈士們在遙遠的美國墓園，呼喚著祖國的親人："我要回家……"

　　我的美國手機又蹦出從中國河南洛陽傳來的一行行動人心弦的字跡……

　　"我有預感：我會寫出一個好故事的，20歲的年輕人，隻身赴國難，他原本可以當一個土財主，卻將生命交給了藍天。"

　　"明天是我的生日，這天總會發生一些神奇的事情。"

　　"說的有點多了，不多打擾您了啊，我這邊有情況及時會向您回饋的。馬上要凌晨了，晚安哈~"

那時候，我還不知道記者李礦瑾的年齡，甚至連她長什麼模樣都不知道，但我遙祝她生日愉快！

真是太神奇了！

不出十二個小時，回饋就來了。

上午，他們去了河南高新區辛店鎮馬趙營村，也見到了堂弟趙光壁（廣畢）。村子裡80歲以上的老人們幾乎都知道趙光磊的事，因為趙光磊父親去世比較早，他又是家裡的獨苗，沒有後代，沒有遺物。因此，趙光磊犧牲後，堂弟過繼給了趙光磊的母親，是堂弟為趙光磊母親送的終。

根據他們的初步查找，趙光磊的母親姓楊，妻子叫張琴（或張欣），那個年代農村女子很少留下名字。不過，她和趙光磊原住一個村，記者找到了他妻子的親戚。

在《馬趙營村志》裡有一條關於趙光磊的記錄：

短短一天多，趙光磊的家人找到了！

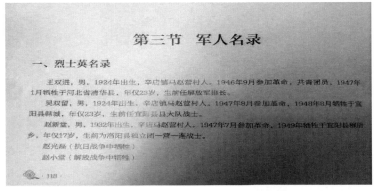

《馬趙營村志》"烈士英名錄"關於趙光磊在抗日戰爭中犧牲的
一條信息（洛陽晚報記者李礦瑾提供）

李記者又聯繫到一位張建營教授，也是洛陽人，現在美國德州艾爾帕索德州大學分校任終身教授，是中國學生學者聯誼會榮譽主席。得知布利斯堡軍人墓地埋葬著五十多位空軍，他非常驚訝，說自己在這個靠近墨西哥的邊境小城生活工作近18年，從未曾聽說過這回事情，德州大學離陵園很近，他打算帶著實驗室的學生周日下午去找河南籍烈士的墓碑。

第二天，他帶著當地華人教會的幾位華僑又去了一次，那些土生土長的老華僑們也是生平第一次聽說中國抗戰殉職空軍埋葬在德州艾爾帕索市。

按照約定的時間，遠在德州的華僑和留學生與李礪瑾用手機連線，將墓地現場通過微信視頻即時傳給趙光磊的堂弟看，老人看得淚流滿面……

半個多世紀過去了，第一次，家鄉的親人通過網路連線看到了烈士的安息地！

此情此景傳到"為空軍尋親"和"葬美後人"微信群，大家無不動容。

我相信，如果每個記者都像李礪瑾那樣敬業，那樣有情懷，一定會有更多的殉職空軍得以回家。

七十年後血脈再相連

記得2018年五月開始尋找空軍家人的時候，通過大洋兩岸接力，24小時找到閻儒香親妹的消息已經堪稱奇蹟。後來，記者李礪瑾為趙光磊登報尋親，24小時內不僅發現烈士的信息，還親自跑去見到了他的堂弟。

"我們會繼續推動此事的。這條新聞目前在洛陽非常熱，很多人都在關注。趙光磊早已不在人世，但他的故事還被人記著"，她深情地說。

我很奇怪，趙光磊還有妻子？當年空軍學員不都是單身嗎？

"聽說結婚後不久離開了，也沒有後代。她的妻子很多人都知道，因為是一個村的。烈士犧牲後，妻子改嫁到隔壁村。"

以下是女記者用深情的筆調勾勒出這位只活了21年的洛陽籍英雄的生命軌跡：

趙光磊出身富裕的書香家庭，又是家中獨子。這位拋妻棄母，血濺藍天的趙光磊，從塵封的歷史中向我們走來……

81歲的堂弟, 終於得知二哥的下落

在高新區辛店鎮馬趙營村, 如果問起一些年齡在80歲以上的老人關於趙家炮樓的事, 他們也許會告訴你, 那是村裡唯一一座炮樓, 也是村裡最高的建築, 是一戶姓趙的地主家裡的。

如果再問老人們認不認識趙光磊, 他們有人就會說:"是那個開飛機的嗎? 聽家裡老人說過呢, 聽說走了一直都沒再回來過。"

1922年, 趙光磊就出生在這個門前有一座高高炮樓的地主家裡。

19日, 在本報刊登出尋找長眠在異國76年的抗戰飛行員趙光磊的消息後, 當天就有兩名讀者打來電話, 內容卻都一樣——高新區辛店鎮的馬趙營村當年曾出了個叫趙光磊的飛行員。

當天下午, 我們在村裡找到了88歲的趙都旺老人。他說, 他家過去和趙光磊家中間就隔一戶人家。趙光磊還有一個堂弟在村裡。

20日上午, 記者和兩位熱心市民來到馬趙營村, 見到了今年81歲的趙廣畢。一見面, 他就說:"這真是奇事! 都過去七八十年了, 沒想到我們終於知道二哥在哪裡了啊!"

出身書香家庭, 家中堂兄弟四人

村裡老人講, 趙光磊祖上並未聽說出過大官或是巨賈, 不過家裡有一百多畝地傳下, 在村裡是個地主。他家裡人丁不旺, 到了趙光磊父親這一輩, 家裡只有弟兄兩人。

趙廣畢說, 他的父親叫趙玉庭, 是個文人, 一直在縣衙裡當秘書, 人稱紅筆師爺, 老了才回到家裡, 因此趙家在當時也是書香門第。趙光磊的父親去世很早, 馬趙營村的趙氏家譜已經沒有了, 現在沒人知道他的名字。

"我們家弟兄四人, 我大哥叫趙光來, 我二哥叫趙光磊, 我三哥叫趙光宇, 我原來叫趙光壁, 後來辦身份證的時候, 登記成了現在的名字。"趙廣畢說。

趙廣畢告訴我們, 父親有兩個老婆, 他自己和大哥、三哥都是二娘所生, 二哥趙光磊是大娘的獨子。

張教授當天下午帶著學生們去墓地，在每一座墓碑前插了花（張建營教授提供）

《洛陽晚報》報導：德州陵園直播視頻，看得老人淚流滿面。
下中持報老人為趙光磊的堂弟趙光壁，過繼給了趙光磊的母親。
（洛陽晚報記者李礪瑾提供）

他們一家人本來也不多，所以從未分過家，一直在一起生活。解放前，趙家的宅院在村裡是數一數二的，是個四合院，兄弟四人一人一個角落。後來，二哥不在了，他被過繼給了叔叔家，於是他的名下就有半個院子。

解放後，家裡的一百多畝地和這座宅院都被收走了，趙家老宅後來還做過村委會。

家中人人以為喜事，大伯卻一語成讖

趙廣畢生於1938年，比趙光磊小16歲，他對這個二哥的印象已經比較模糊。他能記起二哥的事，有次二哥牽著年幼的自己雨天出去玩耍，結果在外面兩人都摔了個大馬趴，摔了一身泥。

趙廣畢說，二哥視力很好，很遠的地方他都能看清楚，而且從小就特別聰明，這在村裡都是出了名的，也許這也和他後來能考上飛行員有關係吧。

關於二哥考上飛行員的事，趙廣畢有件事印象很深刻。他曾聽母親說，二哥應該是在1942年考上的，當年整個河南省就考上了三個人，他是第一名。村子裡從開天闢地，都沒聽說誰家出過飛行員的事，老趙家祖墳是冒青煙了啊。

當時家裡人人都很高興，尤其是叔叔家只剩他一個男丁，卻成了最有出息的。但對於這件光耀門楣的事，趙廣畢的父親看著喜報，卻歎了口氣，搖了搖頭說："好事是好事，只恐怕咱家沒有這種福氣。"

當時，趙光磊剛結了婚不久，他的妻子姓張，和他是同村。對於大伯的擔憂，現在已經沒人知道當時趙光磊的想法，但最後他還是拋下家裡的母親和新婚妻子，去了位於昆明的空軍軍官學校，成為了第十五期的學生。

得知去世消息，母親、妻子日夜流淚

根據位於美國德克薩斯州艾爾帕索縣布利斯堡國家軍人陵園的記錄，趙光磊犧牲於1943年10月22日，三天後在陵園下葬。

如今我們已無法得知這個消息傳到趙家的時間，但趙廣畢說，那個時候父親也不在了，家裡一下子失去了兩個男人。後來聽母親說，南京政府曾經給家裡發過撫恤金，但只給家裡人說二哥是開飛機出事，至於在哪裡出的事？遺體又在哪裡？家裡人都不知道。

　　當時家裡沒有一個主事的，趙光磊的母親和妻子白天晚上一直哭啊哭啊。

　　因為叔叔家裡沒了後繼的人，趙廣畢就過繼給了叔叔家。1957年，趙光磊的母親趙楊氏因病去世，趙廣畢將她與趙光磊的父親合葬在一起，那個時候，趙家已經中落，日子過得很艱難。隨後，趙光磊的妻子改嫁到了外村，終生未育。

　　翻開去年印成的《馬趙營村村志》，在裡面的軍人名錄的烈士英名錄中，關於趙光磊只有一句話："趙光磊，抗日戰爭中犧牲。"

　　扣人心弦的文字，如泣如訴，特別是看到趙光磊離別後家裡所發生的故事，令人慨然動容……人世間，發生過多少這樣的無奈和生死離別？

　　我被李記者的執著深深感動了！

　　李礪瑾為烈士趙光磊感到痛心，特別是看到美國志願者李忠澤翻譯的趙光磊的《死亡證明》[6]，更是難以克制自己的感情，她寫到：短短幾行字讓人不忍讀下去，究竟是什麼樣的事故讓這位年輕的飛行員遭受了這麼大的痛苦？她和李忠澤合作以"兩份76年前的報告解開飛機失事之謎"為標題發表在《洛陽晚報》。

　　那篇文章的結尾部分寫得特別好：

　　　如果沒有這次事故，他很快就可以回到祖國，駕駛飛機抗擊日本侵略者。記者曾經在亞利桑那州空軍博物館進入當年的一架戰機。這架從外面看起來是龐然大物的戰機，裡面卻窄到只能容一人側身通過，不僅空間極小，而且冬冷夏熱。我們的前輩就是在這樣艱苦的條件下，冒著九死一生的危險，在空中保衛我們的祖國。

---

6. 趙光磊《死亡證明》見本書第九章"用生命換來的實戰經驗"。

他們是不是抗戰空軍？

大家為空軍尋親的熱情，敦促我再次打開赴美殉職空軍名單，逐個審閱每一位空軍的具體信息。

我驚訝地發現，在目前已經確認中文名和籍貫的殉職空軍中，許多人來自河南，僅次於廣東省（8位）。再仔細研究，瞭解到其原因在於，自1932年中華民國軍政部航空學校改名為中央航空學校後，先後在洛陽（1935年）、廣州（原廣州航空學校）設立分校，因而從這兩地走出一大批中華民國空軍飛行員。

中央航校洛陽分校在中華民國空軍史上留下了不可磨滅的印記，由王曉華，徐霞梅撰寫的《國殤：國民黨正面戰場空軍抗戰紀實》（第三部）中就提到幾位從洛陽空軍官校畢業，為抗戰而犧牲的烈士。

在我們的赴美殉職空軍名單裡，也有六位來自河南的空軍：

梁建中　　河南新蔡　　空軍官校十二期第一批　　8/27/1919 –
4/18/1942　　　　（2005年家人祭奠-河南團隊）

高銳　　河南沁陽　　空軍官校十三期第三批　　　1919　　–
11/16/1942　　　（央視線索，家人主動聯繫）

趙光磊　　河南洛陽　　空軍官校十五期第五批　　1922　　–
10/22/1943　　　（洛陽晚報記者找到）

袁思琦　　河南輝縣　　空軍官校十四期第三批　　1917　　–
2/16/1943　　　（河南志願團隊找到）

楊力耕　　河南南陽　　空軍官校十六期第七批　　1923　　–
10/1/1944

劉鳳瑞　　河南登封　　空軍官校二十二期特班　　1921　　–
1/17/1946

由河南媒體記者和志願者組成的"幫河南抗戰英雄回家"微信群裡，大家正熱烈地討論該如何尋找河南空軍家屬……

突然有人提出："我有個疑問不知道合不合適？"

他停頓了一下："抗戰勝利是1945年8月，而劉鳳瑞是1946年1月17日

殉職，不知他是抗戰後去的美國還是抗戰前去的？如果抗戰後去的，牽
涉到歷史問題，這些我們都明白，所以搞清楚去的目的很重要。"

李礪瑾立刻表示："這真是個事兒，您考慮的很周到。"

馬上又有人附和"所以，我們尋找他們，要先弄清時間點，這很重
要。尋找趙光磊的文章登出後，還出現過負面評論呢。"

還有人甚至提議：不要把他們冠以"英雄"之類的稱號，不和抗戰掛
上鉤，只說為在異國他鄉的老兵尋找根兒。讓他的後代知道親人埋骨他
鄉，心裡有個寄託就行了。

媒體記者們開始猶豫了⋯⋯

他們的猶豫讓我著急，宛如太平洋浪潮撲面而來，心裡翻騰不休，
顧不上牆上的時鐘已過午夜12點，迫不及待沖下樓打開電腦查看所收集
的入關記錄。

> 劉鳳瑞，空軍官校二十二期特班學員，乘坐"美國本森上將號"
> (USS Admiral W. S. Benson) 從印度孟買出發，1945年2月2日到達
> 美國加州聖佩德羅 (San Pedro, CA)。與他同船的還有一位殉職
> 空軍司徒潮。

至關重要的信息一經發出，大家繃緊的神經一下子鬆弛了！

猶豫不決的記者立刻稱道："這個內容太重要了！抗戰勝利前去的！"

大洋彼岸的我也松了口氣，因為只有這樣，才能幫助他們放下包
袱，放心大膽地去尋找。

上網百度"抗戰老兵"，看到這麼一段：

> 國民黨抗戰老兵是指在抗日戰爭期間，隸屬於中國國民黨的
> 國民革命軍中參與抗日戰爭裡的士兵，包括作戰於國內正面戰場的
> 士兵和赴緬遠征軍等。

這是來自民間的定義，沒有找到政府的統一說法。於是，我特地請
教我們的"空軍群"，收到的回應是：凡是1945年9月3日"中國人民抗日戰
爭勝利紀念日"[7]之前參軍入伍或讀軍校且有軍籍，都屬於 "抗戰老兵"。

---

7. 2014年2月27日下午十二屆中國人大常委會第七次會議經表決通過，將9月3日確定為:"
中國人民抗日戰爭勝利紀念日"。

"空軍群"由全國各地志願團體負責人組成,他們也是以此作為關愛照顧"抗戰老兵"的準則。

空軍赴美集訓首先越過"駝峰航線"到印度參加初級班訓練,然後坐船到美國,整個旅途需要一個多月,飛行培訓本身近一年,轟炸機組人員比戰鬥機駕駛員更長一些,6-7名機組人員需要學會協同作戰。抗戰勝利之際,有些學員還沒有完成學業,不可能馬上回來。劉鳳瑞的軍銜是"學員"(Cadet),說明他正在訓練階段。要經過初級,中級和高級班的培訓,順利完成學業後才能畢業升為准尉。

不可否認,大家在這方面的考慮很周到,也很正常,特別是這個關鍵的時間點。

李礦瑾很高興,"果然人多力量大,我可能有時候考慮問題不夠全面,謝謝各位老師!"

不過,她認為:"他們都是為了民族大義赴國難而捐軀,我們所發佈的微信才會那麼火,受到那麼多人的關注。"

第二天,也就是2019年4月24日,微信推文《@所有鄭州人:你認識劉鳳瑞嗎?他,登封人,是一位長眠美國73年的飛行員》發出了。

小編手記裡特別提到:

> 這是個看似不可能完成的任務,只有個名字和出生年月。
>
> 但是,每個出征的戰士,背後都有一個等他回家的家庭。我相信,長眠在遙遠異國的劉鳳瑞,他一直在等待著回家,回家!

《鄭州晚報》登封融媒中心的記者們在這則新聞刊登後,迅速行動起來,廣發朋友圈的同時,還積極聯繫登封市委宣傳部,登封老促會,登封市武裝部,登封市志辦,登封檔案局等單位,不斷尋找知情者,登封市各相關單位也迅速行動起來,助力尋找劉鳳瑞家人。

一時間,登封各個朋友圈被這條尋人新聞刷屏了!

當天下午,長眠美國73年,登封籍飛行員劉鳳瑞的親人找到了!

"感謝你們!感謝所有的好心人!俺終於知道親人在美國的下落了!"登封告成鎮告成村十六組65歲的劉雙圈哽咽著對記者說。

這個尋親速度是前所未有的!

劉鳳瑞的侄子從女兒那裡獲知尋人消息之後，馬上從村裡上了年紀的親戚那裡找到了《劉氏族譜》！

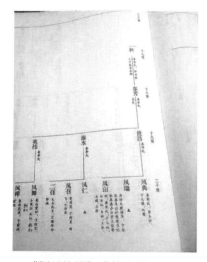

《劉氏族譜》中第十世子孫
名單裡記載著劉鳳瑞的名字
（劉鳳瑞家人提供）

《鄭州晚報》刊登找到劉鳳瑞
家人的消息

劉鳳瑞也是家裡的"二叔"。

侄子劉雙圈告訴記者，父親家裡原先也是書香門第，比較富裕，劉鳳瑞是家族裡最聰明的一個。在培養劉鳳瑞讀大學的同時，家裡還救助過當時被抓的共產黨員。因為一直在大學讀書，劉鳳瑞沒有結過婚。1945年考入空軍官校後被派往美國受訓。當時去美國，家裡人知道此去九死一生，他自己也明白，卻置生死於度外。

與家人相互道"珍重"，一別就成永訣！

劉鳳瑞不幸犧牲的消息傳到家裡，爺爺為他哭瞎了雙眼，整夜睡覺都說夢話，後半輩子一直都在想念這個最有出息的兒子。爺爺奶奶去世之前，還囑咐家人一定要找到這個兒子，不讓他埋骨異鄉。

"盼親人，想親人，多少年來盼望親人早日回家。如今，終於找到了親人，我們最大的心願是：確認我二叔，帶他回家。"劉雙圈動情地說。

再看一下我們"幫河南抗戰英雄回家"群裡面那些群友們的評論吧：

"七十多年後才知道親人的下落，親情在這一刻得到了最大的詮釋，人性的光輝也在這一刻得到了最深刻的體現。"

　　"謝謝大家！哪怕是幫一個長眠海外的遊子找家人，更何況是為了民族大義犧牲的。"

　　美國志願者李忠澤和黃勇早在為劉鳳瑞尋親之前幾個月，分別找到這次空難事故的報導，幾份老報紙簡要記錄了包括劉鳳瑞在內的四名機組人員（兩名美國空軍，一名巴西空軍）於1946年1月17日在奧克拉荷馬州埃米市（Ames）因兩架B-25J中型轟炸機在空中相撞而犧牲的事件。

　　這是那次事故的記錄，事故原因編碼MAC，意為空中碰撞（Mid Air Collision）。

日期	機型	序列號	中隊	大隊	基地	空軍	失事原因	等級	飛行員	國家	州	地點
460117	TB-25J	44-28919	C	2518AAF-BU	Enid AAF, OK	AFTC	MAC	4	Moore, Charles W	USA	OK	Ames/ 3mi SW

　　李礦瑾是個極其認真的記者，她告訴大家：我們的報紙頭版頭條登的都是"英雄"，開始我也有這個顧慮，但我後來找到了一句話。在北京人民英雄紀念碑上，正面碑文是：

　　　　三年以來，在人民解放戰爭和人民革命中犧牲的人民英雄們永垂不朽！

　　　　三十年以來，在人民解放戰爭和人民革命中犧牲的人民英雄們永垂不朽！

　　　　由此上溯到一千八百四十年，從那時起，為了反對內外敵人，爭取民族獨立和人民自由幸福，在歷次鬥爭中犧牲的人民英雄們永垂不朽！

　　為了反對內外敵人，爭取民族獨立和人民自由幸福，在歷次鬥爭中犧牲的都是人民英雄，這些飛行員難道不是嗎？

　　"撫慰戰爭創傷，宣導人性關懷"，湖南龍越"尋找戰爭失蹤者"項目負責人劉群發聲了："非常感謝河南媒體記者和志願者聯手，迅速找到了空軍飛行員趙光磊和劉鳳瑞。我們在與媒體對接過程中，也出現了各種聲音，因為這些空軍是國民政府派出去的，有些媒體無法審核通過此類新聞，遲遲不能參與。"

劉鳳瑞家人今兒去墳上祭奠，要告訴他們的爺爺奶奶："二叔找到了！"

當年的老屋不在了，但回家的路還在……

放心吧，親人們會想盡一切辦法接二叔回家，告慰先祖之靈。

18. 家鄉人民心中的英雄

來自民間的動人傳說

2018年8月19日，關愛寧波抗戰老兵志願隊"島主"（徐軍）邀請我加入"為抗戰英烈卓志元尋親"微信群，還帶來個好消息："找到卓志元的家鄉了！"

精彩動人的尋親故事就是從加入這個微信群開始的……

"我叔父的先生（這裡指老東家）叫卓志和，是卓志元的哥。"

這是寧波地區的夏永華（夏總）看到尋親文章"這三位長眠美國七十多年的浙江飛行員，你們認識嗎？"後發來的回饋。

突如其來的回應讓"島主"興奮起來，"你的消息讓卓烈士的尋親有了關鍵的一步：找到了家鄉，下步：辛苦你幫忙聯繫上親人。"

夏總："我叔父說，卓志和的父親叫卓葆亭，還是寧波建造協會委員，他出過資金，應該有他的名字和照片。"

每天，在遙遠的美國，我只能透過微信，遠程關注國內第一線志願者為尋找、安撫抗戰老兵，四處奔忙。手機上傳來的每一個進展，每一張圖片，都能讓我找到共鳴和感動！

不知經驗老道的志願者林華強從哪裡找到的進一步線索：

他的父親叫卓葆亭，浙江寧波鄞州區（原鄞縣）邱隘鎮上萬令村人！村裡人說：當年家裡是大財主。卓志元飛行技術超級一流，是在飛行表演時候，螺旋槳被彩帶纏繞，導致飛機停車墜毀！其後人有當浙江公安廳廳長，也有兄弟在上海開靈馬達廠當老闆。目前後人可能都在上海。

立刻有位志願者響應："邱隘我比較熟，我爸媽就住在那邊，離'上萬令村'很近。我方便去打聽和尋找。"

夏總也馬上附和："'上萬令村'的村書記，村長都是我的同學。"

"上萬令村"屬邱隘一個偏僻小鎮，不是那裡人，真的很難找。

"有夏總出面，帶領大家去，找人找路不會走冤枉路"，"島主"說幹就幹，大家欣然同意。

夏總的勁頭來了，進一步提供情報："卓葆亭是過去寧波'江東丙大米廠'的老闆，當時我叔叔在米廠打工，時間大約在1942年左右。"

根據這些線索，志願者們確信：卓志元是"上萬令村"人不會錯！

為了把烈士卓志元帶回家，我們想知道他在哪裡出生？他的父母、兄弟和姐妹今何在？他是怎樣走上抗日道路的？又因為什麼原因犧牲？

一連串的問題，猶如眼前層層迷霧。不過，尋親的路徑在志願者的堅持下，戲劇性地一點一點地鋪展開來……

《現代金報》和《寧波晚報》的記者願意採訪了！

"島主"帶著志願者，與《鄞州日報》及鄞州電視臺記者，和夏總約好時間，第二天一早，興沖沖直奔上萬令村。

那個地方是個卓姓村，志願者們不僅找到了夏總家原來的鄰居卓志朝，還採訪了村幹部。鄞州電視臺採訪卓志元烈士的新聞報導，在一套19：40，二套18：10相繼做了專題報導。

"上萬令村"的一個村民告訴大家，60年代他上學的時候，看到過記載著卓志元事蹟的石碑，碑上大概刻有500字，很詳細的記錄，就在卓家祠堂東邊廊屋靠牆立著。後來運動中被當作桌板案板，還在中間鑿洞，被搞碎後不知所終。

一番話，讓大家不免從心裡感到唏噓。

手機傳來視頻，"上萬令村"的村幹部在接受電視臺採訪時告訴記者：卓志元的父親叫卓葆亭，浙江寧波鄞州區（原鄞縣）邱隘鎮上"上萬令村人"，是當年的開明鄉紳，樂善好施，在鄉里出資辦過"希望小學"，遠近十分有名。只要村裡有人到寧波，都可以在他的店裡吃飯。過去村裡還有一個卓家祠堂，裡面立過卓志元的墓碑，可七十年代不知所終。

村民們中至今還流傳著老輩人關於卓志元的傳奇：世界六國空軍比賽千米高空投彈，誰把彈投進煙囪筒就是第一名，結果中國隊第一名投彈英雄是卓志元。第二、第三名駕駛員不高興了，想法把卓志元這架飛機紮了絲綢飄帶，飛機上天沒開多久，螺旋槳被彩帶纏繞，飛機就掉來了……

再後來，他們全家人陸續到上海去了，有兄弟在上海開靈馬達廠當老闆，也有的當了浙江公安廳廳長。

線索提供人是夏總93歲的叔叔，80年代他曾經到上海第九醫院看病，找過老東家卓志和（卓志元的親哥），卓志和的兒子在第九醫院當醫生，如果健在的話今年也有八、九十歲了。

歷史的車輪滾滾向前，一時間"山重水複疑無路"。上海那麼大，如何尋得卓家人呢？

有關卓志元的線索似乎都斷了！

可是，我們的尋親團隊沒有輕言放棄，還是那麼熱切地期待著，不停地分享著新信息，群策群議。

多虧了這些充滿熱情的第一線志願者，才能將來自四面八方的信息匯總理順，尋找到最接近的源頭，那就是卓志元的親人！

不過，鄉間傳言所謂卓志元"在飛行表演時候，螺旋槳被彩帶纏繞，導致飛機停車墜毀"，令人感到詫異。

民間的傳說，經常出自津津樂道傳播者的期盼，加油添醋，無中生有地增添了許多花頭和色彩。歷史上的那些人和事，隨著時間的流逝，如果沒有確切的記錄，真相有可能變得越來越扭曲，而與這些真相有關的歷史人物，也會變得越來越神秘。

尋訪空軍家人的過程，讓我進一步認清了尋找真實史料和例證對於歷史研究的重要性，這是一門綜合性極強的人文社會科學。

媒體的感召力

2018年8月22日，號召當地民眾協助尋找空軍烈士卓志元家人的報導，出現在《寧波晚報》頭版頭條。

> "英雄不該被遺忘，要讓英靈魂歸故里。如果你有任何卓志元或其他軍人的相關信息，請隨時與我們聯繫，讓我們一起幫助抗戰烈士尋找家人。"
>
> ——《寧波晚報》

消息發出後不到十個小時，一位晚報讀者，卓葆亭親妹妹的孫兒打電話到報社，說是卓志元還有親人在寧波。按親戚關係來說，這位讀者的父親與卓志元、卓志和是娘舅表兄弟。

《寧波晚報》尋找空軍烈士
卓志元家人的報導

寧波媒體的記者們還接到許多電話，以《寧波晚報》為最多，提供線索的人與卓志元的關係都較近。《鄞州日報》和《寧波晚報》的記者同時走訪了烈士的表兄弟。很快，"長眠美國七十年的鄞州飛行員後續│好消息！我們找到了卓志元的表兄弟"見報，通過網路傳遍了整個寧波地區。

媒體協助尋親，通常頭天登報，第二天准能找到親人！

卓志元的表兄弟叫潘文卿，95歲，雖然年事已高，聽力受限制，記性還不錯。記者只能通過筆和紙與他交流。

操一口寧波鄉音，他清楚地告訴記者：卓志元的父親就是卓葆亭，我的媽媽是卓葆亭的妹妹，叫卓意香。卓葆亭育有五兒五女，五個兒子依次為志紹、志和、志元、志偉、志軍，卓志元排行老三。五個女兒分別是韻清、韻玲、韻仁、韻宜、韻善。

在寧波開米廠的是二兒子卓志和，在那裡當過帳房先生的潘老居然還記得夏總的叔叔夏財生在那裡當了八年學徒。抗日戰爭爆發，為躲避日寇卓志和一家去了上海。他也證實了卓志和有個兒子，是上海一家醫院的X光師。

潘老提到在上海創辦馬達廠的是四兒子卓志偉，還記得一句響亮的廣告："開靈馬達，一開就靈"。據說卓志偉後來去了深圳，一家人定居在那裡。

五兒卓志軍是地下黨員，早年夏老還給他們寫過信，他們以前的地址是上海"仙霞路……"

真是"柳暗花明又一村"！

根據老人提供的線索，志願者和記者們逐一抽絲剝繭，順藤摸瓜，終於找到了卓家小兒子卓志軍的女兒卓衛敏女士！

《寧波晚報》是這樣報導的：

《寧波晚報》關於找到卓志元親人的報導

　　"一打開《寧波晚報》的報導鏈接，我瞬間熱淚盈眶！非常感謝《晚報》記者和志願者對我三伯伯卓志元的關注！"昨天晚上6點，定居上海的卓衛敏女士對記者說。

　　昨天，本報刊登了一群志願者幫助長眠於美國七十多年的寧波軍人卓志元尋親的故事。報導刊出後，很多熱心市民向本報提供線索，記者也立即根據線索進行尋訪。經過10小時不間斷尋訪，記者聯繫上了卓志元在寧波的外甥戴先生和在上海的侄女卓衛敏，並從卓衛敏女士處獲悉，卓志元有兩個弟弟仍然健在，都在上海。

《寧波晚報》記者王思勤，通訊員徐軍、嚴裕成、鄭瑤瑤在"熱點聚焦"整版報導了記者10個小時內尋親的過程：

　　時間：上午8點30分

市民潘先生來電：他是卓家人的親戚

時間：上午10點40分

檔案資料顯示：卓志元畢業於效實中學

時間：下午1點30分

卓志元表弟潘俊卿：卓志元有9個兄弟姐妹

時間：下午3點

卓志元表弟潘俊卿：卓志元的喪事是瞞著卓葆亭辦的

時間：晚上6點

卓志元侄女卓衛敏：卓志元還有兩個弟弟健在

"上一輩年紀大了，有關三伯伯的往事也鮮有人提起。看到關於三伯伯的報導，才發現很多事情我也是第一次聽說，感到特別自豪和激動。從昨天到現在，我一直捧著手機和家人分享這個消息。"卓衛敏滿懷激動的心情，漫溢的淚水在眼眶中閃動。

埋骨他鄉的空軍烈士是為中華民族而戰，為世界和平而戰，為正義而戰。尋找親人，是為了讓他們不被遺忘。不能再讓這些中國軍人默默無聞地流落在異國他鄉。我們這些後人所能做的，是盡可能幫助那些為國捐軀的中國軍人找回失散已久的親人，也讓家人們瞭解他們曾經走過的人生，告慰烈士在天之靈，讓烈士魂歸故里！

整個尋親過程，是懷有熱情和良知的志願者、媒體記者和廣大民眾共同努力的結果！

死亡不是真正的離別

從卓衛敏那裡，得知烈士卓志元的兩個親弟弟，96歲的卓志偉[1]、91歲的卓志軍都還健在。聽到這樣一個好消息，記者們立刻日夜兼程趕赴上海，去見卓志元最親的親人。

寧波志願者"島主"在微信裡再三叮囑："找到親人後，記得及時把他們邀請進本群哦，畢竟這裡幾位在美國的朋友及龍越志願者能提供第一手信息給卓志元的親人。"

科研工作者李忠澤多年積累尋找史料的經驗，此時充分發揮了作

---

1. 卓志元的四弟卓志偉於2019年5月24日不幸去世，享年97歲。令人欣慰的是：在他離世之前，得知了三哥卓志元的下落，希望他們能在天堂相聚。

用，卓志元赴美《入關記錄》和《死亡證明》很快從歷史的陳跡中找到了！

卓志元於1944年8月12日乘船抵達加州San Pedro港。

卓志元（Chih-Yuan Cho），1920年7月5日出生，1945年9月24日上午9:14分因飛機墜毀在亞利桑那州Pima郡去世，腦震盪、踝關節複合性骨折、下三位右股骨單純骨折、右腹股溝和會陰部撕裂。

我也從"美國航空考古調查與研究"網站上找到了卓志元當時的《飛行事故記錄》。失事位置所在地距離亞利桑那州 NW Ajo 空軍機場 30 英里，很難想像那是一次所謂的"飛行表演"。

日期	機型	序列號	中隊	大隊	基地	空軍	失事原因	等級	飛行員	國家	州	地點
450924	P-40N	43-24426		3028BU	Luke AAF, AZ		KCR	4	Cho, Chih-Yuan	USA	AZ	30M NW Ajo AAF, AZ

記者們下了火車，直奔上海交通大學醫學院附屬仁濟醫院去看望卓志元的四弟卓志偉，腿腳不便的五弟卓志軍老人也已經在家人的陪同下從養老院趕到了醫院。

《寧波晚報》記者用生動的筆觸，記述了與卓志元弟弟會見的情形：

96歲的卓志偉精神矍鑠、耳聰目明。他說，兄弟姐妹中，他與三哥卓志元最親近。"我和三哥年紀最相近，只差三歲。大哥、二哥都比我們大十多歲，五弟又比我們小很多。"卓志偉回憶，小時候他和三哥睡一張床，兩個人在一起玩的時間最多。"三哥比較活潑好動，體育尤其突出，是學校運動會上的風雲人物。三哥對新奇的東西非常感興趣，有段時間不知從哪裡弄來一隻小鼓，他甚是喜愛，綁在腰上，一邊走路一邊敲。三哥比較喜歡讀書，經常偷偷買一些進步書籍來讀。"

卓志偉說，三哥中學畢業後被選拔進入空軍學校，"在當時那個戰亂的年代，當兵這條路危險係數很高，即便如此，三哥仍以當兵為豪，要為國家奉獻一份力量。當他把被選上空軍的消息告訴父母時，父母有些捨不得，但看他一腔熱血，最終還是選擇默默支持。"就這樣，年輕的卓志元離開了父母和家人，加入了空軍隊伍。

"三哥在國內空軍學校學習的時候，經常給家裡寫信報平安，他最後一封信裡說要去美國受訓，從此家裡就再也沒有收到他的來信。抗戰年代，他又是飛行員，父母特別擔心他。但我們怎麼都沒想到，最後等來的竟然是他犧牲的消息。"卓志偉告訴記者，消息最早是三哥的朋友、飛虎隊隊員周訓典帶來的。

記者瞭解到，周訓典也是寧波人，抗日英雄。1944年，周訓典作為中美空軍聯隊第五大隊第27飛行中隊成員，正式投入抗擊日軍的空戰第一線。到1945年8月日本投降時，周訓典共參加大小戰鬥71次，屢建戰功。

卓志偉回憶，"周訓典還把三哥的遺物，比如衣服之類的，一併送了回來。大家難過極了，一開始還瞞著父親，後來實在瞞不住了，才跟父親說起。父親特別傷心，後來在卓家祠堂裡給三哥立了塊碑。"

卓志偉說，三哥具體在哪裡犧牲的，遺體在何處，家人統統都不知曉。"感謝志願者和媒體幫忙，將這個沉痛的謎底揭開，我也就安心了……"

五弟：我受三哥進步思想影響參加了革命

"我跟三哥相差八歲，他在學校讀書的時候，我跟著爸媽到處跑，說實話，和三哥真正相處的時間並不多。"卓志元的五弟卓志軍告訴記者，三哥非常喜歡看書，最喜歡讀魯迅的書，他文章也寫得特別好。

卓志軍說，抗日戰爭爆發後，為了報效祖國，三哥去當兵，還被選拔去美國參加飛行訓練。那段時間，三哥幾乎音信全無，家人遲遲等不到他的來信，還好有一份美國的報紙通過一些

寧波志願隊的志願者在仁濟醫院與
卓志元的弟弟們交談
（"關愛抗戰老兵"寧波志願隊提供）

途徑轉到家裡，報紙上有一張卓志元穿著飛行服在飛機上的照片，父親當時看到了非常高興，"能上報紙的飛行員，肯定是非常優秀的，這對我們家而言，也是一件極其榮耀的事情！"

"三哥犧牲後，他同在美國受訓的朋友告訴我們，三哥在美國除了學習訓練，就是寫寫文章，別的學員空余時間會去跳舞娛樂，他從來不去。"卓志軍說，三哥為人正派，自己早年正是受到三哥進步思想的影響，參加了革命，成了中共地下黨的聯絡員，常年奔波於上海寧波兩地，為兩地地下黨的活動傳遞消息。

"因為家裡一直不知道三哥遺體在哪，無處尋訪，父親就在祠堂裡設立了記錄三哥經歷的石碑作為念想，那是三哥留存於世的最後紀念，後來連這塊石碑都不知所蹤。如今，知道三哥在美國的埋葬之地，我真的想去那裡看看呀！"卓志軍說。

在場的卓家人還提供了一份珍貴的資料——卓葆亭的友人於民國三十六年（1947年）撰寫的《卓君志元殉職空軍記》。資料上寫到，卓志元在效實中學讀書，民國二十九年（1940年）選入成都空軍學校，民國三十二年（1943年）到美國的航空學校學習培訓，民國三十四年（1945年）七月畢業，九月二十四日飛機失事殞命，"甬水長流，天馬行空，壯志不還，亦是悲矣……"

卓葆亭為早逝的三兒子卓志元寫的悼文，就是立於卓氏鄞縣上萬令村祠堂石碑原文（卓志元家人提供）

兩位老人從家裡帶來多年珍藏著的老照片，可惜關於卓志元的照片一張都沒有留下。老父親親筆為赴美犧牲的三兒子卓志元寫的悼文，其實這就是當年上萬村裡那塊紀念碑上的500字碑文，讓大家看著感動不已！

空軍烈士卓志元在美國德州布利斯堡國家軍人墓地，墓碑號5D
（張勤拍攝）

　　隨著對卓家家史的瞭解越發深入，發現卓葆亭是清末的舉人，當過浙江鄞縣江東鎮鎮長，是靈橋籌建委員會委員，當年在寧波赫赫有名。他從商也行善，是鄉里的開明紳士。1954年，卓葆亭還向寧波"天一閣"捐書141冊，碑帖25本，字畫14幅。

　　"壯志未酬三尺劍，故鄉空隔萬里山"，大洋彼岸七十多年前葬身荒漠的卓志元一定能體察到家鄉父老親人對他的無限懷念。

　　　"死亡不是真正的離別，忘卻才是。那些逝去的人，靠著我們愛的記憶，會繼續存在於另一個世界。"所以，我們相信，卓志元在眾多親人的緬懷下，在廣大寧波市民的紀念下，他必然長存於世。

——《寧波晚報》王思勤記者

　　志願者們用他們的愛心和不懈努力，在茫茫的人海中找到卓家人，告慰了長眠於美國七十多年、抗戰空軍卓志元的在天之靈。

　　"卓志元，全家人一直在等著您！"

英雄永遠活在人們的心裡

志願者"島主"在微信上總結全程尋親三個關鍵點：

　　其一，國內外李安、盧維明、李忠澤等眾多歷史愛好者收集核對信息，歷經半年終於在八月中旬確定卓志元籍貫地。——線索定位。如果沒有他們的努力，尋親根本沒有方向。

　　其二，寧波關愛抗戰老兵志願隊發佈尋親自媒體信息，一條條線索在志願者的微信朋友圈裡彙集。島主->張亞男->夏永華，這條線發現信息：鄞州邱隘上萬令村當年卓葆亭老闆的兒子卓志元是飛行員，飛機失事犧牲。關鍵突破！最重要的信息，此後一切都圍繞這個展開。

　　其三，以《寧波晚報》為代表的傳統媒體介入，王思勤等記者詳細全面報導，獲得了卓志元親人的聯繫方式。——尋親成功。媒體的力量很強大。

為卓志元烈士尋親成功之後，看到卓志元侄女卓衛敏發到朋友圈的感言，讓我又感動了一次：

　　下午我為自己泡了一杯咖啡，靜下心來慢慢理清思路，我相信，那些長眠在地下的英烈們一定會欣慰的，我們的志願者們為了尋找他們的家人付出了多少努力。"關愛抗戰老兵寧波志願隊"給予我們的幫助實在太大了！幫著聯繫各方面的媒體、提供電視臺的報導，還在繼續收集和整理資料……在這裡，我們要特別感謝的是在美國的李先生，兩個星期以來，他完全利用業餘時間，廢寢忘食幫我們收集史料，志願隊們一致公認："找卓老英雄，李兄應記最大功！"還有周卓冰，這次他是專程從寧波趕到上海，踏上了尋親之路。回到寧波後，立刻投入到完成《卓君志元殉職空軍記》電子版的工作，在校對過程中，遇到很多了繁體字、句型等問題，增加了難度，隊員林華強在這方面是強項，他是這麼回答我的："只是平時喜歡收藏古舊書籍而已！"；隊長島主帶領著這樣一支人才雲集、特別敬業、樂意奉獻的隊伍，令人欽佩不已！昨晚已經是半夜12:19，他寫下了這樣一句話："眾人接力，終於有結果，感覺做夢一樣的。付出收穫成功！"

　　我看了之後，感慨萬分：有這樣一支志願隊的幫助，長眠於美國七十多年的寧波飛行員卓志元的尋親之路，才能得以如此地順暢！

是的，如果沒有來自第一線的志願者們積極提供線索->收集信息->認真核對->縮小範圍->最終確定卓志元家人，我們依然在尋親之路中迷茫徘徊，不知所求。

最後，一定還要感謝浙江志願者"島主"、林華強等的對接，浙江日報記者王晨輝率先報導（8月19日）烈士尋親信息，寧波媒體包括《鄞州日報》、鄞州電視臺等8月20日起連續報導。還有，還有無數在台前幕後不斷支持、關心著尋找赴美空軍家人的人們。

卓家人終於找到了三哥的下落，他們迫切想知道他的犧牲的真正原因，趕緊委託在美國的親戚訂購《飛行事故報告》，從而幫助瞭解到那次飛行事故的確切原因。

CADET C. Y. CHO CAME FROM CHINA as one of the hundreds of Chinese who were trained at the Marana base before they returned to officer their own air force in their homeland.

《圖森公民日報》（Tucson, AZ）1945年9月2日刊登的卓志元照片
（译文）學員卓志元來自中國，是數百名在馬拉納基地接受訓練，
然後返回自己祖國的空軍軍官之一。

以下是指導那次編隊射擊訓練的中尉路易士·福特的證詞：

我，中尉路易士·福特（Lewis C. Foote），代號O-725705，當時正在帶領一個由五架P-40型飛機組成的空中射擊陣型，其中飛行編隊3號位是准尉卓志元，代號＃878，不幸於1945年9月24日在上午9點15分殉職。

上午8點30分起飛後，機群先是朝地面＃1目標下投彈，然後集體朝中尉理查.C.布里格斯所駕駛空中拖曳標靶飛機方向，也就是

空中範圍G西端匯合。

完成了編隊匯合之後，我帶著2號位准尉朱培基（Chu P. C.）代號＃881組成空中編隊射擊模式。同時命令3號卓志元、4號及5號提升飛機高度，並飛到後面去，為的是遠離空中拖曳標靶飛機，因為只允許兩架飛機同時處於射擊模式。

拖曳飛機向東飛行，飛行高度為8000英尺，正往左側穿越。四到五輪射擊之後，我的機槍卡殼了，我被迫離開編隊射擊模式並通知3號卓志元，讓他進入射擊模式並開始射擊。隨即我駕機飛到拖曳飛機的上方和後方，這樣我就能觀察到學生們是怎樣進行穿越射擊。

我觀察了兩機大約四次穿越射擊，然後調轉機頭換個位置以其獲得更好的觀察效果。當我剛轉過機頭，看見准尉卓志元駕機轉彎過了頭！他立刻試圖將機頭向上拉過目標避免與其相撞。可是，當飛機向上飛的過程中左翼還是撞到了目標，接著飛機迅速垂直旋轉下落。我看到准尉卓志元在離地面上方大約1500到2000英尺高度時打開降落傘。失控的飛機則以極高的速度繼續墜落……撞向地面起爆，准尉卓志元也摔落在飛機附近。

學生在進行90°高空穿越打靶練習時，應該與拖曳飛機並行飛行並且要提升到拖曳飛機1500至2000英尺高度以上，在射擊完後從目標後方和下方脫離。這是在教學中反復強調過的！

中尉路易士·福特（簽字）

《飛行事故報告》還提到，當救護人員找到飛行員時，發現他伏地而躺，距離燃燒中的飛機大約一百碼。由於事發地點離機場30英里，事故發生後兩小時救護車到達時，任何搶救措施已無力回天。經飛行外科專家檢查，認為可能是跳傘時撞到飛機某個部位，另外降落傘的尼龍帶也深深地割傷了飛行員身體，這些都表明他以極高的速度拉動開傘索，這兩項嚴重創傷的結合是導致死亡的主要原因。

對飛機殘骸進行的檢查顯示，標靶的一部分刺穿了皮託管和左翼後緣，這樣就拉得過緊。調查委員會收到的所有證據表明，飛機轉彎過頭使可飛行範圍受堵，導致飛行員失去對飛機的控制。由於飛行時碰到了標靶，兩英尺拖纜保留在機翼上，使飛機失去平衡，駕駛員試圖駕機超越目標，飛行時違背了正確的操作方法。事故的發生在於飛行員當時判斷不夠準確，沒有足夠證據表明因機械失效或人為破壞所致。

……

　　逐字逐句仔細翻閱著動人心魄的《飛行事故報告》，特別是卓志元《死亡報告》所描述墜地後的慘狀，感到寒徹骨髓。為他遭受萬般痛苦而難受的同時，腦海中又浮現起卓志元家鄉流傳著的關於這位卓家子弟的傳奇故事。

　　我突然明白了，當地百姓們出於對家鄉英雄的崇敬和愛戴，善意地"創作"出那些英雄故事，就像關於古代歷史人物那些膾炙人口的典故，代代相傳，讓英雄永遠活在人們的心裡，永遠，永遠……

　　2018年11月12日，應卓家人之邀，我與大家在上海虹橋陳香梅故居聚會，這是一個意義深遠的地方。特別讓我高興的是：自從卓家父母兄妹陸續離開寧波老家，堂親表親失散幾十年，這次為空軍烈士卓志元尋親，浙江媒體廣為宣傳，讓卓家離散多年的後代們彼此相識，有機會聚集到了一起。

　　卓志元五弟的女兒卓衛敏感歎地，"以前只聽說老家寧波沒有人了，沒有想到，因為三伯伯，一下子找到了這麼多的親戚！"

　　是的，重新找回來的親戚們中不僅有在中國的，還有不少定居在美國的。

　　2019年春節，有心的卓衛敏特地帶著年貨，喜氣洋洋地回寧波老家去認親，那裡有她從未謀面的伯伯和叔叔們。

筆者到上海與卓志元的家人見面

19. 烈士遺跡今何在?

空軍標配, 一塊歐米加手錶

2018年8月5日晚8點, 中國央視CCTV1"等著我"第四季播放了《時隔74年侄女替"二叔們"尋找家》。

一位網名叫"樂陶陶"的女士從電視上發現了她二爺爺的名字, 立即與央視"等著我"網站後臺聯繫。

電話裡, 高志梅也就是"樂陶陶"激動地說, 當看到電視上播出"等著我"為赴美空軍尋親, 看"求助者"激動地講述尋找赴美殉職空軍的故事, 心裡就預感到名單裡一定有他家幾十年苦苦尋找的親人, 二爺爺高銳!

"要是早一點知道你們在幫助空軍尋親, 我可能早就找到二爺爺了。"節目結束後, 她立即給央視尋人團發郵件, 又從網上找到龍越基金會的消息, 於是雙管齊下。

根據高志梅女士的介紹和臺灣盧維明先生提供的資訊, 關於高銳的歷史碎片被一點一點整理出來了。

> 高銳, 男, 1919年出生, 祖籍江蘇省徐州市, 生於河南省沁陽。
> 父親: 高子靜, 母親: 高許氏, 哥哥: 高鐸, 姐姐: 高蘭英, 弟弟: 高鏞, 均已不在世。
> 高銳參加空軍之前就讀"中央航校飛機製造專業"。由於抗日戰爭的需要, 他毅然放棄學業, 參加空軍, 被送往美國, 成為亞利桑那州Marana訓練基地高級班飛行生。到美國後, 他還定期給父母寫信。

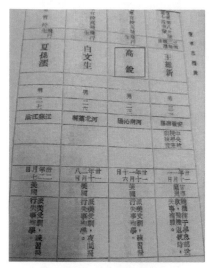

高銳是空軍官校十三期第三批
飛行生（盧維明先生提供）

1942年11月16日，高銳駕駛
Vultee BT-13A在亞利桑那州的Mara-
na訓練基地一次飛行訓練中，因飛
機失速旋轉而犧牲。

據維基資料記載：Vultee BT-13
是第二次世界大戰期間大多數美國
飛行員駕駛的基本訓練機。這是飛
行員三階段培訓計畫的第二階段。
接受PT-13，PT-17或PT-19初級培
訓機培訓後，學員繼而更複雜的
Vultee飛行訓練。幾乎所有在美國接
受過訓練的飛行員都必須學會BT-13
的基本飛行技能。

BT-13比起過往教練機具有更強
大的發動機，速度更快，機體更重。它要求學員使用與地面的雙向無
線電通信，操作著陸襟翼和雙位置漢密爾頓標準可控螺距螺旋槳。但
是，該機沒有可伸縮的起落架，也沒有液壓系統，襟翼由曲柄和電纜
系統操作。

Vultee BT–13A（公共領域圖片）

然而，BT-13在接近高速飛行速度時會產生劇烈搖晃，特別在驚險的
飛行演習中，頂篷會振動。起飛時，這種雙位螺旋槳在高速運轉時產生
刺激性振動，使該機迅速獲得了"振動器"（"Vultee Vibrator"）的綽號。

空軍學員高銳所駕駛的BT-13A就是因為飛機旋轉失速而失事。

高家唯一留下有關高銳的紀念品，是他犧牲後戰友從美國帶回來的遺物，一塊久經歲月磨礪，表面已經發黃的歐米茄手錶（見右圖），當時空軍的標配。高家人至今當作傳世珍寶小心收藏著。

看到高家發來的照片，我不由自主浮想聯翩："既然是標配，我二叔當年是不是應該也有這樣一塊歐米茄手錶？現在到哪裡去了呢？會不會隨那架TB-25D（41-29867）一起消失了？還是隨《陣亡通知書》由軍政部送到昆明我祖父母的手中？"

高銳留下的遺物，一塊歐米茄手錶
（高銳家人提供）

尋找赴美殉職空軍相關文章和微信陸續發出以後，我收到許多熱心讀者來信，紛紛表達對抗戰空軍為國英勇獻身的崇高敬意。來自美國的讀者黃勇找到不少相關資訊，其中就有空軍高級班學員高銳殉職後當地報刊的空難報導。

《圖森公民日報》（Tucson，AZ）和《亞利桑那每日之星報》（Arizona Daily Star）分別報導了1942年11月16日發生的兩次空難，造成三人死亡的重大事故。

那天高銳駕機進行單飛訓練。在離 Marana 機場以北10英里的地方引擎突發故障，從空中直接栽到了地上，人機俱毀，事故原因無從考證。

同日，太平洋飛行學校一架練習機從圖森市某機場起飛，低空急速轉彎不當，猛然衝撞到火車路軌上，這架雙控制飛機上的飛行學員和教練員（Wood and Braham）當場死亡。

美國航空委員很快對這兩起空難進行調查。

"每天早上起床，不確定今晚是否可以活著睡在這張床上。"詼諧卻又意味深長的調侃，在戰時空軍飛行員口中流行。

亞利桑那廣渺無垠的沙漠上空，無數空軍飛行員在這裡展翅翱翔，還有多少在空中不幸折翼……曾經被戰機燒灼的土地，在夕陽的餘暉下兩架飛機，三位空軍駕駛員殉職，他們是中國官校學員、美國飛行教官和學員。
（引自《圖森公民日報》）

呈現出火焰般的嫣紅。透過雲霧飄渺的天空，舉目遠眺，生命的悲歡離合就在那地平線消逝的地方。

韓家花園的後人

為了幫助殉職空軍韓翔尋找家人，志願者們在四川江油一帶四處打聽，分頭尋找……隨著一個叫韓光濤的親人去了臺灣，眼下唯一的那條線索斷了！

正為走投無路而犯難呢，志願者突然收到一條微信，發信人叫韓揮，說他是韓子極的孫子，韓翔是他的堂叔。前些日子因手機故障，沒有及時看到志願者發的消息。他目前住在成都金堂，很高興終於得知堂叔韓翔埋葬在美國的消息！

他還告訴志願者，當年他爺爺和父親在南京的時候，韓翔正在那裡讀大學，日軍攻進首都南京時才離開。日寇大開殺戒，血洗南京城。不難想像當時的韓翔是懷著怎樣的義憤去報名參加空軍。韓翔在美國犧牲後，韓揮的父親韓光甫偷著跑去加入遠征軍，參加過密支那戰役和八莫戰役。沒想到後來，韓家花園被沒收，成了縣委招待所，現在已經全部被破壞殆盡！

韓光甫四川大學畢業後參加教育工作，在國家糧食部門工作，因參加遠征軍這段歷史，被戴上了"國民黨反動軍官"、"歷史反革命"、"特務"等一系列大帽子，受到極不公正待遇，直到1981年平反。1986年去世時才60歲，真是令人唏噓！

為中華民國空軍尋找家人，讓我有機會走進這些抗戰老兵的家庭史，見識了太多的歷史悲劇，太多的無奈，太多的憋屈，太多動人的故事。因為戰爭和時代的創傷，不少親人們還是有顧慮，不願意多說，不想讓外界知道的太多。

我們所要做的，是尋找世紀的真相，讓中華民族子孫萬代不忘記過去。每一位為國家奉獻過青春和熱血的人，都應該被歷史牢牢記住，因為他們是中華民族的英雄。

無獨有偶，通過谷歌搜索關鍵字"韓翔，空軍"，我突然發現了一位叫祖淩雲的臺灣空軍少將，在他的回憶錄《我的早年空軍生涯》中居然也提到韓翔！

> 在成都的最大收穫是認識了我的終身伴侶——韓永英，起因是靠一篇文章，後來又是靠書信，故我稱之為文字姻緣。
>
> ……
>
> 民國三十五年十二月中旬某日，朋友李燕翔帶我去少城公園附近的君平街韓府，他說要介紹我認識一位名叫韓永英的小姐。我們到達時，韓家人說小姐出去了，於是我們坐了一會便告辭。剛走到君平街口，就看到一位穿紅色外套的小姐和一位小女孩迎面走來。李燕翔當即為我介紹：這就是韓永英小姐。她毫不拘謹，落落大方。我讀小學時班上就有女同學。讀中學時，座位就在女同學的後面，但我們從來不交談，有時還故意避免眼光接觸。此時的景況令我耳目一新，她正是我心儀已久的，那種性格的女子。後來李燕翔告訴我，她的老家在江油縣中填韓家花園。她的父親叫韓子揆，曾留學日本，當過四川省公路局副局長。金堂縣的水力發電廠，就是他設計建成的，現在是四川大學的教授。她的大哥韓翔，空軍官校十四期畢業，在美國當教官時失事殉職。她在家排行第四，現在在成都讀書。人們常說：無巧不成書！

昔日馳騁藍天的祖淩雲1926年出生，現年92歲，韓家漂亮的四姐韓永英91歲。因年事已高，2018年夫婦攜手住進了位於加拿大溫哥華的"列治文天恩頤安院"。

好巧！我原先在溫哥華居住時造訪過這家養老院，一切並不陌生。

真是一個小世界！

獲知祖將軍的聯繫電話後，我正巧回溫哥華探親，下了飛機趕忙聯繫，雙方話匣子一打開，關不住了，約好馬上去養老院看望他們。

祖先生除了耳朵有些背，看上去身體挺硬朗，聽說我要來，早早地跑下樓去等。據他說，每天堅持到院子裡去"跑步"鍛煉身體，是雷打不動的日常安排。

作者和韓翔的妹妹韓永英、妹夫祖淩雲（李安提供）

不巧韓永英阿姨剛做過髖關節手術，肌肉組織尚未痊癒，行動很不方便。

祖先生指著妻子，臉上帶著滿心的憐愛，開玩笑說："我29，她19，你看像不像？"

望著相親相愛的夫婦倆，我被逗樂了！

祖先生戎馬一生，能文能武，與妻攜手共渡，相識於大陸，喜結連理在臺灣，最後隨兩個女兒移民加拿大。白頭到老，相依相伴，依然伉儷情深。

說到同父異母的哥哥韓翔，韓永英阿姨一個勁兒地對我說："你真有心啊！這麼多年過去了，比我們家人還惦記著！"

我能不惦記嗎？他們都是抗日英雄啊！

韓永英說她記不得為什麼哥哥改名叫韓翔。因為，按照韓家的輩分，男孩子是"光"字輩，女孩子是"永"字輩，韓翔的本名應該是韓光翔。

後來，家人猜想，也堅信他當時瞞著父母去參軍，才把名字改叫韓翔。韓家人都還記得韓翔犧牲的消息傳到韓家花園後，韓翔的母親悲痛至極哭泣不已……[1]

22歲青春年華早早離去，在遙遠偏僻的艾爾帕索地下躺了七十多年才被親人知曉，震撼太大了！

戰爭，不僅讓這個年輕人改了名字，也改變了命運。

---

1. 韓翔犧牲過程見十五章"從韓家花園到空軍官校"

HAN CHIANG

Likes America—especially the movies and on the serious side would like to continue his studies in physics which were interrupted by the war and now he'll blast the Japs out of the sky before returning to his studies.

（圖中英文翻譯）"他喜歡美國——尤其是電影。說正經的，他希望將來能繼續被戰爭中斷的物理學習，而現在，他要先將日本鬼子趕出藍天。"

軍史愛好者于岳（靜思齋）得知我找到了韓翔的妹妹，特地將他所收集的空軍官校十四期同學錄裡的照片發給我，讓我轉交給韓翔的親人。

四川韓家花園人才濟濟，英雄輩出，抗戰空軍韓翔是他們當中的一個，雖然早已經化歸塵土，健美陽光的形象依然如此鮮活，我們會永遠懷念他！

舅舅出現在空軍訓練視頻裡！

美國志願者李忠澤找到了原北京匯文中學學生夏孫澐[2]的《死亡報告》：

> 送至醫院時已經死亡，骨折，多發顱骨，軀幹和四肢，全身撕裂。
> 聯繫地址：202 Gishi Road，Shanghai，China
> 父親：Mr. Hsia
> 母親：（空白）

他問我："是否知道上海這條街道的中文名字？"

我這個所謂的"上海人"，除了上網查看"上海老地址中英對照"，沒有其他主意。

可查了半天，還是找不到"Gishi Road"。

---

2. 見第十五章"來自'匯文中學'的抗戰烈士"

那年頭，許多年輕人瞞著家人，偷偷跑出來，不是隱瞞了年齡，就是隱瞞了家庭，有的甚至還更換了名字。

今天可麻煩了，我們想為你們找家人，哪怕回原籍也無從發現線索啊！

遠赴大洋彼岸學習飛行的空軍學員夏孫澐，就是他們中的一個。不幸殉職在美國，埋葬在異國他鄉七十多年，沒有前來相見的親人！

"眾裡尋他千百度，驀然回首，那人卻在，燈火闌珊處。"

2019年1月最後的那一天晚上，我突然收到好友聶崇彬從香港發來的微信：

激動啦，原來我小舅的舅舅也是去美國的空軍！

爾後，見她轉發一條視頻，那是當年抗戰空軍赴美受訓時錄製的一個宣傳片，並附兩張截屏，急切地告訴我："影片中那位拿著家人照片給戰友看的空軍就是我小舅的舅舅！"

她指著殉職空軍名單第21位：

Sun, Yun Hsia 夏孫澐

實在太意外了！

手機屏幕不由自主地顫抖起來……激動，讓我暫時忘記了控制情緒。

"夏孫澐啊，你的家人終於找到了！"

按照空軍尋親程式，儘管家庭成員的細節還需核實，但我從微信上看到崇彬小舅葉克定老師發來的幾句話，立刻確信無疑，"就是他！"

誠如第十五章"他們都是家世良好——來自'匯文中學'的抗戰烈士"裡提到：在尋找夏孫澐的過程中，我們一直沒有搞清楚，為什麼一個南方人會到"北京匯文中學"去讀書？還有就是"202 Gishi Road"是老上海哪一條馬路？

我曾經在上海大學同學群裡發微信，希望能通過那條對應的地址，找到他的家人，可始終一無所獲。

現在，終於真相大白！

聶崇彬和我同為"海外女作家協會"會員，她從香港理工大學畢業後擔任酒店管理工作，移民美國後棄商投文，長期擔任《星島日報》記者，出版《夢尋曼哈頓》，《行走美國》，《年華若水》，《聶氏重編家政學》等一系列紀實歷史書籍。她還是晚清名臣曾國藩的後代，她的曾祖父聶緝槼是曾國藩的女婿，曾經擔任上海江南製造局總辦，上海道台，後任江、浙、皖巡撫等要職，屬於不折不扣的"世家望族"。

"中國航空學員在美國的培訓"視頻截圖，
圖為夏孫澐

"中國航空學員在美國的培訓"視頻截圖，圖
為夏孫澐家人合影

又是一位出自名門，為了抗戰，不惜犧牲一切，毅然決然參加空軍，走上戰場的中國男兒。

夏孫澐的父親夏挺齋是一名外交家，熱心教育，1909年和劉寶珊、周佑曾、楊承本、謝幼陶、王希玉等10人在江陰成立"澄翰兩等小學堂"（現被更名為澄江中心小學，是江陰市重點學校。）。

該校百年校史，桃李天下，走出了一大批卓有成就的名人，如劉氏三兄弟（劉半農，劉天華，劉北茂）、原中宣部副部長朱穆之、原北師大副校長顧明遠、空氣動力學家曹鶴蓀等。

空史收藏者于岳得知夏孫澐家人終於找到了，立刻又發來一張照片，請我"轉交夏家人"。

比對視頻，他說非常相像，眉毛很長，很有特徵。

HSIA SUN-YUN   **Age 24**

He loves nothing better than music
from a B-24. Definitely a skate—but
good!

空軍官校十三期第三批赴美空軍夏孫澐（于岳提供）

這本空軍學員名錄是這樣描述夏孫澐的："除了駕駛B-24轟炸機之外，他還喜歡音樂，當然，滑冰也不錯。"

1935年《北京匯文中學年刊》記錄顯示，夏孫澐不僅滑冰不錯，還創造過全國滑冰記錄呢！

根據那部記錄片其他學員所屬官校和赴美期數，以及後來的入關記錄，我們推斷出夏孫澐屬於空軍官校十三期第三批赴美學員。

中國人民抗日戰爭暨世界反法西斯戰爭勝利七十周年之際，北京"匯文中學"整理彙編出一套包括"匯文烈士"在內的珍貴校史檔案，將十幾位航空烈士和許多參加抗戰的熱血青年事蹟對外展示，以此向英雄致敬，用烈士的精神鼓舞當代青年學子，以期代代相傳。

夏孫澐啊夏孫澐，我們找您找得好辛苦！

不知怎麼的，冥冥之中總覺得他就在不遠處等著我，招一招手，緩緩就過來了……

歲月如流，韶光似箭，七十多年過去了，我們終於為您找到了家人，真的非常巧！

不是緣分註定讓我們相會，又該怎麼解釋呢？

2019年3月2日，夏孫澐的外甥葉老師特地委託居住在美國德州的朋友去墓地祭奠失散已久的舅舅，還為每一位埋葬在那裡的抗戰空軍獻花以表敬意。

夏孫澧參加滑冰比賽（北京匯文中學提供）

全國滑冰記錄保持者夏孫澧（北京匯文中學提供）

夏孫澧家人請居住在美國的朋友
到德州陵園代為祭奠烈士
（夏孫澧家人提供）

"一張圖勝過千言萬語"

2018年11月6日晚11點，"空軍尋親群"突然又出現一條消息："剛接到一個電話，說是安葬在德州公墓的白文生的孫子，和誰聯繫呢？"

喜歡古代漢裝的志願者飛雪（王慧景）立即蹦出來了："白文生？河北的？"

飛雪的微信頭像是一位穿著白色漢服的少女，在嬌柔少女的背後卻赫然聳立著最近熱播的"捍衛者"—— 姚子青。

一定是最近新改的微信頭像，記得飛雪以前的微信頭像是一舞劍白衣俠女，如同她悲壯的自勉詩句："豈曰無衣，與子同袍！豈曰無衣，與子同澤！豈曰無衣，與子同裳！"——取自《詩經·秦風·無衣》。

心頭一熱，趕忙送去遙遠的祝賀："太好了！謝謝！"

可是，飛雪和白先生接觸後，很多細節還是確定不了。

"白文生的經歷，都是聽家裡人說的：西安上的軍校，後來到了南京，從哪裡去美國不知道。"飛雪停頓了一下，繼續輸入："河北藁城那一帶白姓應該不是太多。我找朋友問問那個縣城白姓有多少，這樣範圍會更縮小一點。"

期待已久的志願者們焦慮起來了。來自西面八方的眼睛緊盯著小小手機屏，不約而同地盼望著能出現一些令人鼓舞的詞句。

"白文生有五個兄弟，他排行老四，分別是：白文功，白文傑，白文瑞，白文生，白文靈。"飛雪又補充道："如我所說，白文生父親的姓名中的三個字對上了兩個，可能性較大。"

不知是為了寬慰大家還是確有底氣，飛雪再次強調："可能性是極大的！"

為了補充這個"極大的可能性"，她繼續輸入：白先生從小聽說他爺爺去美國，可能死在那邊。以前家裡還有一張照片，他奶奶去世的時候一起下葬了。政府好像還給他們家寄過一份去世的資料，卻讓他大爺爺撕了，說是"人已經沒有了，要這個也沒用！"

白文生是黃埔十六期，這些資料從網上可以查到。

突然記起來了，我有白文生的《飛行事故報告》！

白文生是張恩福黃埔軍校十六期同學，空軍官校十四期第三批赴美學習飛行。而張恩福不巧患了傷寒，無奈之中被延期到十五期第五批赴美。張伯伯還告訴過我關於白文生的一個匪夷所思的故事。

　　在卡拉奇，某天早上起床，他突然看到十四期第三批赴美同學白文生，穿一身白衣愣愣地站在床前，剎時驚呆了！

　　回過神來仔細看，屋子裡卻空空蕩蕩，什麼人都沒有。

　　是眼花了嗎？不可能！

　　後來，見到其他學員後，他還心有餘悸地提起此事。可時間一長，漸漸放腦後了。沒想到，船至紐約，突然傳來了"白文生出事了"的消息！

　　那天的日記是這麼寫的：

　　　　1943年1月31日（到達紐約）

　　　　上校帶來了夏功權的信，十四班同學白文生殉學。真奇怪，為什麼我在卡拉奇出神出鬼的？那天還同人說，好像白文生站在寢室中，一細看又沒有。

　　為了研究空軍飛行失事原因，我特意多訂購了幾份《飛行事故報告》，其中恰巧有白文生，對那次飛行意外有了更多的瞭解。

　　1942年12月8日（週二）下午20：45，白文生在亞利桑那州馬拉納（Marana Field）機場，駕駛教練機BT-13（編號為41-23021）進行夜間單飛訓練。

　　按照原定訓練計畫，他被安排在20:45到21:30之間進行起飛與下降練習。遵從指令，白文生駕機在指定區域正常起飛，隨之降落了一次。在21:30的時候，再次遵從指令進行著陸練習。按照規定動作，飛機下降，繼續下降，準備著陸……就在這個時候，隊長突然發現前方跑道有另一架飛機擋路，而白文生駕駛的BT-13急速俯衝……霎時間，撞地墜毀了。

　　事故調查委員會最後的結論是：因為學員的飛行經驗不足，按照訓練隊長的說法，在這種情況下，飛機在大約200英尺的高度應該能夠及時拔高或調整方向。

美國志願者黃勇找到1942年12月13日的一則短文，當地《艾爾帕索時報》（El Paso Time）以軍隊為主題的相關報導中提到了白文生的逝世。

　　　　盟軍空軍學員白文生在上週一次預定飛行事故中殉職，他是為了捍衛國家反抗外敵而參加訓練。布利斯堡的國家公墓，將按照隆重的軍人儀式安葬白文生。

《亞利桑那共和報》1943年12月14日也發表"中國空軍學員的安葬儀式安排好了"的報導：

　　　　圖森，12月11日要為白文生提供喪葬服務。他是一位中國飛行學員，在週二晚上在馬拉納機場以西約一英里的地方墜毀。周日上午，負責馬拉那機場中國飛行支隊少校指揮官譚以德（Y.T. Thon）將主持葬禮。

　　　　根據馬拉那訓練基地公共關係官員公佈：致命事故發生在週二晚上9:30，當時白文生正在進行例行飛行。

　　唉！難怪人們都說：空軍飛行員的每一次起飛和降落都要感謝上蒼。

　　冥冥之中是否有神靈？

　　如果說沒有，為什麼十四期同學白文生會出現在張恩福的面前？白文生犧牲的時間為1942年12月8日，那時十五期第五批學員正在卡拉奇，符合張恩福後來的回憶……越往下想，細思極恐，實在不敢妄自亂下結論。

　　是否可以歸結於一種心靈感應？待命出發時張恩福潛意識裡牽掛著遠在鳳凰城參加飛行訓練的同學？

　　轉眼七十多年過去了，現代科學依然無從解釋"心靈感應"這一現象。

　　一向以嚴謹著稱的美國志願者李忠澤還在為核對白文生的出生年月以及父親的名字而糾結……

　　第二天，奇跡發生了！

　　一張破損不堪的照片突然出現在"空軍群"，不知白家人從哪裡找來的？與《黃埔十六期同學錄》上的白文生一對照，所有的疑問頓時煙消雲散！

英國有句諺語"一張圖勝過千言萬語"，在這裡再次得以驗證。

七十多年前的影像浮出水面，走進了人們的視野。我們像是一群"考古工作者"，不辭辛勞地努力挖掘就是為了回歸證據與脈絡本身，讓歷史得以還原。

照片默默紀錄了語言以外的真實，其他都成了"多餘的話"。

大家不約而同地送出由衷的祝賀，各類微信感謝符號刷屏，一時間眼花繚亂。

飛雪則謙虛地回應："開心又找到一位！"

唯一一張白文生破碎照片對照《黃埔軍校第十六期同學錄》
"步兵第七隊"名冊裡的白文生

白文生在美國德州布利斯堡國家軍人墓地，墓碑號19F（張勤拍攝）

"生者寄也，死者歸也"，七十多年前，白文生烈士托夢給赴美途中的張恩福，今天我們終於為他找到了故鄉的親人，安息吧……

"袁思琦, 你有後啦!"

傳說世上每當一個人離去，天上會有一顆星隕落。多少人帶著遺憾離世，就有多少顆星星在隕落的瞬間締結永恆。朱朝富，七十多年前空中折翼，在志願者和央視"尋人團"的幫助下，終於與家人"團圓"了。

與他同機犧牲的還有戰友袁思琦，志願者們並沒有忘記他。

YUAN SZE-CHI   Age 23
He used to dream and think too much—lost his hair. What about giving it a little hair tonic? Loves to watch sports.

AT–17B戰鬥機（編號為42–38856）駕駛員袁思琦遺像（于岳提供）

多年收集抗戰歷史資料的于岳找到了袁思琦的照片，他在博客（靜思齋）"首次公開：安葬在美國的五位中國空軍抗戰英烈珍貴的戎裝照片"【19.1】詳盡記述了整個過程：

> 在今年8月份的上海華宇拍賣會中，我收穫了閻迺斌先生舊藏的《空軍軍官學校第十五期同學錄》，閻先生所在即是第五批。這本同學錄是1974年印行，由於編印時距離畢業已逾三十年，有些資料或許不完全準確，也未能收錄每名同學的單人照片，讓我覺得有些遺憾。而這一次的拍賣會，仍然有一些閻先生的遺物，其中的一件，讓我眼前一亮，我在其中夾雜的幾張英文散頁上，看到了數十位空軍同學的名字和照片，基本可以確定是他們四十年代赴美受訓時的原始文獻。對於這件拍品我是志在必得，為穩妥起見，我決定還是要現場看一下預展，現場競價為宜，於是在拍前一天專程前往上海。

12月7日，我與"地接"老胡（我相識十年的朋友，一位大咖級神秘人士）一同去看預展，當工作人員調出了這件拍品，只看一眼，我就有些血脈賁張了。這就是抗戰時期空軍軍官學校的原始文獻無疑，由於各種原因，它甚至比早期中央航空學校的同學錄還罕見！但我也發現，這幾張散頁上記載的肯定不是第五批留美同學。因為我之前已整理過十五期同學名錄，也一直參與在龍越基金會的一個空軍烈士尋親項目中，對一些同學的名字比較熟悉。例如韓翔，我一眼就認了出來，據此我初步判斷這是第三批赴美同學（期別為空軍軍官學校第十二至十四期），晚上回到酒店後又仔細看了一遍，確認了我當時的判斷是準確的。

曾有個著名的節目叫《見字如面》，而我整理完這份資料的感觸，也許可以將它反過來說——見面如字。這每一張年輕英俊面龐的背後，都有著一段悲歡離合的往事，而我，仿佛聽到了他們的訴說……

2019年4月24日，《洛陽晚報》記者李礪瑾在整理資料時，發現不少河南籍抗戰飛行員長眠在美國，其中有一名新鄉人袁思琦。她立刻撥打《今日頭條》熱線，想為他尋找家人。

第二天，"長眠美國76年 新鄉籍抗戰飛行員袁思琦的後人是誰？"出現在《今日頭條》首頁，《新鄉日報》旗下的《平原晚報》接著刊登"袁思琦，我們幫您找家人！"介紹長眠於美國的中國飛行員袁思琦。

"空軍群"裡的"河南三樂"（志願者王衛青）與美國志願者李忠澤為尋找袁思琦家人的微信討論開始頻繁出現在大家的視線裡。

李忠澤注意到"河南三樂"提及袁秉貞（袁思琦）的弟弟是袁秉直，突然想起在空軍袁思琦的《入關記錄》上的親屬名是"Yuan, Ping Chi"，按照韋氏音標，其發音與"袁秉直"高度接近！

幾天以後，"河南三樂"獲得情報，再度通報大家："袁秉直抗戰期間到雲南昆明去了，曾在鹽業公司工作過"。

該如何感謝那些具有深切人文情懷的志願者呢？

社會大眾對抗戰老兵的關愛，喚醒那段曾被遺忘的國家記憶，是人民對抗戰歷史的銘記。他們為此不辭辛勞四處循跡，讓沉寂於歲月煙塵七十多年的往事浮上水面，短短幾天時間，袁秉貞（袁思琦）的侄子找到了！

　　佷子袁一桂曾經在河南新鄉市一中當校長，他的回憶讓大家瞭解到，為把侵略者趕出中國，袁氏家族可謂滿門忠烈。

　　祖父袁作楫是輝縣市孟莊鎮東夏峰村人，幼年家貧，只好到縣城當學徒，因工作勤勉，經營有方，家業漸興，後來開設油坊藥鋪，縣城置辦家業，南關就有六七間門面房，還在東夏峰村購買了二十一畝好地。袁氏家族出自書香門第，祖上多秀才先生。袁作楫有兩個兒子，袁秉貞（袁思琦）和袁秉直，袁老先生不惜重金送二子到汲縣師範讀書。袁家家境殷實，還是當地的開明愛國紳士。袁秉貞（袁思琦）胞弟袁秉直在汲縣師範期間是愛國學生，離開汲縣師範後投身於革命。

　　袁秉直離開後，袁一桂跟祖父生活，並由祖父撫養成人。袁一桂記得每當祖父提起大伯袁秉貞（袁思琦），總誇他身材魁梧，腦子靈活，好學上進，前途無量。

　　小時候，袁一桂時常在祖父的店鋪裡玩。日本侵略中國後，袁作楫曾為太行山區抗日武裝捐款購買槍支。後來，日本侵佔河南輝縣，袁家生意沒落，祖父帶著一家人被迫搬到了新鄉縣城。在汲縣求學的袁秉貞（袁思琦）進入空軍官校，被選派到美國培訓。

　　對於兒子的選擇，祖父母和家人都明白，一個有擔當的中國好男兒，面對戰亂中的國家，應該為國參軍。他們也知道，參加空軍抗擊日本侵略者，生還的可能性很小。

　　現實無情，比統計資料還殘酷！

　　哀訊從美國傳來，家人如五雷轟頂，袁家長子血灑藍天，沒來得及邁出官校大門！

　　隨著時局的變化，老人家只得將喪子之痛深藏於心，很少在人前再提起袁秉貞（袁思琦）當飛行員這件事。1974年，袁作楫去世，終年87歲，被葬在東夏峰村。

　　令人遺憾的是，佷子袁一桂與他的堂姐，袁秉貞（袁思琦）的女兒袁嬋桂這些年竟然失聯了！

　　袁嬋桂曾經在鄭州十九中和市三十三中教書，可是，我們的志願者找了很久，兩處都沒有關於她的消息。

袁思琦侄子袁一桂校長（中） （袁思琦家人提供）

久經沙場的志願者"河南三樂"判斷：如果袁思琦的女兒在老家孟村鎮東夏峰村出生長大，就應該到新鄉上學，汲縣師範在汲縣（現在的衛輝）。一線志願者新鄉張山林準備再去兩個中學去找找看，實在找不到就只能請媒體廣發尋人啟事了。

志願者們還擔心經歷過政治鬥爭的老人對尋找民國空軍比較敏感，多一事不如少一事。他們也擔心她的子女們對長輩的過去不瞭解，因為袁一桂校長的子女就不知道自己祖輩的情況。

烈士的侄子找到了，按理對家人已經有了交代。可生性秉直、未達目的不善罷甘休的李忠澤不願意輕易放棄，他叮囑記者如果寫文章尋找，請務必與他聯繫，還安慰大家："抗戰空軍袁思琦的名字已經刻印在'南京抗日航空烈士紀念碑'上了，他們的後人根本不用擔心什麼。"他將所有關於袁思琦的歷史資料以及墓碑照片，統統發給了志願者，委託他們轉給家人看，請他們務必放寬心。

恰似獲得一顆"定心丸"，當然更離不開我們志願者的不懈努力，好消息終於出現了！

2019年6月8日，志願者張山林找到了袁嬋桂丈夫的工作單位，還瞭解到1935年出生的袁嬋桂阿姨身體尚可，思維清晰，生有二男一女，老兩口生活，一子去世，現由女兒照顧。

"你看她像誰？"李忠澤通過微信發給我一張照片。

袁思琦的女兒袁嬋桂
（袁思琦家人提供）

"袁思琦！"不由分說，答案早已躍入腦際。可不是嗎？瞧那模樣，那五官，像極了她的父親袁思琦！

至此，李忠澤認為80%的概率，"袁秉貞"就是我們要找的袁思琦！

不多時，臺灣志願者盧維明發來消息："根據空軍軍史政室的回文，他們判斷：袁思琦＝袁秉貞。請參考。"

嗚哇！我們的空軍英烈袁思琦有後了！

一個多月來與河南志願者們密切配合，辛勤尋訪袁思琦家屬的李忠澤特別激動：

我將袁思琦的入關紀錄、死亡書中的歷史碎片轉給＠河南三樂和張先生，請他們核對，結果關鍵的資料對上了，再加上他們提供的袁思琦弟弟及其女兒與袁思琦很相似，所以說80%的概率應該是。現在盧維明提供的信息，將這最後的20%確定了！高興啊！

感謝前方志願者＠河南三樂和張山林先生多次實地走訪，苦苦堅持，終於找到了袁思琦的後人！這是我們找到的首位葬美空軍的直系後人！！

再看看我們志願者怎麼說吧：

河南三樂：我沒做啥，正好湊手，但是我也剛知道張山林先生是身有殘疾（進行性肌營養不良），他做了大量調查訪問，向我們的夥伴致敬！

難能可貴的是，張山林還是央視"寶貝回家"公益節目的志願者，在此向他及各位辛勤付出的志願者致以崇高的敬意！

至此，在志願者的共同努力下，我們終於找到了袁思琦的女兒袁嬋桂、女婿李德章以及外孫女李磊。

袁嬋桂是上世紀五六十年代的大學生，一輩子從事教學工作，現年84歲。

李磊告訴記者，外婆叫杜思清，當時在輝縣屬於大家閨秀。戰爭，給這個家庭帶來無盡的傷害，外公去世時，外婆才20來歲。家人只知道外公是個大學生，為抗日參軍當了飛行員，後來就沒有音訊了。母親和外婆對此事緘口不言，單親媽媽帶著七八歲的女兒袁嬋桂艱難度日。從輝縣搬到焦作，1979年全家人又搬到鄭州，總算是安頓了下來。在那個特殊年代，外婆把有關外公的所有物品銷毀殆盡，包括照片、遺物等。1983年外婆去世時，這卻成了她此生最大的遺憾。

"在那個戰火紛飛的年代，大爺爺為了民族存亡，毅然從軍報國，令人敬佩。對他們最好的告慰就是努力工作，做好當下的事情。"侄孫王直說。他幾次跟志願者接觸，有機會瞭解了抗戰空軍這段歷史，明白父輩們在抗戰中的角色。希望有機會去美國看望大爺爺，到墓地祭拜一下，考慮能否將其遺骸移遷故里。

一段時間的接觸，外孫女李磊對外公的形象也由模糊變得清晰，甚至偉岸起來。她說：在那個年代，外公為了民族大義捨棄優越生活，捐軀赴國難，是一個好男兒，值得欽佩，外公是現實版電影《無問西東》的寫照。

早些年，袁嬋桂帶著家人給父親在嵩山買了塊墓地。因為有關袁思琦的物件沒有一件留下的，墓裡沒有放置任何東西，只能在墓碑上刻上他的名字，為的是讓血脈緊緊相連，也讓更多人牢記這段歷史。

龍越基金會"尋找戰爭失蹤者"項目總監劉群如是說："戰爭尋親很難，尋的是幾十年前的親人。我們常說，幫戰爭亡故者尋親，是為了從歷史中找尋悲傷和離散，讓我們記住戰爭的殘酷，勿忘歷史。"

對當年那些至生死於度外，拋頭顱灑熱血的老兵來說，這是人性的回歸，歷史的回歸，更是歷史良知的一種回歸。

蜂擁而至的衝動，我真想沖著德州陵園的方向大聲喊："袁思琦，你有後啦！全家人惦記著您呢！放心吧，安息吧……"

讓人感動餘生的親情故事

2020年春節前後，冠狀病毒肆虐武漢，一時間甚囂塵上……各地採取非常時期疫情隔離措施，家家戶戶自覺閉門謝客，躲避肺炎的侵襲，位於四川成都的陳實惠家也不列外。

忙碌的生活一下子安靜下來了，從開始的百般無聊和煩悶，漸漸地嘗試珍惜這段難得與家人相處的時光。閒暇之余，孩子們這才有時間靜聽老母親講述家族往事……

聽著聽著，兒子的神色莊重起來，習慣地拿起手機查詢外公的名字，突然發現郴州福城志願者2018年5月發出的為陳培植尋親帖子："【尋人】資興籍抗日飛行員陳培植，你的親人在哪裡？"

全家人一下子驚到了！

他趕緊點擊進去，發現該帖中關於陳培植的諸多資料與母親講述外公的情況相當吻合，不但有安葬於美國德州國家軍人公墓民國空軍烈士詳細名單，還有外公的照片，外公作為空軍軍官學校航炸班第四期畢業生的從軍履歷、殉職犧牲時間、飛機失事原因和生前戰績等，最為重要的是資料中記載"遺有妻子李氏與女兒一名"和外公安葬地以及墓碑照片。通過墓碑上的韋氏拼音一目了然地看到了"PAI CHIEH CHEN"！

"他不就是我苦苦尋找了多年的父親嗎！！！"陳培植的女兒和家人激動萬分，喜極而泣。

兒子用顫抖的手指撥通了志願者留下的聯繫號碼："我們就是帖子中所要尋找的抗日飛行員陳培植的親人，他唯一的女兒就在這裡啊！"

呼喚與被呼喚，激動的淚水在電話兩頭止不住地流淌……

陳培植烈士從筧橋中央航空學校畢業後，參加過"淞滬會戰"、"武漢會戰"和"長沙保衛戰"，八年抗戰中歷經五次戰績，屢建戰功，獲得國民政府頒發的二等宣威獎章。1943年赴美接受轟炸機培訓，1944年9月9日在一次飛行訓練中失事不幸遇難。[3]

志願者青蓮（張清）告訴激動不已的陳培植女兒："已經找到湖南資興老家，也就是伯父陳培基的親人。"[4]

雖然先輩們均已不在人世，但湖南老家資興的後人們很快通過"陳培植家人微信群"聯繫上了。

在地球村，來自五湖四海"為空軍尋親"微信群友們，突然看到志願者青蓮發出"這個月來讓人開心到淚奔的消息！"此起彼伏地歡呼起來！

3. 陳培植空難情節請見十四章"飛鷹背後的故事 – B-24（解放者）空難史末"。
4. 為陳培植尋親過程請見十七章"亡者的幸運，後人的虔誠 – 家鄉才是心靈的安息地"。

疫情隔離，全球經濟重創，可對我們的空軍家人和志願者來說，找到陳培植的女兒，是不是"不幸中的萬幸"呢？

2018年5月，在陳培植的原籍湖南資興找到他的表親之後，聽說他還有一位夫人（四川簡陽縣人）和女兒，志願者為烈士尋找親生骨肉的願望尤為迫切。可自從陳培植犧牲之後，他的遺孀帶著年幼的女兒遠走他鄉，音訊全無，沒有留下一點想像的空間。

政治運動波詭雲譎的歲月裡，那些在波濤中掙扎度日的家屬和後代們，哪個不想把家族歷史撇得越徹底越乾淨越好？

可是，至親至愛藏秘於心，多年來家人並沒有停止尋找烈士的遺跡，他們到成都市檔案館，到成都大邑縣抗日英雄紀念館查閱父親的名字……希望一次又一次落空了，博物館的文獻資料只有當時空軍抗日英烈的部分名單，沒有更多的信息可以提供。

看到他們家人多年保存的烈士遺物和照片，一個讓人感動餘生的親情故事，讓我的眼眶禁不住濕潤了。

長女出生後，陳培植喜悅之際，為孩子取名為陳實惠，寓意國家興旺、民族振興，對愛女寄予了莫大希望。他親筆撰寫了長女的生辰誌：

長女實惠生辰誌

誕生日：陽曆1943年6月9日上午五時二十五分

陰曆民國三十二年五月初七寅時

新生地：成都外南進益產科醫院

體重：七磅

釋名：本年乃中國廢除不平等條約後，與民主國家重新訂立平等互惠之新約之大時代。唯口惠而實不至，向為社會通病，親名吾女以實惠，蓋所以勉其成年以後，致力於國際平等與互惠，並使之見諸實現也。

陳家善三二年六月於成都

成為"世界大家庭"中平等的一員，是過去多少代中國國民的憧憬？

陳培植生前身著飛行服照片
（陳培植家屬提供）

陳培植生前用過的軍用腰包
（陳培植家屬提供）

陳培植參加演說比賽獲獎絲巾
（陳培植家屬提供）

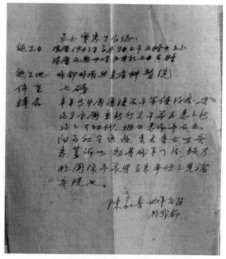

陳培植親筆書寫女兒的生辰志
（陳培植家屬提供）

也是近代民主革命先行者、國父孫中山先生為之奮鬥一生的遺願。

烈士為女兒取名，仍未忘記廢除不平等條約，國際間平等互惠。可是，在那血與火的年代，每一個明天，都有可能與家人天人永隔。明知前路荊棘叢生，即便沒有回頭路，仍義無反顧的選擇堅持。

女兒出生不久，滿懷壯志的陳培植遠赴美國接受轟炸機飛行訓練，在科羅拉多州普韋布洛空軍機場卻因一次意外事故獻出了寶貴的生命。

不幸的消息，對於日夜翹首盼著丈夫遠道而歸的妻子來說，實在太殘酷了！

年輕的李淑斌哭暈了……她多麼想追隨丈夫而去，一了百了啊！

可看著牙牙學語的女兒，實在不忍心丟下深愛的丈夫留下的唯一血脈，堅強的她擦乾眼淚，決定不管再苦再難也要帶著女兒實惠好好活下去，把孩子培養成才。

戰爭中，女性往往是悲劇的主要承受者。

往後的歲月裡，李淑斌身邊不乏追求者，還有不少說媒的，都被一一回絕了。惦念著與丈夫那份忠貞不渝的情感，日益長大的孩子，成了生存下去唯一的精神寄託與希望，她獨自一人用柔弱的肩膀挑起了家庭的重擔。母親帶著年幼的女兒背負著國民黨空軍軍官家屬的沉重包袱，處處小心謹慎，誠恐誠惶的四處搬家。

和家人一起躲過了風風雨雨，倖存下來的那些烈士遺物，對整個家庭來說是多麼珍貴的遺產？

烈士的女兒陳實惠對慈母多年的苦心培育終生難忘：

因父親的英年早逝，加上多年生活的艱辛，母親變得少言寡語，甚至都不願提及引人傷心的往事。唯一有一次大約在1956年我上初中的時候，因我頑皮貪玩，學習成績急劇下降，母親得知後氣急之下為了教育我，才將一直珍藏著的伯父在父親殉職後為父親寫下的、發表在《中國的空軍》雜誌上的祭文拿給我看，這是我第一次看到這篇祭文，也是我唯一一次看到這篇祭文。記得祭文中記載了父親苦難的童年，也描述了父親勤奮好學的品格、為人剛正不阿的性格與愛國抗日的情懷。當時我是流著眼淚把伯父寫的那篇悼

陳培植夫人李淑斌和女兒陳實惠
（陳培植家屬提供）

念父親的祭文認真地看完的，我受到了啟迪和教育，感到慚愧不已，從此之後我便懂事了許多，在學習上、生活上都有了明顯的進步。

一次一次歷經風雨，擔驚受怕日子裡，寡母孤兒相依為命，處處小心謹慎，母親用柔弱的身軀時時呵護著女兒的安全，母女倆終於艱難地生存了下來了……

陳培植的外孫韋建明告訴我，"外婆和外公的感情非常好，外婆終身未再嫁，獨自將唯一的女兒撫養成人。媽媽於1966年畢業於四川醫學院（後更名為華西醫科大學），先後從事外科醫生，婦產科醫生，從華西醫科大學科研處退休。外婆也是醫務工作者，早年畢業於成都進益產科學校，1971年從成都市第六人民醫院退休。"

2008年，夜空又多了一顆星星，守寡多年的夫人李淑斌終於隨一生恩愛的丈夫去了……

陳實惠在《追憶我的父親》裡寫道：

我母親於 2008 年03月離世，享年 97 歲。母親在去世前一直都不知道父親殉職的真實原因，只是聽我伯父陳培基說是在美訓練時飛機失事而殉職，母親生前一直盼望我們能找到父親的殉職資料，哪怕是一點點都好，但是沒能讓她在有生之年如願以償，這是母親這輩子最大的遺憾。

一個好妻子、一個值得世人尊敬的母親、一個充滿著博愛濟世精神的醫務工作者！

烈士的女兒陳實惠今年77歲，身體很好。終於找到父親的安息地，長存於心的願望落實了。她和孩子們商量，今年一定要去美國德州布利斯堡國家軍人公墓祭拜父親、孩子們的外公，了卻全家多年的宿願。

烈士的女儿在建川博物馆（陈培植家属提供）

他們還計畫著，等新型冠狀病毒的控制穩定後，找個合適的時間全家人一起回父親的故鄉——湖南資興老家，認親、祭拜逝者。

"終於可以告慰父親和母親在天之靈了！"這是烈士女兒陳實惠在悼文《追憶我的父親》中發出的心聲：

父親短暫的一生也是光輝的一生，他不愧於祖國，不愧於人民，他是一名抗日的英雄，祖國和人民會永遠銘記他的功勳，作為女兒我和家人將永遠懷念他，他永遠活在我們心中。

親人們啊，他們一直在等，一直在等，有些等到了，有些在最後一刻走了⋯⋯

走出歷史的迷霧，春天終將到來，烈士陳培植若能知道身後這一切，該會多麼欣慰啊！

爸爸, 家鄉還有個女兒念著您呢!

2018年9月，央視"等著我"欄目為空軍尋親播出不久，微博同步發出這樣一段資訊：

2018年8月5日，李安尋找二叔的節目播出後，更多的人關注到了這份尋找，幫助空軍英雄回家。經過大家的努力傳播擴散，更多英雄親屬已被找到。但是尋找烈屬的工作遠沒有結束，如果您有知情線索，請即與"等著我"聯繫，我們也呼籲大家一起繼續轉發尋人！

在湖北，就有一些這樣的熱心人！

2018年9月20日，作者張馨仁在《每日頭條》軍事欄目發表"一起幫三位湖北籍抗戰空軍英雄回家，向他們致敬！"文中不但貼出赴美殉職空軍名單，還列出其中三位湖北籍空軍飛行員的生卒年月，熱切地呼喚："他們的家人，你們在哪兒？"

> 應城人"程大福"（1921年出生，犧牲於1944年9月9日）
> 漢口人"田國義"（1925年出生，犧牲於1945年8月29日）
> 武昌人"趙炳堯"（1924年出生，犧牲於1946年7月19日）

湖北應城有許多學子與黃埔軍校結緣，據應城縣誌記載，當年應城投身黃埔軍校前七期的大約30人，遠高於當時全國縣級平均數，七期之後更不計其數。

張馨仁家族，就有一位參加台兒莊血戰的英雄——張國安烈士。1938年，他在台兒莊戰役中英勇犧牲，血肉之軀與祖國的泥土融為一體，沒有留下子嗣。

> 張國安犧牲後，他生前所在部隊派員護送其殘缺遺骸和簡陋遺物回應城。因其忠骨難收，只得修建衣冠塚。應城各界人士和學生200多人，也自動前往葛蓬崗，為抗日英雄舉行公祭。當年在安葬時禾場上哭聲如潮，哀聲動地。應城縣政府還發給其遺屬撫恤金，以資慰勉。【17.3】

往後幾十年，所有關於張國安烈士的生平記錄，從這個地球上消失了……張馨仁的祖父張國平（張國安的弟弟）為了尋找哥哥，用一生的時間奔走，直到2015年獲得正名：**張國安，橫刀血戰台兒莊，為國捐軀垂青史。**

在湖北應城，還有一位像張馨仁那樣富有情懷的自媒體人，也是當地的政協委員"老酒"。當他看到央視"等著我"，立即轉發朋友圈：知情人蒲陽醫院楊醫生提供了一條重要線索：

騰訊視頻裡冒出一段"採訪葬在美國德州公墓的中國空軍程大福女兒"！

大夥驚訝："赴美空軍不都是單身嗎"？

是的，從斯坦福大學找到陳納德"對空軍培訓要求"的電報原文，第一條明確規定"未婚男性"，怎麼可能還有個女兒？

我忍不住反復觀看視頻。"女兒"叫程冬梅，終於得知父親的消息，心情激動無需置疑。她一口湖北口音，坐在"老酒"身旁比比畫畫，除了記憶中含糊不清的父親，什麼證物都沒有留下。

大家將信將疑，如何證明呢？做DNA親子檢測？看來不可能。與"空軍群"幾位志願者商量，實在無法確認其父女關係，這件事就被耽擱下來了。

這一耽擱，遲遲未能付諸行動，轉眼一年多過去了。

隨著尋親進展不斷深入，特別是2019年5月從雷鳥機場找到更多空軍受訓史料，幫助我們瞭解到：這些赴美受訓的民國空軍，有分批從初級、中級然後步入高級飛行班的學員，也有專程赴美學習某些特殊新機種（比如B-25，B-24，P-38，P-51）的學員，而後者都是在國內具有一定飛行經驗的空軍。

我們還發現有些學員改換名字、隱瞞婚姻狀況、甚至登記的家庭住址都不是自家的。估計那些年輕人生怕父母和家人擔心，為抗日偷偷跑去報名參軍。

可不是嗎？空軍飛行員訓練是一項非常危險的課程，特別在抗戰年代，作戰飛機的可靠性和安全性不好，訓練時因各種緣故導致人員傷亡的事件時常發生，更別提官校畢業後赴戰場參加空中拼搏，生命倒計時了！

陸續找到抗戰空軍袁思琦和陳培植的女兒之後，大家突然意識到與陳培植同機犧牲的程大福，還有一個懸而未決的"女兒"在苦苦等著認親呢！

"為尋找湖北赴美空軍"微信群迅速建立起來，特別邀請採訪過程大福女兒的應城志願者"老酒"和臺灣空軍後人盧先生加入。

再次反覆觀看那段採訪視頻，大家一致同意湖北志願者"橄欖樹"（劉匯）的意見"如果不是親生父親，採訪中不可能真情流露。"

"老酒"甚至提到："程家人因遲遲等不到確認，已經有些心灰意冷了。"一句話，觸動了大家，對加速尋親起了很大的推動作用。

即使找不到任何用以作證的遺物，志願者們還是開啟了對烈士"女兒"的探索旅途。通過微信我聯繫到程大福"女兒"的女兒"冰兒"。

"姐姐，您尋找二叔的視頻，最先是應城醫院院長看到的，他是我外婆家的鄰居，當他看到視頻後，趕緊聯繫我們，這件事讓全村人都沸騰了。"

正值2020新冠疫情肆虐武漢，憂心忡忡的我和身處湖北孝感的冰兒雖然隔著千山萬水，微信把彼此連結在一起了。

她迫不及待地告訴我："村裡人都知道我外公是那時候的英雄，唯一見過我外公的村民還活著，九十歲了，身體不錯，還能回憶起當年的一些事情，親眼見到過郵寄回來我外公的衣物。"

素未謀面，怎麼覺得冰兒就像她的名字那樣，清瑩秀澈。

我媽小名叫冬梅，婚後改名程德香，1942年冬月出生，應城市楊家坡村。聽我媽說，外公去世的時候，她還不到兩歲。外婆的小名叫芸香，大名許順芳，沒過幾年，外婆改嫁走了。我還有個舅舅比我媽大一歲，留下兩個小孩子相依為命，村裡人對他們很照顧。

可是，兩個小孩子獨自生活，生活非常艱苦，我媽八歲左右得了一場大病，差點死去。我的外公，就是我媽媽的繼父把她送到醫院去救治。外公人挺好，他說只要還有一口氣，就一定要治！我媽因此而得救了。從那以後，我媽就跟外婆和外公在一起生活了。

我問我媽：怎麼大舅不過去那邊一起生活？我媽說大舅是個自尊心很強的人，曾經去生活了一陣子，因村裡人閒話，一個人跑回楊家坡，自己種地過日子。不過，大舅前些年已經去世了。

媽媽說她的爺爺（程大福的父親）是個老醫生，那時候在外面行醫，估計當時家裡的條件還過得去。可是，42歲那年得病死了。不知是不是家族基因上的原因，程家上輩都是四十來歲得病而離世的。年輕時外公一直在外讀書，上的是應城一中，由於程家老爺子早逝，家裡留下夫人和媳婦，兩個女人家在村裡盡受欺負，外公一氣之下離家出走當兵去了……

1921年出生的程大福原名是程書強，1942年8月，程大福和村裡一個叫青伢的年輕人一起去成都投考空軍。他書讀的多，考上了，可惜青伢沒考上，在重慶輾轉幾周打皮寒死了（可能是現在的流感吧？）程大福那年8月走，女兒冬月出生，取名"冬梅"。

那年頭，有多少像他那樣的軍人，再也沒有歸家的機會了！

1944年底，家裡收到了寄來的遺物，兩箱子衣物，一個篾箱一個帆布箱。程大福的內衣有五顆扣子，是"金子"鑲邊的，程大福的妻子把那扣子鑲邊的"金子"錘下來，打一個金戒指留念。開始還領過三年撫恤金，後來沒有了，日子過不去，金戒指換了一雙水鞋。

再後來，因為害怕，他的遺物全部都燒毀了……

家裡只剩程大福妻子和婆婆相依為命，兩個女人帶著兩小孩，很受欺負。兄妹倆尚未成年，就得上山去砍柴，然後挑到集市去賣。最後一次是

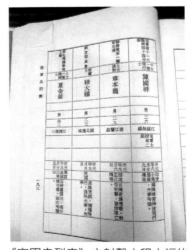

《空軍忠烈表》中射擊士程大福的記錄（盧維明先生提供）

程大福妻子遭人打，幾乎被打死，還不敢實話實說是被誰打的，怕以後又挨打受欺，在她母親極力勸說下，不得已改嫁了。

我把志願者們提供的、目前所能收集到的、關於程大福的史料通過微信全都發給了冰兒，囑咐她轉發家人，好好保存，還告訴冰兒"南京抗日航空烈士紀念碑"上有她外公的名字。

冰兒高興至極，說是等新冠疫情過後，一定要去"南京抗日航空烈士紀念碑"祭拜外公。

2020年3月底，湖北解封後，冰兒踹著"健康證明"趕到揚州打工，再次被要求到旅館集中隔離。

"揚州離南京很近，等隔離結束後，我想近日去一次。"冰兒還是念念不忘去南京。

我憑窗而立，手機屏出現一行行注滿心酸的往事，借冰兒的視角，想像她眼中的外公、母親、還有她自己，他們一家幾代人在這個世界上的生活軌跡⋯⋯感覺觸摸到了他們無盡的情感，漂浮在半空的靈感砰然而至，決意將他們的故事寫下來。

更想告慰烈士程大福，家鄉還有個女兒念著您呢！

20. 烈士"歸隊"：
願海峽兩岸同胞都能記住他們

淒茫茫翹首盼家人憑弔

亞利桑那州悠久的軍事航空歷史，可追溯到上世紀四十年代，這裡曾經是訓練和培養飛行員以及機組人員的重鎮。得益于陽光明媚的天空，地勢平坦的沙漠，幅員遼闊的荒野，使亞利桑那州成為飛行訓練的理想場所。第二次世界大戰期間航空專業人員培訓的高峰期，這裡一度開闢過十七個主要機場，其中一半在整個冷戰期間仍然開放，如今只剩下三個。

當歐洲大陸在納粹鐵蹄下淪陷，英國軍隊從敦克爾克撤退，英國皇家空軍（RAF）依然勇敢頑強地抵抗著納粹的轟炸，1941年3月11日，美國國會通過了"租借法案"，開始向英國提供500多架飛機，用於培訓英國飛行員。於此同時，太平洋戰爭爆發前夜，在國民政府的努力爭取下，美國也同意運用"租借法案"協助中國抵抗日本侵略，中華民國空軍學員分批來到亞利桑那州的幾個主要機場，雷鳥，威廉姆斯，馬拉那，鹿克……二戰期間，有3553名中國軍人到美國接受了各類飛行和技術培訓，其中包括866名飛行員。【20.1】

以下是《美國空軍國家博物館網站》關於"第二次世界大戰美國空軍訓練"方面的記載：（譯文）

第二次世界大戰期間美國陸軍航空兵的最大成就之一，就是為其空軍訓練了數十萬飛行和地面人員。他們來自英國，法國或中國，巴西，墨西哥，澳大利亞，土耳其，荷蘭和蘇聯等20來個國

二戰中中華民國空軍培訓成為美國第三大外國培訓計畫，僅次於英國和法國
（錢祖倫家人提供）

家。學生及各行各業人員，通過幾個月的速成學習，被塑造成了世界上最強大的空軍。在戰爭之前，他們中很少有人對航空有什麼瞭解，但到1945年日本投降時，他們已成為各自領域的專家。1944年3月，人數最多時達到2,411,294人，約占美國陸軍總兵力的31％。【20.2】

不難想像，天空中那麼多飛機起降翱翔，無論是新手還是經驗豐富的老飛行員，按照空難發生的概率，考慮到二戰時期飛機設計製造性能以及許多人為因素，事故發生是難免的。不幸的是，這些重大飛行事故不僅造成飛機損毀，飛行員和機組人員的生命也因此而終結，殉難者被永遠留在了美國，有的甚至屍骨無存。

戰爭的代價是沉重的。據美國空軍統計，從1941年12月到1945年8月，不到4年的時間裡，光是美國本土，由於各種事故，就犧牲了14903名機組成員，有13873架飛機墜毀。這意味著，無論春夏秋冬，風雨無阻，包括週末和節假日，按照一年365天計算，平均每一天，有11名機組成員犧牲，10架飛機墜毀。

請注意！這還是在美國本土的事故損失，不包括海外戰區。【20.3】

亞利桑那州各飛行基地積極參與二戰空軍訓練是一個典型，其他各州在空軍備戰及新機種培訓方面也相當繁忙，空難事故常有發生。我二叔犧牲的那一個月，即1944年10月，全美國大小飛行事故達1192次。

讓我特別感動的是，為了尋找五十多位赴美殉職空軍，熱心志願者們從四面八方伸出援手，在他們的幫助下，中華民國空軍赴美歷史資料和照片逐漸從封存已久的檔案櫃，歷史文獻資料網站，空軍抗戰博物館搜尋出來，還有不少來自個人收藏。這些資料涉及赴美抗戰空軍的《入關報告》，《飛行事故報告》，《死亡證明》，當地老報刊和許多圖片影像。在不斷審閱這些寶貴史料的過程中我們瞭解到，大部分空軍是在亞利桑那州機場附近殉職，其餘分佈在全國大小十幾個機場，從某個側面也反映出美國戰時全民總動員，積極支援前線的場景。

下表是赴美殉職的民國空軍或意外事故發生所在機場（home Base Field）：

機場名稱	所屬州	殉職空軍
雷鳥機場（Thunderbird Field）	亞利桑那（Arizona）	盧錫基，聞僑香
馬拉納輔助陸軍機場（Marana Auxiliary Army Airfield）	亞利桑那（Arizona）	章修煜，白致祥，劉靜淵，白文生，高銳，崔明川
威廉姆斯空軍基地（Williams Air Force Base）	亞利桑那（Arizona）	朱朝富，袁思琦，夏孫沄，趙炳堯
鹿克空軍基地（Luke Air Force Base）	亞利桑那（Arizona）	司徒潮，曹樹錚，趙樹莊，符德興，吳志翔，田國義，卓志元，范紹昌，韓翔，李益昌，宋昊，趙光磊，陳約，吳秉仁，陳漢儒，俞國楨
道格拉斯陸軍機場（Douglas Army Air Field）	亞利桑那（Arizona）	秦建林
長灘空軍基地（Long Beach Air Force Base）	加利福尼亞（California）	劉萬仁，陳文波，Louis Feng
聖安娜陸軍空軍基地（Santa Ana Army Air Base）	加利福尼亞（California）	Nun-Ming Shen
戴爾·馬布裡陸軍機場（Dale Mabry Army Airfield）	佛羅里達（Florida）	吳剛，梁建中，陳衍鑒，李其嘉，李勛
古德洛空軍基地（Goodfellow Air Force Base）	德克薩斯（Texas）	楊複高，莊漢光
藍道夫空軍基地（Randolph Air Force Base）	德克薩斯（Texas）	朱安其
萬斯空軍基地（Vance Air Force Base）	奧克拉荷馬（Oklahoma）	劉鳳瑞
威爾·羅傑斯空軍國民警衛隊基地（Will Rogers Air National Guard Base）	奧克拉荷馬（Oklahoma）	王小年，許銘鼎，李澤民，施兆瑜，李嘉禾，陳冠群，楊力耕
普韋布洛紀念機場（Pueblo Memorial Airport）	科羅拉多（Colorado）	陳培植，程大福，曹旭桂
洛瑞空軍基地（Lowry Air Force Base）	科羅拉多（Colorado）	周炳元，田毓鐘，田遠複
卡爾斯巴德陸軍機場（Carlsbad Army Air Field）	新墨西哥（New Mexico）	李偉
斯科特·菲爾德（Scott Field）	伊利諾斯（Illinois）	沈昌漢

亞利桑那州鹿克空軍機場，是驅逐機（戰鬥機）訓練的主要場所。翱翔藍天的勇士，他們逐夢藍天，需要足夠強大的勇氣和自信，危險性也非常大，稍有不慎，十多位年輕的生命在訓練中隨風而去。

據十二期第一批赴美空軍程敦榮回憶：

由於戰時物資短缺，訓練是倉促的並有點簡陋。因天然橡膠短缺，訓練飛機起落後輪往往是用一個滑撬替代，彼時東南亞天然橡膠產地多為日軍佔領。而一些航空器械還是由汽車廠生產的。航空機電裝置品質不甚可靠導致一些軍中袍澤尚未回國參戰便死於訓練中的空難。他們大多數在緊迫的時間內靠著有限的英文水準和對飛行機械、武器裝備的良好悟性，完成了訓練。

寫到這裡，我仿佛聽到皮克斯動畫片《尋夢環遊記》（英語片名：Coco）那首催淚主題曲"別忘了我"，餘音裊裊，充滿了對故去親人們所生活世界的想像，也帶給生者無盡的思念……

別忘了我
雖然必須說再見

別忘了我
眼淚不要墜落
雖然我要離你遠去，你就在我的心裡
在每個分離的夜裡，我會為你唱一首歌
別忘了我
雖然我要去遠方
別忘了我
直到我再次擁抱你

別忘了我
雖然我要去遠方
別忘了我
每當你聽見悲傷的吉他聲
這就是我跟你在一起唯一的憑據
直到我再次擁抱你
別忘了我

鹿克機場AT-6教練機 （Steve Hoza提供）

布利斯堡國家軍人陵園，埋葬在馬拉納機場訓練事故中喪生的
中國學員（Steve Hoza 提供）

在高志航烈士的見證下歸隊了

2018年11月，我從美國加州飛臺北，利用參加"海外女作家雙年會"的機會，準備將德州布利斯堡國家軍人陵園的"墓碑照"送交臺北中山區圓山"忠烈祠"。

那天早上，地處亞熱帶的臺北下起了濛濛細雨，窗外望去霧茫茫一片。按照臺北文教中心接待員提供的花店地址，我準備冒雨去為烈士們買花。

正欲邁出酒店大門，聽見身後輕輕一聲喚，熱情的女服務員遞過一把透明塑膠傘，心中一熱，對臺灣人的好客與禮儀心添幾份感激。

小心翼翼雨中行，心裡惦記著下午的交接儀式。事前我與忠烈祠負責人郵件交流，希望能安排一個比較正式的交接儀式，以此體現對烈士們歸隊的尊重。

這雨天，怎樣安排交接儀式？

不免有些擔心起來……

沒想到，當我和空軍後人翟永華、盧維明及空史專家高興華，一行四人驅車來到位於臺北圓山"忠烈祠"，天空放晴，露出雨後的湛藍，早晨的烏雲不知躲到哪兒去了。

筆者和空軍後人翟永華（左）、盧維明（右）
及空史專家高興華在臺北圓山"忠烈祠"

忠烈祠管理處張家揚中校和碧潭空軍公墓幾位負責人早已在停車場迎候我們。聽取了當年赴美受訓殉職空軍的簡單介紹，年輕的軍官們表露出深切的悼念之情，為七十多年後烈士們終於歸隊感到欣慰，表示一定會盡心盡力照看好烈士的英靈。

　　特別令大家驚訝的是，張家揚中校告訴我們，通常守護忠烈祠的"海、陸、空"三軍儀仗隊每日輪換，按照他們的著裝顏色區分，海軍白色，陸軍綠色，空軍藍色。

　　而那一天，赴美殉職空軍七十多年後歸隊，正巧是藍色空軍儀仗隊！

　　我抬起頭，仰望藍天，腦海中浮現出德州軍人陵園孤零零白色大理石碑陣，因感動而顫抖的心在問："這一切，是不是天意？"

　　忠烈祠管理處鄭重地請出抗戰英雄高志航烈士的牌位，安放在祭臺上，遵從張中校告訴我們的祭奠程式，作為主祭的我雙手捧著黃色花環，和大家一起按照指令向高志航烈士三鞠躬。

　　在空軍儀仗隊的護衛下，五十二位埋葬在德州的殉職空軍整裝"飛躍太平洋"，經過四分之三世紀的旅程，在王牌空軍大隊長高志航烈士的見證下終於歸隊了。

52位空軍在王牌空軍大隊長高志航烈士的見證下終於歸隊了

忠烈祠空軍儀仗隊為七十多年後歸隊的赴美殉職空軍護航

　　2018年耶誕節期間，盧維明先生從臺北發來一則臉書消息，標題為"中央航校十二期五位學員長眠于喬治亞州班寧珀斯特堡76年"。

　　1941年抗戰最艱苦的年代，由飛虎將軍陳納德建議之下，美國開始培訓中華民國空軍以抵抗日軍最新式飛機，他們是第一批派赴美國接受訓練的國軍飛行員，1941年11月珍珠港事件之前登船來到美國接受新機種P-39D實戰訓練，1942年四五月不幸先後飛行失事喪生於達拉哈西佛羅里達州58訓練大隊 Dale Mabry Field。

　　當時美軍在珍珠港事件後匆匆成立第58大隊，地勤維修人員嚴重不足，加上P-39D設計上的問題，造成大批訓練失事，十二期的五位學員因此而壯志未酬。

　　由於過去美軍將他們的姓名排版錯誤，加上戰後Dale Mabry Field關閉撤銷，遺骸移厝安葬Fort Benning Post Cemetery，幾經周折，在加州的李安女士發起，兩岸三地空軍子弟眷屬及義工盧維明學長的努力下，中華民國空軍提供的資料文獻，亞特蘭大空軍大鵬聯誼會最近才得知他們已長眠於喬治亞州76年，特地安排在2018年12月27日組團，邀請臺北文化經濟辦事處劉處長出席向烈士們悼念致敬。

由於當時烈士都是單身未婚，均未留下遺孀或子女，按照美軍的墓園管理法，只有直系家屬可以要求移靈，因此而造成移靈回國的困難性。但對我們在喬治亞州的華人來說，我們責無旁貸就近繼續照顧烈士英魂。

空軍後人及臺灣經文處代表到班寧珀斯特堡陵園祭奠空軍烈士
(喬為智先生提供)

　　沒過多久，又傳來消息：“駐休士頓臺北經濟文化辦事處陳家彥處長前往艾爾帕索陵園向二戰期間為國捐軀的中華民國空軍英靈獻花致敬”— 中央社2019.01.09 09:24【20.4】

　　在獲得二次大戰期間赴美受訓的中華民國空軍飛行學員計有52名殉職人員安葬于美國德州艾爾帕索（El Paso）布利斯堡國家公墓（Fort Bliss National Cemetery）的消息後，駐休士頓臺北經濟文化辦事處陳家彥處長于本月8日率領駐處同仁及El Paso臺灣商會會長廖啟宏，副會長陳怡辰，會員陳家元及楊坤霖，由該國家公墓主任詹姆斯·波特（James Porter）率同仁全程陪同，向七十多年前為國捐軀的中華民國空軍英靈獻花致敬。

　　每位國軍烈士碑前皆插上中華民國國旗及一束鮮花，由陳家彥代表中華民國政府向英烈們表達深深追思，永遠懷念，並致上崇高敬意，儀式簡單隆重，氣氛莊嚴肅穆。

駐休斯頓臺北經文處代表為德州空軍烈士們獻花 （臺灣中央社）

七十年前，這場關乎到民族存亡的戰爭，改變了很多人的命運。在我們民族的共同記憶裡是一道永遠無法抹去的傷痛。偉大的抗日戰爭，是我們中華民族一致對外取得的勝利，每一位投身其中殊死拼搏的中華兒女，都應該是載入史冊的民族英雄，理應受到中華民族世代的頌揚，而這恰恰是一個民族立世的根本所在。

紀念碑意義是什麼？

臺北"雙年會"結束之後，我隨團去花蓮旅遊，意外收到"南京抗日航空烈士紀念館"發來的一封郵件。

尊敬的李安女士：

您好！冒昧打擾！我是"南京抗日航空烈士紀念館"的工作人員，現任我館文史研究部主任。

我們從魯照寧先生那裡知道了您近期為安葬在美國的許多中國空軍所做的事情，非常感佩。館領導交待與您取得聯繫，向您表示敬意。另一方面，您是否願意分享一下您促成此事的經歷，我們對整個事情的細節非常感興趣，並站在建設好館的角度，期望能瞭解和掌握更多中國抗日空軍的史實與史料。如您願意幫助我們，不甚感激！

　敬頌

　時祺！

"南京抗日航空烈士紀念館"文史研究部

高萍萍敬上

2018年11月6日

魯照寧先生是南京出生的美籍華人，近年來捐贈大量二戰歷史文物和史料。他的姑奶奶魯美音是中國第一代空姐，抗戰中遇日軍空襲，組織乘客撤離時中彈犧牲，年僅26歲，是"南京抗日航空烈士紀念館"英烈碑上鐫刻的4296名中外抗日航空英烈中唯一女性。而"南京抗日航空烈士紀念館"正是我們下一站準備去憑弔空軍烈士的地方，萍萍的邀請來得正是時候。

在范紹昌烈士的外甥馮忠先生和夫人的陪同下，從無錫驅車兩個多小時，終於來到位於紫金山北麓的"南京抗日航空烈士公墓"。

根據"南京抗日航空烈士紀念館"記載：

　　"南京抗日航空烈士紀念館"是世界上首座國際抗日航空烈士紀念館，展示了第二次世界大戰期間，中、美、蘇等國空軍在中國大地上聯合抗擊侵華日軍的英勇歷史。為紀念英勇獻身的抗日航空烈士，1932年，原國民政府在紫金山（今鐘山）北麓建設了南京航空烈士公墓，抗戰勝利後，又陸續安葬了170餘名在中國抗日戰爭期間犧牲的中國和援華的前蘇聯、美國、韓國航空人員。1995年9月，在公墓上方建成了抗日航空烈士紀念碑，鐫刻著4296名中外航空烈士的英名，其中中國烈士1468名，美國烈士2590名，蘇聯烈士236名，韓國烈士2名。

公墓建於1932年，當時國民政府軍政部航空署為紀念北伐以及淞滬抗戰中陣亡的空軍飛行員而興建。1937年南京淪陷後，遭到毀滅性的破壞，不僅紀念塔被毀棄，墓地許多建築被拆毀，公墓淪為廢墟。1946年，國民政府陸續遷入空軍烈士遺體，並為找不到遺體的烈士按照家屬要求修建衣冠塚。除了中國軍人外，也把抗戰時援助中國的外國航空人員安葬到這裡。

1949年中華人民共和國成立，當地政府對航空烈士公墓進行了精心保護，還向經確認的烈士遺屬頒發烈士證書。可是，一場浩劫，與中國其他許多具有紀念意義的建築一樣，"南京抗日航空烈士公墓"遭受到空前破壞，除了牌坊得以倖存，其他建築連同墓塋都逃不脫被搗毀的命運。

　　1985年正值抗戰勝利40周年，中國政府撥款45萬人民幣重建航空烈士公墓。1995年（抗戰勝利50周年），航空烈士公墓加設的紀念碑落成。南京市政府在2008年開始在公墓旁邊興建抗日航空烈士紀念館，于2009年9月建成完工。紀念館設有四個分別以"奮勇抗戰"、"國際援華"、"壯志淩雲"、"緬懷先烈"為主題的室內館區以及兩個陳列戰機模型和雕塑的室外展區。

　　如今的"南京抗日航空烈士公墓"，集公墓、紀念碑、紀念館三位一體，不僅是一處憑弔抗日烈士的墓地，同時也是中、美、蘇、韓等國人民在反法西斯戰爭中，共同浴血奮戰的歷史見證。

　　當我們到達"南京抗日航空烈士紀念館"，又遇到館長帶隊和紀念館各部門負責人在停車場迎接，再次令人百感交集。

筆者和范紹昌烈士家人及"南京抗日航空烈士紀念館"領導們

　　寒暄之後，館長帶著玩笑的口吻問："怎麼沒把德州陵園的照片送到我們這兒來？"

　　"啊！情報這麼快？離開臺北才幾天，南京方面已經知道了？"

　　場面不免顯得有些尷尬，我連忙懇切地解釋：他們這是歸隊，組織上本屬於中華民國空軍。

　　輕鬆一句話，誤會消除了，眾人顯露出理解的表情，懸著的心放下了。[1]

　　紀念館的領導們希望獲得一些關於空軍赴美培訓的資料和圖片，為讓更多的人們瞭解抗戰空軍解救苦難深重的祖國而付出的犧牲。恰巧我正籌備舊金山圖書館《尋找塵封的記憶—中美空軍聯合抗戰》圖片展，答應一定會優先考慮到南京展出。

　　沿著石階拾級而上，心情格外沉重。兩旁航空烈士衣冠塚上的名字是多麼的熟悉！一個個身穿航空服的空軍戰士依次迎面走來，向我們傾訴那段血雨腥風的歲月……

　　特別令人激動的是，在"南京抗日航空烈士紀念碑"（J碑）上，找到了讓我們李家人引以為榮的二叔李嘉禾的名字！

在"南京抗日航空烈士紀念碑"上找到了讓我們李家人
引以為榮的二叔李嘉禾的名字！

　　同一塊碑面上，還找到了范紹昌和其他幾位赴美殉職空軍烈士！

　　馮忠先生和夫人看到自己舅舅的名字刻在紀念碑上，萬分激動："范紹昌為國家犧牲了這麼多年，以前怎麼不知道南京有一個航空烈士紀念碑？家人只知道他在美國，除了遺憾和悲痛，沒有機會給他掃墓。這裡離家很近，以後我們家人會經常來這裡憑弔為國犧牲的舅舅。"

　　"南京抗日航空烈士紀念館"是國家級抗戰紀念遺址，航空烈士紀念

1. 後來才知道，是那天同去"忠烈祠"的瞿永華，"熱心"地寫了一篇報導連同照片貼到了"中國飛虎研究協會"網站上。

筆者夫婦與范紹昌家人在張愛萍將軍手書
"抗日航空烈士紀念碑"下合影留念

碑上刻著英烈名錄，讓人們千秋萬代永遠懷念他們。這對烈士的家人來說，該是多大的欣慰啊！

默默徘徊在一排排黑色大理石紀念碑叢，滄桑感撲面而來，心裡充滿著崇敬。仰望銘刻在墓碑上航空烈士的名字，恍惚間一個個都有了溫度。

他們會是誰的兒子？曾經有過怎樣的人生？

藍天下，太多的回憶，太多的感動，令人難以忘懷……

"南京抗日航空烈士紀念館"工作人員協助核對，57位赴美殉職空軍，有36位已經篆刻在紀念碑上。[2]

莊嚴的墓園，讓家人有了牽掛，找到了可以憑弔烈士的地方，遺忘在美國軍人陵園的英靈有了歸宿。

"人道主義的精神越彰顯，和平、正義的力量越強大，世界才會更美好。"中美合拍紀錄片《南京之殤》中的這一段話，意義深遠。

秋日的陽光下，張愛萍將軍手書的"抗日航空烈士紀念碑"幾個大字閃閃發光。我佇立在巍峨的紀念碑前，由衷地盼望著：能有那麼一天，

2. 本書附錄裡面有全部赴美殉職空軍名單，烈士名字刻在紀念碑上特注（*）。

我們中華民族跨越海峽隔閡，尊重每一個生命的價值與尊嚴，以人性的光輝，融化過往的苦難，建成一座屬於所有航空烈士的豐碑，讓那些為國家付出鮮血和生命的軍人真正回歸。

美國首都華盛頓有一座意義深遠的"越戰紀念碑"，倒 V 形黑如鏡面的花崗岩碑體漸漸切向地平線深處，像一本打開的書，又像大地永遠不能癒合的傷痕，無限延伸……

設計者林瓔是著名中國建築師林徽因的侄女，她的叔叔、空軍官校十期學員林恆，曾經就讀於清華大學機械系，和很多青年學子一樣，滿懷激憤報名參加空軍。1941年在成都的一次空中保衛戰中，擊落一架敵機後遭日軍夾擊，最後壯烈殉國。

1959年10月出生的林瓔女士在參加"越戰紀念碑"設計競賽時才21歲，是耶魯大學三年級的學生，她在自敘裡提到：

> 一座20世紀的紀念碑的意義是什麼？當寶貴的生命首先成為了戰爭的代價時，這些"人"無疑是第一個應該被記住的。因而這項設計的主體肯定是"人"而不是政治。只有當你接受了這種痛苦，接受了這種死亡的現實之後，才可能走出它們的陰影，從而超越它們。就在你讀到並觸摸每個名字的瞬間，這種痛苦會立刻滲透出來。而我的確希望人們會為之哭泣，並從此主宰著自己回歸光明與現實。假如你不能接受這個現實，就永遠無法從中解脫出來。所以一座紀念碑應該是"真實"的寫照。首先要接受和承認痛苦已經存在，然後才有機會去癒合那些傷口。

這也是美國在1862年南北戰爭結束後為所有犧牲的軍人建造國家軍人陵園的初衷。

硝煙遠去，歷史封塵，遠在德州和喬治亞州國家軍人陵園裡的空軍烈士們如果天上有靈，你們一定能夠感受到親人的呼喚、海峽兩岸同胞對你們深深的悼念之情了吧？

21. 跨國祭拜, 為了遲到的紀念

先輩的命運把我們結合在一起了

2018年10月1日清晨，天濛濛亮，在意識還沒有完全清醒的狀況下，像往常一樣，不由自主地伸手摸到手機打開微信，幾十條尋親新信息已經在等著我了。

> 各位烈士後人、龍越基金會及各位朋友，我們昨天前往布利斯堡國家公墓對52位先烈進行祭拜活動。按照中國的風俗祭拜程式如下，上香，磕頭，鞠躬，祭酒，整個活動持續了近三個小時。比較可惜的是我們從國內帶來的四瓶家鄉酒被達拉斯海關沒收，他們只允許帶從免稅店購買的酒水，我們只好在當地買了四瓶葡萄酒。給先烈的祭祀墓碑都單獨拍照留念。陵園保護狀態良好。

> 由於是星期天，工作人員沒有上班，我把獎杯給了同在陵園祭拜的熱心人轉交，相信他們會發來給工作人員獎杯的情況照片。先烈們安息吧！為民族生存而奮鬥的先烈之死重過泰山！

這是烈士白致祥外甥梁清文發到"葬美空軍後人群"的感言。

帶著家人的囑託，梁清文和表兄白國正千里迢迢從北京飛往德州，按照中國傳統祭拜程式，為空軍烈士白致祥上香，磕頭，鞠躬，祭酒，依次播放長輩們（大妹，三弟，四弟）事先錄製的悼詞。他們雙雙跪在墓碑前，講述白家近幾十年發生的大事，請大伯放心。外甥梁清文對近一個世紀國際、國家發展進行了描述，請大舅安心。

他們還為所有埋葬在布利斯堡國家軍人陵園的殉職空軍按中國傳統

祭拜，整個活動持續近三個小時。烈日當頭，兩人幾乎有些虛脫了。

"跟先烈們相比實在不算什麼"，弟兄倆由衷地表示。

看到這番情形，讓群裡的烈士後代們心潮澎湃，不約而同地對他們所做的一切，表示由衷的敬佩和感謝。卓志元的侄女看到這些照片，忍不住淚眼婆娑。

烈士若在天有靈，一定會含笑九泉的！

為了此行，梁清文和白國正定製了一個玻璃獎牌，代表空軍家人贈送給布利斯堡軍人陵園管理處，感謝他們幾十年來對中華民國空軍烈士安息地妥善的管理，讓長眠在那裡的空軍得到良好的照顧。

那天適逢周日，管理處無人值守。恰好遇到前來陵園祭拜的軍人家屬馬丁內斯母子，便委託他們轉交帶去的獎牌。

得知詳情之後，望著兩個風塵僕僕，越過七十多年歷史，帶著家人的囑託，懷著對烈士們的崇敬，遠道而來祭拜的二戰空軍後人，兩個美國人非常感動，再三承諾一定幫助轉交給陵園管理處。

仔細端詳著白致祥烈士後人發來的所有照片，我突然想起前不久為尋找抗戰空軍卓志元家屬，《寧波晚報》記者說過的一句話："死亡不是真正的離別，忘卻才是"。

趕快找出一個多月前烈士白致祥外甥梁清文發給我的郵件，那是白家撰寫的《紀念先烈白致祥》，字裡行間注滿著對先輩的崇敬。在重新回望的敘述中，這位家族英雄顯得格外清晰：

> 白致祥是家族的長子，下各有三個弟弟和妹妹。他自幼聰慧，記憶力強。他愛學習，知書達理，四鄉八里人見人誇。在他兩三歲時，

烈士白致祥侄子和外甥到德州布利斯堡
軍人陵園為所有空軍烈士掃墓
（白致祥烈士後人提供）

白致祥烈士少年時的照片
（白致祥外甥梁清文提供）

父親就教他識字算數。七八歲時就能幫父親務農。他從初小到高小一直考試優秀。

白致祥高小畢業後，正趕上石家莊市正太鐵路招收工人。

鐵路在當時是炙手可熱的職業，需嚴格的考試。他以全市第三名的成績被正太鐵路後勤部門錄取。他全身心投入工作，因為工作常常加班，儘管家離工廠的路程步行只用四十分鐘，他每星期只回家一、二次。

1937年，盧溝橋事變爆發，白家的太平日子過不成了。

事變後，全國人民組成統一抗戰，正太鐵路職工是全市人民抗日活動先鋒。隨著戰事的發展，日軍於9月份逼近石家莊市，白致祥等百余名愛國熱血青年跟隨愛國人士奔赴太行山進行武裝抗日活動。

當時白致祥已經成家，兒子剛滿百天，弟妹尚幼小，只有他能夠為父母分擔家事，離家加入抗日武裝，白致祥思想鬥爭很激烈。

父親白恒壽思前想後，國破山河碎，男兒當自強，他答應了兒子。妻子孫榮賢慧善解人意，她有千萬條理由阻止丈夫，但也是以國家大局為重。

爾後，白致祥托人給家裡捎信，他們在山西陽泉平定平遙一帶進行抗日活動。

再過幾年，家裡收到白致祥來信，告知已經在成都上黃埔軍校（1941年考入黃埔軍校十八期一大隊）。為了能考上軍校，學到更多的知識和本領，白致祥改寫了自己的出生日期並隱瞞了已婚實情。

抗日戰爭勝利後，家裡收到關於白致祥的信，卻是南京國民政府軍政部來信，信中說，白致祥1943年12月在美國進行飛行訓練時發生空難事故犧牲，另有遺物請家人去南京領取。

得知噩耗後，盼子歸來數年的母親呂群瞬間崩潰，整日哭啼，鬱鬱寡歡，幾近瘋癲，經過一年的治療才恢復常態。

　　白致祥的妻子名孫榮，長致祥兩歲。丈夫離家抗戰後她一直與白家一起生活，等待丈夫歸來。軍政部來信告知丈夫死訊後，孫榮仍不到三十歲。白家長輩為她考慮，勸她找個合適的人另組家庭。

　　孫榮傳統觀念極強，與白家感情極深，寧願在白家終身伺候公婆也不願改嫁。後來在白家多次做工作和娘家的勸說下才含淚告別了白家。她在白家共度過十五年的時光，與白家關係甚篤。

　　幾年後，白致祥的母親和家人在大街上偶遇孫榮，她第一句話就問："娘，致祥回來了嗎？"婆媳倆頓時抱頭痛哭。從白致祥1937年離家分別十幾年了，孫榮仍然幻覺致祥活著，能平安歸來。

　　白致祥離家時兒子剛過百天，次年因病夭折。

　　妻子孫榮悲憤至極，白致祥的父親含淚親手做了一口棺材給孫子下葬。

　　為了抗日，白家獻出了兒子，兒子捨棄了自己的妻兒骨肉。

命裡所有的恩愛，在大時代浪潮的跌宕起伏中，支離破碎⋯⋯

《黃埔軍校第十八期同學錄》，關於烈士白致祥有這麼一小段記載：

　　白致祥　23歲　河北獲鹿石門市轉西裡村

從臺北《空軍忠烈表》又找到了一些關於他的一些資料：

　　白致祥　河北省石家莊市西裡村人，民國時期叫石門市獲鹿縣西裡村，黃埔軍校18期學員，以後考入國軍航空學校，在美國航校實習時犧牲。犧牲時間1943年12月20日。

　　龍越基金會志願者黃麒冰提供的《轉學空軍官校第十五、六兩期同學名錄》，上面有白致祥的名字，他和赴美殉職空軍范紹昌同屬於空軍官校十六期。

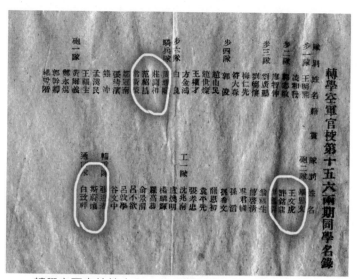

轉學空軍官校第十五、六兩期同學名錄（黃麒冰提供）

　　根據李忠澤找到的入關資料，白致祥和赴美空軍第七批學員乘坐阿斯隆城堡號郵輪（SS M.V. Athlone Castle），1943年6月22日從印度孟買出發，抵達美國紐約的入關時間是1943年7月25日，然後轉乘火車到亞利桑那州空軍基地參加培訓。

　　打開"美國航空考古調查與研究"網，發現他和十三期第三批劉靜淵烈士同機遇難。

日期	機型	序列號	中隊	大隊	基地	空軍	失事原因	等級	飛行員	國家	州	地點
431220	BT-13A	41-9884	755BFTSq		Marana AAF, AZ		KSSP-CR	5	Pai, Chi-Hfi-ang	USA	AZ	Marana AAF, AZ

　　少尉飛行員劉靜淵教官和學員白致祥在當日早晨8：15進行雙人飛行訓練，從馬拉那（Marana）機場起飛，白致祥是該機的駕駛員。大約9：00點左右，有人看到此飛機在大約8000英尺的高度旋轉，接著，飛機持續旋轉直至撞擊地面。根據證人描述：飛機旋轉速度從未降低，相反，隨降落而加劇。最後，教官的遺骸在飛機內找到，學員的遺骸則在離飛機殘骸10英尺的地方發現。沒有跡象顯示他們中的任何一人曾試圖打開降落傘。

　　兩天後，《亞利桑那共和報》以"兩名中國人死於飛行失事"為標題報導了這樁空難：

圖森，12月21日　馬拉納機場指揮官查理斯·貝克斯上校今天宣佈：兩名中國空軍飛行員星期一上午殉職。中級班訓練過程中，飛機在皮卡喬附近墜毀。

　　殉職者是少尉教官劉靜淵和空軍學員白致祥，隸屬於在馬拉納接受中級班飛行訓練的中國分隊。事故發生時，他們正在進行例行飛行訓練。

　　貝克斯上校還說，一支由經驗豐富的空軍官員組成的團隊已經組成，即將著手調查並確定事故原因。

訓練中，他們倆駕駛的BT-13A（編號41-9884）雙人飛機從起飛到墜地，就像空中一顆稍縱即逝的火星，儘管其光亮是那樣微不足道，仍然是煥發過璀璨光芒的星星。[1]

LIU CHIN-YUAN　　Age 23
Wants to go home to Manchuria in a B-17—you know the easy way. He'll draw a new map for China.

赴美培訓《學員名冊》中關於劉靜淵烈士的介紹：想要駕駛B-17回到家鄉滿洲里，你知道捷徑是什麼。他將為中國繪製一張新地圖（于岳提供）

　　我收到了布利斯堡國家軍人陵園主任詹姆斯·波特（James　Porter）先生給白致祥烈士外甥梁清文和馬丁內斯先生的回信。在此翻譯抄錄如下：

　　梁先生：

　　非常感謝您的讚賞之情，我可以向您保證，禮物將被放置在一個顯著的位置，讓所有來訪者都可以看到。我們榮幸地為您所愛的人和其他埋葬在布利斯堡國家公墓的中國空軍成員提供一個尊貴且有尊嚴的最後安息地。以後，你若再來訪問布利斯堡國家公墓，請隨時提前聯繫，以便我們可以見面。

---

1. Vultee BT-13A和BT-13是二戰期間美國飛行訓練的基本機型，見第19章"空軍標配，一塊奧米加手錶"。

馬丁內斯先生，謝謝你幫助我們的朋友找到親人並傳遞他們的感激之情。我們非常感謝您的幫助與合作。

詹姆斯·波特
布利斯堡國家公墓主任

美國軍人陵園主任發來的郵件，讓大家感歎：抗戰七十多年過去了，世道變化得很快，特別是近幾年來，我們社會上眾多的關注點是"金錢"，"地位"，還有所謂的明星效應。有多少人還記得為中國領土完整，無懼拋頭顱，灑熱血，勇往直前英勇抗擊外來侵略者的英雄呢？

"對生命的尊重，對人性的關懷"，特別對抗戰老兵的關懷，從那些志願者身上，如今又從烈士後人那裡，體現出這個民族的未來和希望。

時隔四分之三世紀的相聚

2019年5月12日，時隔四分之三世紀，長眠在德州布利斯堡軍人墓園的空軍英烈們首次迎來他們的家人！

這些赴美代表分別來自抗戰空軍閭儒香（浙江）、高銳（河南）、白致祥（河北）、李益昌（江西）和范紹昌（江蘇）的家庭。非常遺憾劉靜淵（遼寧）和白文生（河北）家庭沒有獲得美國簽證不能前往。

絕大多數赴美殉職空軍未婚，他們同輩的兄弟姐妹也都是90多歲的高齡老人了。本次祭拜的代表大多是他們的侄甥兒/女，平均年齡60歲，年齡最大的71歲。

得知親人的下落之後，有幾位烈士後人早已迫不及待飛往德州陵園祭拜。但對於大多數家庭來說，除了年齡，語言是更大的挑戰，他們迫切希望由機構組織赴美。

"空軍家屬集體赴美祭拜"，是龍越"尋找戰爭失蹤者"項目總監劉群的設想。幾個月來，我和她時常太平洋隔空對話，經過大半年的籌畫，利用"尋找戰爭失蹤者"公眾號發推文、聯繫家屬、赴美行程安排、聯繫旅行社、布利斯堡軍人陵園、中國駐休斯頓總領事館、艾爾帕索當地華人和留學生、"鳳凰城華人歷史協會"、"美國飛行考古調查與研究網"、雷鳥機場空軍教官後人及檔案館等等，一系列準備工作終於落實了。

項目啟動之初困難重重，特別是為空軍家屬美國之行籌款，尋找贊助商，收效甚微，所謂的"政治影響"成了最大的擔心。還有人提出"空軍家屬去美國是'錦上添花'，不如把錢作為生活費捐給生活困難的'抗戰老兵'"等等。

計畫中的時間表一推再推，抗戰空軍家屬們飛越太平洋，幾乎成了不可能的使命。

最後，決定參團者全部自費，能去多少是多少，只要有一位家屬願意去，龍越工作人員也奉陪。

龍越人在"撫慰戰爭創傷，宣導人性關懷"方面的堅定信念，再次驗證了赴美空軍家屬集體祭拜"不辱使命，不虛此行"的重要意義。也讓我深切感受到了親情，以及大家對抗戰空軍的愛戴。為了促成這次活動，幫助他們順利獲得赴美簽證，我特地找到美國加州議員，抗戰空軍後人朱感生先生（十五期第五批赴美空軍朱傑之子），懇請他為赴美人員發邀請函並獲得他的大力支持。

美國方面，抗戰空軍烈士卓志元、韓翔、李嘉禾家人分別從各自居住城市飛往德州，與大家彙聚，一同參加這次集體祭拜活動。因故未能成行的其他空軍家人則委託祭拜團，把思念和問候帶給他們遠方的親人。

這次活動，還獲得許多媒體的關注與支援，中國駐美"新華社"記者得知行程後主動聯繫我們；《中國日報》派兩位記者全程採訪；更令人高興的是《洛陽晚報》記者李礪瑾和《洛陽日報》河圖網記者陳占舉趕在出發前幾天獲得赴美簽證。特別是李礪瑾，為了替趙光磊和劉鳳瑞家屬到德州祭拜，不顧自己必須在規定的時間裡回武漢參加碩士論文答辯，堅決請求加入我們的祭拜團。

陳納德航空軍事博物館總裁，飛虎將軍陳納德外孫女尼爾·嘉蘭惠（Nell Calloway）女士因時間衝突無法參加集體祭奠，她在給我的郵件中懇切地表示：

> 感謝您的邀請，但不幸的是，我在此期間有家庭承諾。我很抱歉不能和這些特殊家庭在一起。我知道您付出了許多努力，現在已經獲得了回報。我希望我們能保持聯繫，請讓所有這些家庭知道我的心與他們在一起。

祭奠活動策劃者劉群的美篇，留下了真切感人的心路歷程：

2019中國空軍家屬赴美祭拜團在德州艾爾帕索機場聚集（張勤拍攝）

太多的艱辛、淚水、汗水，只有參與的人才能懂得……

七十餘年，安葬在美國的中國空軍第一次迎來了他們的家人。

因為正式祭拜日是2019年5月13日上午，考慮到家人萬水千山來到這裡，一定會有很多話要對先輩們說，也一定有自己家鄉的祭拜風俗，我們決定在5月12日提前去墓地看望先輩。

雖是第一次踏入這裡，但一年時間，看了無數次這裡的照片，已經清楚的知道了墓地的方位。下車後，我一路小跑，找尋墓碑上"CHINESE AIR FORCE"字樣，當我看到後，激動地遠遠招手，親人們飛奔而來。

措手不及的情緒在這一刻宣洩，找到先輩的墓碑後，近七旬的後代，不顧長途飛機造成的膝蓋水腫，紛紛下跪祭拜。

墓地傳來了盪氣迴腸的哭聲，我流著淚穿梭在每個家庭的拍攝記錄中，我的心情和大家一樣，七十餘年，太不容易的尋親之路啊。

大家用傳統的方式向先輩訴說近況，七十年了，想說的話太多太多了……

入園時晴空萬里，就在家人祭拜的時候，突然下起了黃豆般大的雨滴。這是後人的孝道感動天地，這是親人的哭泣，他們等了七十餘年，終於等到了。

我和安姐相擁而泣，一年的時間，安姐把每一位先輩都當成了自己的二叔，她信守承諾，堅定不移地尋找。一年來，我們相互打氣，不放棄。今天，我們終於可以說：我們做到了，我們把家人帶過來了。

空軍烈士高銳家人用傳統的方式向先輩訴說近況
七十年了，想說的話太多太多了……

從2018年5月11日與"湖南龍越和平公益發展中心—尋找戰爭失蹤者"項目組聯繫，到2019年5月12日和赴美殉職空軍家屬們一起來到陵園祭拜空軍英烈，意義非凡。一年來，經過海峽兩岸以及來自美國志願者的不懈努力，通過央視"等著我"的播放以及廣大網友們的關注與傳播，發生了無數感人的故事，相隔七十五年後血脈終於再相連！

我想告慰二叔，"安息吧，您的26位戰友已經回家了！我們一定會繼續為其他殉職空軍尋找他們的親人。"

中國駐休斯頓總領事館、僑務領事葛明東先生代表中國政府特地趕到艾爾帕索參加這次隆重的紀念儀式，他的發言，對埋沒在異　國他鄉七十多年的抗戰空軍和他們的家屬是極大的慰籍：

在 1944 年左右的時候，中國有一批對民族、對國家非常熱愛

墓園主任、中領館僑務領事及當地華僑代表與空軍赴美祭拜團合影
（張勤拍攝）

的年輕人，為了抵抗日本法西斯的侵略，不遠萬里來到美國參加飛行培訓。非常不幸的是，在這樣一個高強度的訓練過程中，發生了一些不幸的事情。當時有一些中國飛行員在培訓過程中獻出了年輕的生命。

他們的犧牲，不是白白的犧牲，實際上他們作出的犧牲是全中國抵抗日本侵略的一個重要組成部分，也是全世界反法西斯的一個重要組成部分。

現在中國的每一寸土地上依然浸潤著這樣一批烈士的鮮血……

歷史性的祭拜令人百感交集，愴然難忘。特別是依照美國國家軍人陵園的慣例，在舉行祭奠儀式當天，德州布利斯堡國家軍人陵園為抗戰時期在美國受訓過程中殉職的中華民國空軍下半旗，這是對為國犧牲軍人的最高禮儀。

天地間的呼喚和被呼喚

我們祭奠大會的翻譯，華人教會沈黎明牧師夫人安妮塔（Anita）發來微信：

上帝就是愛，所有美好的事都是從神而來。這些英烈無私的犧

德州布利斯堡國家軍人陵園為抗戰時期赴美受訓殉職的
中華民國空軍下半旗（張勤拍攝）

牲和家屬們長途跋涉來到這裡，感動了天也感動了我們。艾爾帕索
屬於沙漠氣候，一年裡沒有幾天下雨，尤其是五月。但就在烈士家
人去陵園祭拜沒有多時，天空突然下起了瓢潑陣雨。

這也是上帝的祝福之雨（shower of blessing）。

而召開祭奠活動那天，天氣又是出奇的好，不冷不熱，而且
真的像誰的講稿內容裡寫的"看到美國的藍天白雲"。告訴您這裡常
有沙塵暴，來得很兇，露天的活動也常要改地方……所以說"今天
是最美好的一天"。

令人特別不可思議的是，當家屬們上午祭拜結束後，德州大學生物
系張建營教授和記者李礪瑾等一行人下午再次去墓地，發現我們在烈士
墓碑前放置的黃白兩色菊花被大風吹散了，於是趕緊想辦法加固。

那一刻，在常年乾旱的沙漠地區，天空出其不意又下起了磅礴大
雨，陣陣大風夾著雨滴呼嘯著哀嚎起來，他們幾個全然不顧風急雨驟，
依次蹲在52座空軍墓碑前，用手小心捧起沙土，一捧又一捧地灌進插花
筒……

長久以來，我自以為是個"無神論"者。可是，面對大自然看似偶
然的巧遇，讓人不得不相信人世間確實存在著一種超越自然的心靈感
應，這是天地間的呼喚與被呼喚啊！

"龍越基金會"代表所有為赴美殉職空軍尋親的志願者贈送花圈
（張勤拍攝）

國內那些常年照顧"抗戰老兵"的志願者們告訴我，在為老兵歸隊送行的時刻，他們也經常遇到這樣神奇的天降大雨。

仰望藍天，天空似海，一望無際，幾抹淡淡的薄雲，猶如白色的浪花。那裡，曾經是我們的親人展翅飛翔的地方，也是他們不幸折翼之處。飄蕩已久的忠魂，一定在空中深沉地注視著我們，護衛著這次來之不易的跨國祭拜。

蒼天有眼，終於讓這些沉寂了七十多年的抗戰空軍回到人間！

在二叔的墓碑前，我輕撫著白色的花崗石碑文，用心與 "年輕的二叔"默默交談……

"還記得那年參加大哥大嫂的婚禮嗎？"我的手機裡珍存著一張爸媽結婚那天，二叔身穿長衫，作為伴郎與新娘新郎及伴娘的合影。"其他人都西裝革履，為何二叔總是一襲長衫？在那張照片裡，二叔眉頭緊鎖，不拘言笑，全然沒有參加婚禮時的喜悅心情，莫非正為日寇侵我大好河山而揪心？"

過去的一些往事，逝去的年華，隨著風兒吹過，不知不覺又飄回來了。許多年前，飽受磨難的父親在上海華山醫院病故之夜，母親在加拿大溫哥華下葬當日，雙親離我而去的悲痛時刻，都不期而遇傾

婚禮招待會上，伴娘（姑姑）和伴郎（二叔）與我父母合影

盆大雨，悵然站在悲愴的雨水之中，唯有傾聽天地兩相隔的呼喚……

我那威武不能屈、正直剛毅的爺爺啊，昨天那場大雨也是為您下的！此情此景，您看見了嗎？能否安撫您不屈的靈魂？

我與"年輕的二叔"默默交談，告慰二叔，"請安息吧！"（張勤拍攝）

必須感謝美國布利斯堡全體工作人員，是他們，多年守護著我們親人的英靈！

作為二戰東方主戰場，中美在共同抗擊法西斯侵略的正義戰爭中結下了深厚情誼。雖然戰場上的硝煙早已散盡，但是，二戰歷史不應該輕易被忘記。發生在中國的抗日戰爭是中、美、蘇幾國軍人付出巨大代價換來的勝利，我們應該永遠記住這些軍人為捍衛世界和平而獻身的無畏精神，永遠銘記這段光輝的歷史。

不忘歷史、珍惜世界和平

在美國鳳凰城，家屬們終於見到了幾個月來孜孜不倦地協助查找殉職空軍飛行失事記錄的"福爾摩斯"，他就是"美國航空考古調查與研究"網站（USAAIR）創辦人——克雷格·富勒（Craig Fuller）先生。

克雷格·富勒先生不僅幫助找到七十多年前我二叔李嘉禾和其他8位中美空軍乘坐的TB-25D（41-29867）《飛行事故報告》，還為其他空軍家屬提供了空難真相。

一直以為這是一個多麼龐大的機構，收藏著從1911至1955年，第二次世界大戰前後所有美國境內外空難歷史資料。

直到2019年5月15日，帶著二十多位赴美空軍家屬、志願者和媒體記者到他的辦公室參觀，才大為驚訝地發現歷年所有的空難記錄秘密居然都藏在他家排列整齊的一個個小抽屜裡。

他對我們的驚訝並不以為然，估計主人早已習慣於面對許多諸如此類的好奇了。

他說自己從小熱衷於各類飛機，喜歡野外徒步。二戰時鳳凰城周圍的機場是美國飛行培訓的主要場所，危險的空中訓練造成數之不盡的空難，日後培養了一批像他那樣在野外搜尋飛機殘骸的愛好者。每找到一處空難地，那些散落在荒山野嶺上的飛機殘片，那些逝去的年輕生命，都會引發許多聯想……漸漸地，他將這項業餘愛好轉換成了職業，向政府購買大量歷年空難微縮照片和記錄，將浩如煙海的信息分類整理成冊，為人們提供探尋空軍先輩血灑疆場的真相。

跨進門，尤為矚目的是書架上高高放置的一塊鋁製飛機殘片。

那是1945年3月14日范紹昌所駕駛的AT-6（編號42-85684）！大家的心情瞬間變得激動無比！

克雷格·富勒先生得知該機駕駛員的外甥馮忠就在眼前，激動的臉都漲紅了，特地掰下一小塊殘片，簽名留念送給他。

馮忠也將從中國帶來的茶葉和特製的紫砂壺贈送給幫助找到舅舅的美國友人，兩人親切地合影留念。

他們還相互約定，如果下次馮忠先生帶兒子再來美國，他們會一起到失事地去勘察祭拜。

克雷格·富勒和范紹昌外甥馮忠舉著范紹昌所駕駛的
AT-6 飛機殘骸，發現地點：亞利桑那州"大角峰"（張勤拍攝）

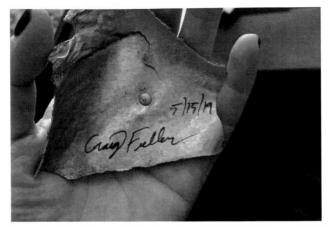
克雷格·富勒送給范紹昌外甥馮忠一塊失事飛機殘片並在上簽名留念

　　打開谷歌地圖，亞利桑那州托洛帕縣以北20英里"大角峰"山坡上，還能隱約看到那片閃亮的區域……

　　"刷刷刷"，大夥紛紛舉起手機記錄下這珍貴的歷史時刻，一路隨行的"中國日報"駐美國記者站記者們特地留下來，向克雷格·富勒先生仔細瞭解整個過程。

　　多年來，克雷格·富勒先生精心保存著中國赴美空軍的完整失事記錄，那些人、那些事，清晰無比地展現在我們眼前，沒有隨歷史和時間而凋零，一切歷歷在目。

　　那些為捍衛中華民族尊嚴而戰鬥的勇士們，他們曾經是，現在仍然是中華民族的驕傲。

　　今天，我們在這裡緬懷抗戰空軍，不是為了復仇和回憶痛苦，而為了讓他們不再被遺忘，為了世界和平，不讓歷史重演。

　　埋葬在美國的中華民國空軍用自己年輕的生命在警醒世人——不忘歷史、珍惜和平。

22. 結語

在我們這一代成長的過程中，對抗日戰爭的集體記憶是從電影"地道戰"，"地雷戰"和"鐵道遊擊隊"開始的。所接受的教育是"人民公敵蔣介石不抗戰，躲到四川峨眉山"，抗戰勝利之後"下山摘桃子，奪取勝利果實"，還有"美帝飛賊陳納德"……

"九一八"事變之後，我父親懷著滿腔熱血參加馮庸大學組織的"學生義勇軍"，到關外抵抗日軍。華北淪陷後，他不願在日寇鐵蹄下生活，陪伴我在北大教學的爺爺，隨清華、北大、南開大學師生及家屬西撤，一路輾轉到昆明，協助美軍"飛虎隊"維修飛機設備。後來卻被迫"交代"寫"檢查"，我時常聽他小聲嘀咕，"這都是為了抗日，怎麼成了反革命？"

對抗日戰爭這段歷史開始有所瞭解，是我們出國留學到加拿大之後，一位臺灣友人邀請我們去他家觀看"淞滬戰役"記錄片。慘烈的激戰，血流成河，屍橫遍地……我幾乎不敢相信自己的眼睛，用顫抖的聲音按捺不住地問："這是國軍？"

事實上，中華民國國民革命軍在長達八年的浴血抗戰中，擔當起了救亡圖存的重任。特別是空軍，以極為年輕的平均年齡和超高的死亡率，譜寫了抗戰中英勇悲壯的一頁。盧溝橋事件發生後的第一仗，筧橋上空"八一四"空戰首戰告捷，譜寫了一曲氣吞山河，悲壯激昂的樂章。年輕的空軍飛行員奮勇作戰，前赴後繼，始終戰鬥在抗擊敵寇的最前沿，用生命和熱血捍衛了中華民族的尊嚴和生存權。

1940年8月20日，英國首相溫斯頓‧邱吉爾在國會發表激動人心的演講，對英國皇家空軍（RAF）飛行員的堅韌表示由衷的敬意，他說："在人類征戰的歷史上，從來沒有這麼多人對這麼少人，虧欠這麼深的恩情。"

今天，當我們重溫沉重的抗日戰爭史，充分意識到：這份虧欠對於中華民國空軍來說更為深重！

年輕的空軍將士們無愧於中華民族的驕傲，在中華大地陷入深重災難的時刻，他們沒有放棄抵抗，而是懷著置之死地而後生的堅強信念，與國家民族同生死共患難的英雄主義氣概，在空中和侵略者拼死搏鬥。這些為國捐軀的英烈中，有很多像我二叔那樣棄筆從戎的中華熱血好男兒。讓我感到由衷敬佩的是：在我的家族中，除了二叔之外，還有三位毅然放棄學位投身抗戰的飛行員。我的表叔和表姑父從金陵大學考上中航飛行員，飛越駝峰航線為抗日前線運送物資。另一位表叔進入空軍官校23期，當他從美國受訓歸國，抗戰已經結束，為了不參加內戰，轉而去復旦大學讀書。這些年輕人的英勇事蹟和民族精神，值得我們永遠紀念、學習和弘揚。

為了幫助埋葬在美國的殉職空軍尋親，在"湖南龍越和平公益發展中心"的協調下，海峽兩岸志願者組成了"空軍尋親團"，大家群策群力，為尋找赴美殉職空軍家人不辭辛苦四處奔波。在一年多的尋親過程中，遭遇過各種困難，親眼目睹許多空軍家庭幾十年沒有放棄，終於等到了奇蹟出現的那一刻。

龍越"尋找戰爭失蹤者"項目負責人劉群說得好：

> 這是亡者的幸運，更是後人的虔誠！我們發現：尋親，不可缺的是親人的參與，後代的孝道感動天地！這也是鞭策龍越人懷揣初心秉承使命堅持下去的出發令！
>
> 龍越的工作人員有限，我們更多的是做後臺資料整理，對每一條尋親信息竭盡所能去聯合更多的資源找到家人。一線的志願者最辛苦，他們要付出更多的時間，精力，智慧，甚至自掏腰包去尋找。
>
> 作為龍越尋找戰爭失蹤者項目部的一員，希望越來越多具有歷史情懷的志願者湧現，才能讓抗戰精神得以真正傳承。

空軍中尉秦建林是五十多位殉職空軍中的第一位有幸與家屬"重逢"的烈士。他是臺灣空軍後人盧維明先生的父親空軍官校十期同學，受父親生前的囑託，2018年1月，盧先生與龍越基金會聯繫，通過微信推文，找到了秦建林的家屬。我們的"空軍尋親團"成立之後，再次通過微信推文，太平洋兩岸熱心人聯手，寧波志願者團隊24小時內找到抗戰空軍閻儒香的親妹妹。

在龍越的推薦下，央視"等著我"公益節目錄製並播放了為空軍先烈尋親的故事，一時間，央視尋人團和"老兵回家"網站後臺頻頻傳來尋親信息……

隨著美國志願者的加入，我們的尋親隊伍更加壯大，與赴美殉職空軍有關的史料從美國各個歷史檔案中被挖掘出來，為尋找和核實空軍家屬信息提供了有利的佐證。志願者們本著一個共同的目的："老兵回家，人性關懷"。

到目前為止，我們一共為33位赴美殉職空軍找到了家人，並于2019年5月帶領部分家人飛越太平洋，舉行"跨國祭拜見證中美友誼：為了遲到的紀念"。

自從邁上為空軍尋親這條路，我無時無刻不被感動著，不僅為每一位找到的空軍家屬而高興，更為志願者的無私奉獻，為眾多朋友和網友們的理解、支持及鼓勵而感動。來自海峽兩岸和美國的朋友們給我送書，送照片，提供抗戰時期的真實史料，甚至慷慨解囊為烈士送花，為了儘早尋獲家屬信息，媒體和電視臺也爭相報導……可以說，沒有大家的幫助，絕對沒有可能在這樣短的時間內把眾多殉職空軍帶回家。

就像一位讀者在"尋找戰爭失蹤者"公眾號中回應的那樣：

這時代缺的不是完美的人，缺的是從心裡給出的真心、正義、無畏、同情。正是這樣的精神使他們成為保家衛國的棟樑！他們不僅僅家境富裕，精神更加富裕，無論在哪個年代，他們都是民族英雄！向英烈們致以崇高的敬意！

附　錄

附錄1：在二伯伯墓前

　　這是我的堂姐李崇紅2012年從北京到德州陵園祭拜後，在回國飛機上寫的一份悼詞：

親愛的二伯伯：

　　六十八年前，當您離開家的時候，我不知道爺爺奶奶是怎樣的牽掛，儘管爺爺在北大的同事說您是物理系不可多得的高材生，而您還是毅然決然地走了。您是懷揣著一顆憂國憂民，抗擊日本侵略者，為中國勞苦百姓擺脫苦難、洗刷恥辱的心離開家，奔赴異國他鄉的。您帶著一個愛國青年的滿腔熱血來到了這片遙遠的土地，您在這裡努力地學習飛行，參加訓練，準備儘快地回去報效祖國和人民，投入反法西斯的鬥爭。

　　但就在即將歸國前的一次執行任務中，你們的飛機不幸失事，把您永遠地留在了這裡。我無法想像當聽到您罹難的消息時，久盼兒歸的爺爺奶奶是怎樣的傷心欲絕，也不知這二位老人和您的兄弟妹妹是在怎樣悲哀痛惜的煎熬中度過了那段時光，我只記得從我記事的時候起，奶奶就一直把您年輕英俊的戎裝照片掛在她臥室的牆上，那時候我就知道我有您這樣一位二伯伯。我爸爸一提起您總是為您的英年早逝，壯志未酬而惋惜，為您的愛國義舉而感慨，而驕傲。

　　幾十年過去了，我們得不到您的更多消息，奶奶臥室牆上您那張照片也已在文革的風雨中無處尋覓。後來爸爸多方打聽，終於從平泰表叔那裡找到了您安葬墓地的線索。感謝Rick幫忙找到了您在El Paso的墓地，馬陽表弟第一個帶著他的兩個孩子，開車兩千多公里來為您掃墓，實現了我們全家人幾十年的夙願！

我爸爸一直想來，但終因年高患病未能成行。今天，我終於來到您的墓前，我是帶著我爸爸生前未實現的願望而來的，是帶著爺爺、奶奶、爸爸、媽媽幾十年的思念而來的，是帶著我們兄弟姐妹和您的侄孫晚輩對您的敬佩和仰慕而來的。在您的墓前默默肅立，深深地三鞠躬，捧上一束鮮花，告慰您的英靈！

我久久立在您的墓碑前，不忍離去將您獨自留下。您躺在他鄉的荒漠，頭枕漫漫黃沙，遠離塵世的喧囂與浮華。您的靈魂在藍天中飄動，深情而熱烈，純淨而高雅。您還是那麼年輕，帶著照片上永恆的微笑，您永遠是爺爺奶奶和父輩的驕傲，永遠是我們後輩人的楷模，永遠是中國人民的優秀兒子，親人們會永遠懷念您！

侄女崇紅敬拜

2012年1月5日於德克薩斯州El Paso

後記：因為在那裡買不到鮮花，我就把我的紅圍巾打成結放在墓前。

特別要感謝美國人民，把墓地照管得那麼好，清潔、整齊、肅穆、美觀，幾十年來一直有人維護整理，使所有安葬在這裡的人得到了應有的尊重，使逝者的親人得到慰藉。

附錄2：赴美殉職空軍入關記錄

　　根據美國公開的入關記錄，美國志願者李忠澤、黃勇以及臺灣空軍後人盧維明先生等幫助找到以下赴美各期空軍入關記錄。這份整理後的匯總資料，能幫助讀者進一步瞭解空軍赴美受訓信息。

　　歷史久遠，保不定還有錯誤或尚未確切信息，知情人若能提供更詳盡資料，將不勝感激！

到達美國日期	船名/機號	出發城市	到達城市	空軍官校批數	赴美人數	殉職空軍
1941-10-20	SS President Pierce	Hong Kong	San Francisco, CA	空軍官校12期第一批	學員50名，外加領隊8，機械及通訊學員43	吳剛，梁建中，陳衍鑒，李其嘉，李助
1941-12-25	SS President Coolidge	Manila, P. I.	San Francisco, CA	空軍官校12期（42名）/13期（8名）第二批	50學員名，領隊若干	
1942-07-13	SS Brazil*	Bombay	New York	空軍官校12期（6名）/13期（67名）/14期（74名）第三批	學員147名	韓翔，朱朝富，袁思琦，陳漢儒，吳秉仁，劉靜淵，閆儒香，高銳，陳約，白文生，趙上洽，夏孫沄
1942-09-07	SS Mariposa	Bombay	New York	空軍官校14（18名）/15期第四批	學員52名	
1943-01-31	MV Athlone Castle**	Bombay	New York	空軍官校14期（4）/15期第五批	學員82名	宋昊，趙光磊，崔明川，李嘉禾
1943-04-09	SS Mariposa	Bombay	New York	空軍官校15期第六批	學員64名	
1943-07-25	MV Athlone Castle**	Bombay	New York	空軍官校16期第七批	學員64名	白致祥，陳冠群，楊力耕，施兆瑜，李益昌
1943-09-14	USS West Point (AP-23)	Bombay	San Francisco	空軍官校航炸班4期		陳培植
1943-12-04	USAT George Washington***	Bombay	New York	空軍官校16期第八批	學員86名	范紹昌，王小年，許銘鼎，李澤民
1944-02-23	SS Mariposa	Bombay	San Pedro, CA	空軍官校17期		沈農民
1944-06-11	C-46, 2340	Borinquen Field, Puerto Rico	Miami, FL			程大福
1944-06-13	C-46, 2285	Borinquen Field, Puerto Rico	Miami, FL			曹旭桂

（表接下页）

到達美國日期	船名/機號	出發城市	到達城市	空軍官校批數	赴美人數	殉職空軍
1944-08-12	USS General George M. Randall	Bombay	San Pedro, CA	空軍官校 19 期、19 期特班		盧錫基，章修煜，曹樹錚，田國義，卓志元，吳志翔，俞國楨
1944-11-22	USS General George M. Randall	Bombay	San Pedro, CA	空軍官校 20 期		趙樹莊(21 期畢業)
1945-01-06	USS General H. W. Butner (AP-113)	Bombay	San Pedro, CA	空軍官校 21 期、空軍官校航炸班 14 期		符德興，李偉
1945-02-02	USS Admiral W. S Benson	Bombay	San Pedro, CA	空軍官校 22 期特班	學員 108，軍官 3	司徒潮，劉鳳瑞
1945-03-03	SS General W Mitchell	Bombay	San Pedro, CA	空軍官校 10 期		秦建林
1945-06-22	USS General A. W. Greely (AP-141)	Calcutta	Norfolk, VA	空軍官校 22 期		陳文波，趙炳堯
1945-09-03	USS General M. M. Patrick (AP-150)	Bombay	New York	空軍官校 23 期、空軍官校航炸 9 期		劉萬仁，楊複高，周炳元，田毓鐘，田遠複，Feng, Louis
1945-11-03	SS General J R Brooke	Calcutta	New York	空軍官校 24 期		莊漢光

* （SS - Steamship的簡稱）

** （MV - Motor Vessel, i.e., Diesel Engine的簡稱）

*** （USAT - US Army Transport的簡稱，即美軍運輸艦）

附錄3：部分二戰空軍赴美艦船簡介

巴西號遠洋輪（SS Brazil）

SS Brazil，"巴西號"遠洋輪[1]

這是一艘由紐波特·紐斯造船及船塢公司（Newport News Shipbuild-ing and Drydock Company）建造的渦輪電動變速推動遠洋客輪，船長178.7米，20641萬噸，1928年12月8日下水，以公司所在地命名为SS Virginia（維吉尼亞號），1938年改裝後更名為SS Brazil（巴西號）。

此船於1928-38年由巴拿馬太平洋航線負責營運，1938-42年由美國聯邦專線營運。美國海事委員會於1937年接管這三艘姊妹船並對其進行大規模的翻新，以符合聯邦安全法規。

1941年12月6日上午，"巴西號"從紐約出發前往南美洲，載有316名乘客，近9000箱郵件。乘客中還有四名日本外交官和其中一人的妻子。航行途中獲知日本偷襲珍珠港，12月8日美國向日本宣戰。為了不讓敵機或艦船發現，"巴西號"只得夜間行駛，船員們將舷窗密封並塗成黑色，還將船內所有的燈塗成藍色或紫色。為了確保旅客和船員以及船舶本身的安全，船長張貼"停止照明"重要通告，故"巴西號"獲得

---

1. 迪克·克勞斯（Dick Kraus）拍攝，見網站 www.moore-mccormack.com

了"鬼船"之稱。12月10日，"巴西號"途中停靠巴貝多港，英國情報人員上船將五名日本人帶走，乘飛機送往千里達監禁。

開戰後的1942年到1946年，軍隊急需獨立運送兵員而又快速的大型船隻，這艘頗有名氣的豪華"巴西號"遠洋輪被戰爭航運管理局徵用，換裝為美軍服務。1942年3月19日，從南卡羅來納州查爾斯頓出發，運送派遣到CBI戰場的4000名陸軍，因當時的"太平洋"不太平，"巴西號"不得已改走大西洋，途經好望角，5月12日抵達印度卡拉奇。返航時，船上除了美國從東南亞撤出的僑民，中華民國空軍官校十三及十四期第三批近150名赴美空軍學員也登上了"巴西號"。

根據第三批赴美空軍官校學員關振民將軍回憶：

> 日軍已經掌握情報，準備沿途攔截，於是從印度洋到好望角的路上，白天有美、英兩國飛機在空中掩護，夜晚有軍艦護航，到了好望角之後，就軍艦一路護航到美國了。據船上的翻譯官告知，全程行程中，日本與德國潛艇都一路跟隨，護衛艦甚至還擊沉一艘日本潛艇。

另外，據《中國飛虎網站》記載第三批赴美空軍老人回憶：

> 我們在孟買等了三個多月才等到郵輪，旅程中不僅漫長還很危險，孟買出發經過南非開普敦，從開普敦起就不能直航，必須以之字路蛇行前進，為了躲避德國潛艇曾在百慕達停留數日，直等到護航艦及飛機護航，才繼續啟程，於1942年7月13日到達美國紐約登陸。

在戰爭期間，隨著美國在歐洲戰場的擴充和部署，"巴西號"經常往返於歐洲、非洲和美國之間，運載即將上前線的步兵師、裝甲兵團、捕獲的德軍戰俘。1945年7月經過跨越大西洋航行到馬賽後，"巴西號"通過巴拿馬運河駛向馬尼拉，進行了兩次跨太平洋航行，將部隊帶回美國。

"巴西號"是二次世界大戰中倖存下來的部分艦船之一。戰爭結束後的1947到1958年，該船由摩爾-麥科馬克航運公司營運。1958年停運，1964年被廢棄。

喬治·莫頓·蘭德爾將軍號遠洋輪

（USS General George M. Randall）

USS General George M. Randall（"喬治·蘭德爾將軍號"遠洋輪）　（公共領域圖片）

　　"喬治·莫頓·蘭德爾將軍號"運兵船，美國聯邦造船及船塢公司負責建造，以美國內戰英雄喬治·莫頓·蘭德爾少將的名字命名。1944年1月30日下水，船長189.76米，船載20175萬噸，可運送兵力5142人次。船上配備相當數量的機槍火炮，以確保艦船安全。

　　二次世界大戰時期"喬治·莫頓·蘭德爾將軍號"由美國海岸警衛隊管轄，1944年5月23日從維吉尼亞州諾福克港（Norfolk, Virginia）首航，運送近5000名士兵和工人，經過巴拿馬運河，7月5日途經澳大利亞到印度孟買。而後，離開澳大利亞墨爾本，將2000多名受傷軍人送回到加利福尼亞州聖佩德羅（San Pedro）。後來的1944年8月30日到1945年2月28日期間，在加州聖佩德羅途經澳洲墨爾本到孟買又進行了兩次航行。

　　1945年3月22日"喬治·莫頓·蘭德爾將軍號"移師加州聖地牙哥，穿梭於珍珠港和太平洋島礁烏利西（Ulithi）與舊金山之間。1945年5月德國戰敗，4711名美國海軍和海軍陸戰隊員乘坐"喬治·莫頓·蘭德爾將軍號"被重新分配給到其他各艦隊，5月23日又將459名海軍，海岸警衛隊和海軍陸戰隊員送往舊金山。1945年6月8日"喬治·莫頓·蘭德爾將軍號"穿過舊金山金門大橋，途經巴拿馬運河，前往法國馬賽。在那裡，從歐洲戰區被重新部署到太平洋戰區的5100多名士兵登船，準備進攻日本本土。"喬治·莫頓·蘭德爾將軍號"於1945年7月19日離開馬賽，第三次穿過巴拿馬運河，目的地是日本沖繩。

1945年8月16日，"喬治·莫頓·蘭德爾將軍號"抵達埃內韋塔克環礁（Enewetak Atoll）加油，這是西太平洋中一個由40個島嶼組成的環礁，傳來了日本無條件投降的消息。於是，受命在馬尼拉卸下部隊，而不是繼續前往沖繩。當她8月26日抵達馬尼拉，大批陸軍，海軍和海岸警衛隊乘船返回美國。沿途又接載更多勝利返回美國的兵員。9月21日抵達加利福尼亞州聖佩德羅。幾天之後，作為戰時"喬治·莫頓·蘭德爾將軍號"指揮官的貝克船長卸任。

阿斯隆城堡號郵輪（MV Athlone Castle）

MV Athlone Castle（"阿斯隆城堡號"）
圖片來源:澳大利亞昆士蘭州立約翰·奧克斯利圖書館

"阿斯隆城堡號"郵輪於1936年在緬因州的貝爾法斯特（Belfast-Maine）建造，噸位為25564萬噸，長度為696英尺。她的姐妹船"斯特靈城堡號"（Stirling Castle），1935年11月28日由阿斯隆伯爵的妻子前南非總督愛麗絲公主發起建造，因為當時在英國和南非之間的郵件傳送和乘客來往需要雇用最大船隻和最強大的英國艦艇。"阿斯隆城堡號"與"斯特靈城堡號"非常相似，唯一的區別是內部裝飾略有變化。船上有兩類基本乘客，頭等艙和客艙等級。

這些船採用當時最先進的設計，配備哈蘭德＆沃爾夫（Harland&Wolff）型柴油發動機。1937年11月5日，作為倫敦水牛港的第一艘郵輪開啟了她的處女航。並於1940年，加入由"阿倫德爾城堡號"，"溫莎城堡號"，"溫徹斯特城堡號"，"德班城堡號"和"開普敦城堡號"組成的聯盟城堡商船隊（Union-Castle）。在北非戰爭爆發之後，"阿斯隆城堡號"參與將南非軍隊送到埃及蘇伊士。

1940年12月27日，被徵用於戰爭運輸，六年來共攜帶148113名士兵。與其他姐妹船一起在美國與英國佔領區之間運送大約十幾萬名兵員，沒有發生過任何嚴重事故。

據空軍官校十五期第五批赴美空軍張恩福日記：

　　我們是先在印度孟買，乘坐"斯特靈城堡號"（Stirling Castle）到抵達英屬領地南非德爾班（Durban）港，然後換乘"阿斯隆城堡號"（Athlone Castle）抵達美國紐約。

戰爭結束後的1946年，被改裝回復到原先的郵輪服務至1965年8月6日，當時她在南安普頓已經完成了第141次航行。

1965年7月23日，最後一次從開普敦出發，1965年9月13日抵達高雄，由臺灣鋼鐵公司拆除。

斯特靈城堡號郵輪（MV Stirling Castle）

Stirling Castle（"斯特靈城堡號"）
圖片來源:The Liner"Stirling Castle" leaving Southampton June 1962 （班輪"斯特靈城堡"於1962年6月離開南安普敦）– geograph.org.uk – 516241.jpg

"阿斯隆城堡"的姐妹船"斯特靈城堡"建成之後，1936年2月7日，首次航行離開了南安普敦。當年8月，創造了這條路線的新記錄，13天9小時內到達桌灣（Table Bay），超越了之前14天18小時57分鐘的記錄。

同樣，在二戰期間她經歷了大約505000英里的航行，運載過128000名人員，毫髮無損地度過了這場戰爭。

戰後的1946年，該船從政府部門解脫出來。於8月31日從南安普敦乘船前往澳大利亞，9月28日抵達弗裡曼特爾，然後經改裝於1947年恢復郵件及乘客服務。

郵件服務業務在1965年間得以大幅提升，可後來"斯特靈城堡"和她的姐妹們沒有足夠的速度維持新的時間表。她們被兩艘新建造的快速貨船所取代，"斯特靈城堡"於1965年11月30日抵達南安普敦後退役。

原先按照計畫賣給臺灣拆船公司（姐姐"阿斯隆城堡號"兩個月前去的地方），但擬議銷售一落千丈，只得賣給日本公司。最後，於1966年2月1日離開南安普敦前往三原。1966年3月3日抵達之後，由日綿（Nichimen）公司拆除。

喬治·華盛頓號運輸艦（USAT George Washington）

USAT George Washington"喬治·華盛頓號"運輸艦（公共領域圖片）

"喬治·華盛頓號"是北德勞埃德航運公司（North German Lloyd）1908年在德國不來梅（Bremen）建造的一艘遠洋客輪，耗費6百萬美元，以美國第一任總統喬治‧華盛頓的名字命名。在第一次世界大戰期間，這艘船分別被稱"USS喬治華‧盛頓號"和"USAT喬治‧華盛頓號"為美國海軍和美國陸軍服務。在兩次世界大戰之間，她恢復到原來的"SS喬治‧華盛頓號"。當第二次世界大戰爆發以後，這艘船被再次稱為"USAT喬治‧華盛頓號"，簡稱為"美國卡特林"（USS Catlin[AP-19]）。

"喬治‧華盛頓號"於1908年建成時，是當時德國最大的輪船，也是世界上第三大船。"喬治‧華盛頓號"的建造是為了強調舒適性而不是速度，因此頭等艙乘客區域非常奢華。可搭載2900名乘客，1909年6月12日首航，從德國不來梅-南安普敦-瑟堡-紐約。1911年6月，"喬治‧華盛頓號"是參加英國新加冕國王喬治五世檢閱中最大的艦船。

1912年4月14日，"喬治‧華盛頓號"通過了加拿大紐芬蘭以南一個特別大的冰山，並向該地區所有船隻發出警告，包括後來在該海域撞上冰山而沉沒的白星線遠洋班輪"泰坦尼克號"。

在第一次世界大戰爆發時，"喬治‧華盛頓號"被當時中立的美國拘禁，直到美國於1917年4月參與戰爭，接著"喬治‧華盛頓號"被美國海軍接管當作部隊運輸船使用，1917年12月美軍首次登船。

第一次世界大戰期間，"喬治‧華盛頓號"總共向法國運送了48000名乘客，停戰後34000名乘客返回美國。她還兩次將美國總統伍德羅‧威爾遜送去法國參加"巴黎和會"。"喬治‧華盛頓號"於1920年退役，美國海運委員會（USSB）接手之後對艦船進行了翻新。1931年，"喬治‧華盛頓號"開啟為美國郵輪公司服務的業務，為"美國航線公司"跨大西洋客運服務航行了十年。之後，她被擱置在馬里蘭州帕塔克森特河（Patuxent River）。

不久，第二次世界大戰爆發了，"喬治‧華盛頓號"被美國海軍重新委任約六個月，讓英國根據戰時"租借法案"（Lend-Lease Act）運營，可是，舊燃煤發動機太慢，無法有效使用。經轉換為燃油鍋爐後，租給了美國陸軍，又回到原先的名字"喬治‧華盛頓號"（USAT George Washington）。1943年開始在世界各地執行軍務，1944年至1947年間則定期從英國航行至地中海。戰爭結束後，停泊在巴爾的摩港。不幸遭1951年1月的一場大火嚴重損壞，在接下來的一個月內就被變賣。

柯立芝總統號遠洋客輪 (SS President Coolidge)

SS President Coolidge（"柯立芝總統號"遠洋客輪擱淺後被抛棄）
（公共領域圖片）

　　"柯立芝總統號"是一艘美國豪華遠洋客輪，於1931年完工。她由"道臘輪船航線公司"（Dollar Steamship Lines）經營直到1938年，然後由"美國總統航線"經營到1941年。從1941年12月到1942年10月在新赫布裡底群島埃斯皮裡圖桑托（Espiritu Santo）被擊沉之前，一直承但戰時運兵船任務。"柯立芝總統號"還有一艘姐妹船，"胡佛總統號"，於1930年完工，但1937年不幸遇颱風擱淺而失蹤。

　　這兩艘船是當時在美國建造的最大的商船，每艘船都設置渦輪電動變速器，一對蒸汽渦輪發電機產生電流，驅動螺旋槳軸上的推進電機。"柯立芝總統號"的渦輪發電機和推進電機由西屋公司建造，而通用電氣公司為"胡佛總統號"建造渦輪發電機和推進電機。

　　二戰前"胡佛總統號"和"柯立芝總統號"運行於舊金山和馬尼拉之間經神戶和上海，然後從馬尼拉，新加坡，蘇伊士運河，地中海，紐約市，巴拿馬運河再到舊金山。

　　隨著日本和英國之間的關係在1940年惡化，"柯立芝總統號"幫助美國公民從香港撤離。日本在亞洲的勢力擴展進一步加大，"柯立芝總統號"也參加了從東亞其他地區的撤離活動。1941年，戰爭威脅不斷增加，美國戰爭部開始偶爾使用"柯立芝總統號"，派往檀香山和馬尼拉之間。1941年6月，"柯立芝總統號"正式成為部隊運兵船，以加強太平洋地區的駐軍。

中華民國空軍官校十二期第二批50名赴美空軍1941年11月27日乘此船從馬尼拉出發，12月7日，途中得知日本偷襲珍珠港。不得不暫時轉向駛往澳洲躲避數日。12月19日，"柯立芝總統號"來到滿目蒼夷，遭受戰爭摧殘的夏威夷港，幫助撤離125名海軍重傷患，由三名匆忙派遣的海軍護士和兩名來自菲律賓的海軍醫生隨船照顧，12月25日抵達舊金山。

1942年1月12日，美國宣佈參戰後的第一個大型船隊"總統柯立芝號"和"馬里波薩號"，根據西南太平洋地區指揮中心部署，從美國珍珠港攜帶部隊，物資，彈藥和武器，包括用於菲律賓和爪哇的五十架P-40戰鬥機於2月1日抵達墨爾本。

戰爭中為了讓"柯立芝總統號"履行這些軍事職責，提供5000名運兵能力，許多民用配件被拆除，艙室重組，裝備槍炮，遠洋輪被塗成灰色，戰爭航運管理局將她分配給美國海軍。換裝後的"柯立芝總統號"服務於西南太平洋各戰役，旨在運送兵源和武器。

1942年10月26日，"柯立芝總統號"進入南太平洋埃斯皮裡圖桑托島上的盧甘維爾港，這是當時新赫布裡底群島中最大的一個軍事島嶼。為了保護進出船隻，所有港口都受到嚴密保護。不幸的是，航行命令意外地忽略了在盧甘維爾大型軍事基地港口外設置的水雷。假設船長已收到海軍總部的入境指示，基地支援未能派遣巡邏艇護送船隻通過航道。而船長被警告島嶼周圍有敵方潛艇，但沒有被告知布有任何水雷。

"柯立芝總統號"被兩顆自己設置的水雷擊中，沉沒中有兩人傷亡。第一名是消防員羅伯特·裡德（Robert Reid），第一枚水雷爆炸時他在機房工作。第二名是第103野戰炮兵團隊長埃爾伍德約瑟夫·歐亞特（Elwood Joseph Euart），他成功地救出了其他遇難者，最後自己無法逃脫。

亨利·尼爾森船長明白將失去這艘船，將船擱淺並命令部隊放棄船隻。他不相信船會下沉，通知部隊留下他們所有的財物，從而可以在過後的幾天內進行打撈。在接下來的90分鐘內，該船5340名軍人安全上岸，他們下船時沒有恐慌，許多人甚至走上岸。然而，船長試圖利用海灘上的珊瑚礁阻擋船隻下沉的願望沒有能實現，"柯立芝總統號"逐漸沉沒，從斜坡滑入航行通道。因"柯立芝總統號"受損，推遲了第25師從夏威夷到亞太戰役的部署。

1980年，瓦努阿圖從法國和英國獲得獨立，並於1983年11月18日，新共和國政府宣佈，"柯立芝總統號"不允許任何文物的打撈或恢復。2007年，《泰晤士報》將"柯立芝總統號"評為全球十大沉船潛水點之一。

西點軍校號運兵艦（USS West Point AP-23）

USS West Point（AP–23） 美國號在諾福克船塢轉換為西點號運兵艦）
（公共領域圖片）

1942年5月28日，"美國號"郵輪收到了她的"最後通牒"，並命令紐波特紐斯的造船廠將其改裝為部隊運兵船。沒有時間小心地移除室內裝飾，駁船被帶到船舷邊，精美的傢俱被全部扔到船外。配色方案改為海軍灰，很快就有了一個新的綽號"灰鬼"。

"這是一艘偉大的船：這艘船讓每個人都喜歡它。機組人員喜歡它，部隊和乘客似乎也喜歡它。這是一艘你很願意登上的那樣一種船。"這是"西點軍校號"上許多船員對這艘船的評價。

"西點軍校號"的容量從戰前的1202名乘客增加到8765名，舒適的2人套房現在睡36人。宴會廳配有可容納545人的雙層床。緊密的契合，用狹窄的帆布覆蓋的管架雙層堆疊高達五層，距離上面的床鋪只有十六英寸。人們是如此接近，幾乎沒有遊走空間。從1941年到1946年，"西點軍校號"完成了151次航行，總計436144海裡。在為期五十六個月的戰爭服役期間，運送了505020名乘客，從未丟失過一人，這就是美國運輸船的記錄。

舒適的2人套房現在睡36人（照片來自維吉尼亞圖書館，公共領域圖片）

參考《中國空軍抗戰記憶》作者朱力揚（P.311-313）王國南回憶錄，雖未直接提到陳培植的名字，但綜合王國南與錢祖倫，李覺良，陳培植同屬於官校航炸班四期，因此推斷（尚無入境記錄確認）：赴美殉職空軍陳培植也在"西點軍校號"上，他們1943年8月一起赴美，9月14到達舊金山。

附錄4：培訓中國學員[2]

　　在歐洲人與德國開戰之前，中國空軍就一直在與日本人進行戰鬥了。到了1941年，處於山窮水盡的地步，他們迫切需要獲得國際援助。"租借法案"（"Lend-Lease Act"）的簽署不僅適用於英國也適用於中國。因此，在克萊爾‧陳納德上校的協助下，美國向中國統帥蔣介石的空軍部隊提供長期援助。在1941年之前，大多數中華民國飛行訓練都是在中國本土，儘管有2名特殊中國觀察員早在1932年日本入侵滿洲幾個月後，就在德克薩斯州凱利（Kelly Field）空軍機場的飛行學校參加訓練。

　　1941年3月29日，"租借法案"通過後不到三個星期，亨利.B.克拉蓋特準將（H. B. Claggett）與一支三人組成的陸軍及海軍航空隊前往中國，瞭解中國空軍的需求。這次任務於5月17日至6月6日在中國舉行，他們報告說，如果沒有飛機和大規模的機組人員培訓計畫，中國人就無法擁有一支有效的空軍。在這些訪客離開後不久，陳納德上校代表中國政府要求在美國培訓"300或400名中國飛行員"。與此同時，羅斯福總統一直在與中國駐美國大使宋子文（T. V. Soong）博士討論此事。結果是喬治‧馬歇爾將軍於7月15日向總統行政助理勞克林‧居里（Lauchlin Currie）博士提交一項計畫。該計畫呼籲陸軍航空隊為中國空軍培訓500名單引擎飛行員，25名軍械員，25名無線電技師，20名重型轟炸機飛行員和機組人員。單引擎飛行員，軍械員和無線電技工訓練計畫於1941年10月1日開始，而重型轟炸機人員訓練將等到1942年4月1日。總統批准該計畫於1941年8月1日向空軍宣佈。9月3日，除了重型轟炸機訓練被推遲到1944年，其他項目都確認10月1日作為中國空軍訓練開始日期。然而，第一批中國學生到達舊金山的日期預定是10月20日，推遲到1941年11月8日，才在亞利桑那州雷鳥機場開始訓練。

　　目前，只有兩組中國學員向東越過太平洋，這是因為珍珠港襲擊之後，中國學員只能通過印度洋和大西洋前往美國。儘管如此，這項

2. 此英文原件來自雷鳥機場檔案室（Thunderbird Archive），原名稱為"Training the Chinese"。《亞利桑那州鹿克機場的歷史》1941年12月8日至1943年1月1日，第四章：中國飛行員培訓計畫（第49-65頁）。

培訓計畫的任務已經下達到西部飛行訓練司令部，部分原因是其地理位置更接近中國。這種安排一直持續到整個戰爭結束，即使在最初的原因[3]結束之後，還因為東部學校已經擠滿了來自英國和法國的飛行生。

與英國迫切需要通過訓練計畫培養大批軍人不同，中國空軍的訓練計畫旨在持續發展，在戰爭結束後變得尤為緊迫。中國空軍訓練計畫的不斷擴大引起了美國陸軍航空隊的一些抱怨。例如，在1942年4月，當勞克林·居里博士轉發中國要求另外200名轟炸機投彈員培訓時，亨利·阿諾德將軍抗議說：這種訓練只能通過"嚴重干擾現有美國機組人員計畫"來實現。1942年7月出現了類似的情況，當時沈德燮將軍（Maj Gen. T. H. Shen）提出：除了計畫內的500名飛行員外，還要求為100名中國飛行員提供進修培訓。陸軍航空隊同意進行這種訓練，但條件是"中國學生只是我們目前培訓500名飛行員承諾的延伸"。同樣的情況在1943年初陸軍航空隊批准中國要求培訓另外500名飛行員時又發生了。

到1943年底，美國飛行員訓練達到頂峰，訓練能力出現供不應求的狀況。1943年12月，陸軍航空隊同意訓練960位B-25機組人員，1944年11月，又為中國空軍共培訓1500名飛行人員，42名B-24機組人員，100名維修技師，960名B-25機組人員，27名偵察攝影員及30名轟炸機導航員。此外，當在印度卡拉奇訓練中國飛行員的中緬印訓練司令部一度停止運作時，美國陸軍航空隊接受了培訓中國第二中型轟炸機組和為140名戰鬥機飛行員提供進修培訓的額外責任。

前兩批中國學生飛行員都是軍校畢業生，第三批中的一些人曾經與日本人作戰過。這些早期團體只需要少量時間進行飛行前指導，飛行訓練的三個階段所需的總時間縮短為20周。然而，隨著中國空軍更深入地挖掘他們的人力資源，抵達美國的學生素質開始下降。1942年7月，第三批中國學員到達後，亞利桑那州威廉姆斯機場（Williams Field）[4]只得重新設置常規飛行前訓練課程，並且開始使用標準的美國

---

3. 這是指最初空軍學員培訓可以向東越過太平洋到美國，但美國參戰後，從第三批開始都不可能走這條路線了。

4. 威廉姆斯（Williams）空軍機場是前美國空軍（USAF）基地，位於馬里科帕，原為梅薩山軍事機場（Maricopa, Mesa Military Airport）。1941年10月更改為Higley Field。1942年2月，為了紀念亞利桑那州的查理斯·林頓·威廉姆斯中尉（1898－1927），更名為威廉姆斯機場。

教程，還增加45小時英語教學和15小時"美國習俗"（中國人稱之為"西方禮儀"）。1943年11月，西部飛行訓練司令部再次修訂了飛行前訓練課程，包括48小時技術英語和60小時體育運動。後一課程的補充，是為了減少許多中國學生所經歷的住院治療。美國當局將中國學員的明顯病態歸咎於"缺乏體力"，試圖通過嚴格要求的體育課程來糾正這種不足。

發現學生健康狀況不佳，是在中國培訓項目中出現的一個問題。儘管巴頓. K. 揚特少將（Maj Gen. Barton K. Yount）在加利福尼亞州安大略檢查第一批中國學員時，發現他們是"一群優秀，乾淨俐落的年輕人……良好的身體條件"，後來的中國學生們則留下了完全不同的印象。

其他任何外國學員團體培訓計畫中，從來沒有因為學生的健康狀況不佳，在培訓進度上產生如此嚴重的影響。自成立以來，該計畫一直受到中國學生健康狀況不佳的困擾。這些受訓者的健康狀況存在很大差異，其中一些人處於"亞健康狀態"，另一些則受到不同程度的梅毒，蠕蟲和結核病的感染。這類疾病在中國空軍學員或軍官組中，比在任何其他國家軍訓隊伍中都更為普遍，如果這些學員經常發病，導致訓練時間的減少。

經過幾次不成功的嘗試，讓中國學員接受單獨治療後，決定在飛行前教學中對整個班級進行消毒。最終發明了一種方法，就是在學生抵達美國之前完成驅除寄生蟲，籍此解決了這個問題。對付其他類型疾病的方法是：建立一個為期7天的住院方案來治療那些患有梅毒的學員。在學生離開中國之前，通過更徹底的身體檢查，避免學生在飛行訓練中所需的醫療問題。

還有一個與中國學生相關的問題是他們的身材，操作P-40或B-25飛機時體格太小，許多人在日常訓練中遇到了困擾。例如，一名中國學生在亞利桑那州鹿克機場進行P-40飛行員訓練時被淘汰，因為即使身後放四個坐墊並坐在另一個墊子上，他仍然無法操縱控制裝置，他最終派遣去接受P-39飛行訓練。由於體格過小，中國學員中的有些人不得不完全從飛行訓練中被淘汰出局。有人指出，中國應該挑選體格大些的學員以避免此類淘汰。

中國飛行員還因出現過多飛機撞擊事故而聞名，無論是在訓練期間還是在戰鬥演習中，主要是因為他們中的一些人在著陸時堅持只使用跑道的後半部分。沒有任何解釋，簡直是不可思議的做法。但是飛行訓練指揮官認為他們缺乏訓練，而不是飛行技能的缺陷。因此，指示所有訓練班加強著陸訓練程式。起飛也有問題，1943年3月17日，飛行訓練司令部將單引擎作戰訓練所需的飛行時間增加到105小時，並在接下來的3周內，在鹿克機場進行了10次"破解"。發現一些中國學生飛行員為了不失去飛行時間，即使在空中飛行狀況不合適時也會起飛，這一點非常不可取。為了防止以後出現此類問題，規定中國學員的飛行起降必須優先於鹿克機場的所有其他飛機。

中國飛行訓練計畫中最大的一個問題還是語言障礙。早期的學員群體，大約三分之一的人精通英語，另外三分之一的人能夠理解"慢慢地，清楚地說出來的"英語，而剩下的三分之一的人幾乎不懂英語。後來到達的幾批學員的英語水準甚至更低。中國人帶來了一些翻譯，但是，就像法語培訓一樣，效果並不是很好。要知道，懂得中文主要方言標準普通話的人比較罕見，但是熟悉英語和中文並且熟悉航空術語的人更少見。法國培訓計畫採用的解決方案是使用新近的畢業生作為教官，但這方法沒有被採用，因為中國當局希望儘快讓訓練有素的人返回中國作戰。嘗試了其他一些解決方案，包括試著從洛杉磯地區招募雙語人員，但這些方案也都沒有成功。最終採用的計畫是盡可能多地教中國人英語並讓口譯員用中文解釋，然而，由於兩種語言的根本不同以及主題上的差別，譯員們認為這是一項十分艱巨的任務。在飛行訓練中經常使用的許多技術用語基本找不到中文同義詞，所以，即使採用翻譯，學員也沒有辦法用英語學習這些術語。在培訓計畫的後期，口譯員們獲得了1945年4月在聖安東尼奧航空學員中心完成的英漢詞典，這其中包括了飛行前訓練中使用的所有技術用語。語言問題中最令人沮喪和潛在的困難之處還在於，中國學生傾向於假裝理解所說的內容，即使他們實際上並沒有理解教師的意思，為的是防止"失面子"。對於大多數美國人來說，這一點很難理解，只能把它歸功於"中國氣質"的一部分，他們稱之為"害羞、敏感和頑固"。雖然中國學員被認為渴望學習，但他們也常被批評"缺乏判斷力，缺乏主動性，不願意承擔責任"。當然，中國學員中也有許多人是有觀點的，特別是他們的交際能力。正如一位現代歷史學家指出的那樣："在某種程度上，很難將一個文盲學員變成一個有能力的語言學家，無論如何都需要付出努力。"這一點，顯然在大多數情況下都是如此。

儘管這個訓練計畫在執行過程中遇到了各種不同的情況，但在美國接受培訓的數千名中國人完成了飛行訓練，其中包括866名飛行員，75名領航員，234名轟炸機組人員，752名炮手和490名其他類型飛行訓練的畢業生。此外，在戰爭期間，還培訓出496名機械師，368名軍械員，167名無線電操作員和105名陸軍航空兵技術學校畢業生。第二次世界大戰期間在美國接受培訓的中國公民總數為3553人，這使得中國成為第三大外國培訓計畫，僅次於英國和法國。

其他培訓課程

在第二次世界大戰期間，在美國接受培訓的外國人中有一半以上來自本章前面討論過的三個最大國家的培訓項目——英國，法國和中國。多達28個其他國家也參與其中，參與程度不同。陸軍航空隊為巴拿馬，哥斯達黎加，紐西蘭，南非和捷克斯洛伐克各培訓1人，但也訓練了數十名古巴人、土耳其人以及數百名巴西人。此外，1941年9月，在美國參與二戰之前，26名俄羅斯機組人員接受過B-25訓練。在戰爭後期，1945年3月和4月，2名蘇聯軍官在科羅拉多州洛瑞空軍機場接受了轟炸和自動飛行儀器修理訓練。但是，就代表性而言，拉丁美洲國家主導了這一群體，就受訓人員所代表的國家而言，在美國接受培訓的31個國家中有18個位於西半球。

第二次世界大戰期間對拉丁美洲人的培訓既是早期"親善法案"的延伸，也是外交攻勢的一部分，旨在消除軸心國家在美洲的影響力。半球合作的精神最終變得如此強烈，以至於泛美空軍的想法開始出現。作為"門羅主義"的一個執行者，這支盟軍將用於確保西半球的和平與穩定。然而，半球訓練計畫更直接的目標是消除軸心國在拉丁美洲商業航空公司和空軍的所有影響。

附錄5：在亞利桑那州鳳凰城培訓中國飛行學員[5]

    1942年2月11日，負責中國空軍培訓的R. W. Bonnevalle 上校在訪問訓練基地之後提交了一份報告：

        沈將軍：按照之前的承諾，我正在向你發送一份報告初稿，內容涉及現在駐紮在Thunderbird Field和Higley Field的中國飛行學員。如果您有任何意見或建議，認為應該包含在本報告中，我將很樂意給予考慮。

To: 宋博士，沈將軍
From: R. W. Bonnevalle

《在亞利桑那州鳳凰城培訓中國飛行學員》

    這是一份簡短的報告，內容為我最近訪問培訓中心，在那裡中國飛行學員正接受初級和中級班培訓。

    雷鳥機場（Thunderbird Field）提供初級培訓；希格利機場（Higley Field）[6]提供基礎培訓。第一個是在空軍監督下運營的私營企業；希格利機場是一個常規的空軍訓練中心，目前用於向中國學員提供基礎（二級）訓練，並將於1942年3月開始用作訓練多引擎飛機轟炸機飛行員的中心。

總體印象

    通過個人觀察及與指揮官、培訓主管和教練的會談，我得到

---

5. 從斯坦福大學胡佛研究所檔案館找到的電報原文。
6. 最初這裡被稱作梅薩山軍事機場（Maricopa, Mesa Military Airport）。1941年10月更改為希格利機場（Higley Field），因為該機場位於亞利桑那州希格利鎮附近。1942年2月，為了紀念亞利桑那的查理斯·林頓·威廉姆斯中尉（1898－1927），將不斷發展的軍用飛機場更名為威廉姆斯機場。威廉姆斯中尉於1927年7月6日去世，當時他駕駛波音PW-9A驅逐機在夏威夷的德魯西堡附近墜毀。

了對這些正在接受培訓學員非常好的印象。兩個班級都處於集體畢業前夕，即在雷鳥機場接受初級培訓的49名學員即將被轉移（截至2月7日）到希格利機場進行中級班訓練；而在希格利機場的50名學員將在同一天完成中級班訓練，並計畫轉移到鹿克機場（Luke Field）（也位於鳳凰城附近，亞利桑那州）接受高級培訓，這將使他們成為戰鬥機飛行員。

到目前為止，只有兩名學員被取消資格，而原因僅僅是身體不適應。這是一個非常好的記錄，因為通常飛行班學員退學率高達25%甚至更多。當然，在他們離開中國之前，已經完成了作為飛行員的學員資格考察。

訓練問題

必須立即考慮目前已經到達及即將來美國學員的幾個重要問題。

1. 提供轟炸科和驅逐科飛行員多樣化培訓。

2月7日，在希格利機場完成中級班訓練的學員將整體轉移到鹿克機場接受高級班訓練，鹿克機場課程是專為驅逐科飛行員而設計的。另一方面，負責學生訓練的田上尉表示，在他看來，這支隊伍中大約有一半更有資格被訓練為轟炸科飛行員。如果這是真的，那麼所有這些人在鹿克機場接受這一高級課程將在某種程度上浪費時間，因為隨後會有50%人接受進一步轟炸科飛行員訓練。

應該作出安排，讓那些更喜歡或似乎更適合作為轟炸飛行員的學員轉移到現有的空軍轟炸機訓練中心，如斯托克頓和華盛頓等。

然而，在必須安排將這些人轉移到斯托克頓訓練中心之前，希格利機場本身就應該具備雙引擎訓練設備，並且應該準備開始訓練轟炸機飛行員。因此，建議立即與美國空軍（飛行學校和訓練處）開始談判，讓那些最近被轉移到鹿克機場並且更適合作為轟炸機飛行員的學員進行重新訓練。一旦準備開始其轟炸機訓練課程，立即到希格利機場。與此同時，這些人將在鹿克機場接受四到五周高級驅逐機訓練指導，對於轟炸飛行員來說是不必要的，但對他們還是有益的。

2. 培訓全面的轟炸機人員

在對轟炸機飛行員進行訓練時，應考慮培訓全體轟炸機組人員其他職能的必要性，比如導航員，轟炸員，無線電操縱員和空中炮手（一些學員入學時接受過無線電操作和投彈手的培訓，但是沒有為上述其他職能進行過培訓準備。）現在為時已晚，安排對這些人進行訓練，以配合中國轟炸飛行員的第一次甚至第二次訓練，是十分重要的

在計畫未來中國學員培訓時要考慮如何培訓轟炸機機組人員，可以讓這些機組人員在完成培訓後接受實際的操作培訓（見下文第3條）。如果沒有其他組成部分，中國轟炸飛行員將難以接受此類操作培訓。我不相信空軍希望或將允許中國轟炸飛行員成為常規美國空軍轟炸機組人員的一部分，因為如果中國飛行員在完成訓練後離開，這種操作訓練的整個目標將無效。

3. 完成學校培訓後接受的實戰訓練

有關人員普遍認為：在完成高級班課程後，讓中國飛行學員至少接受為期五周或六周的額外培訓是非常可取的，即在驅逐或轟炸中隊訓練。雖然會延遲返回中國大約六周的時間，但他們在這些戰術部隊中獲得的經驗將是非常有價值的，不僅僅是因為給予他們在處理戰鬥和裝備方面的實際經驗（而不是訓練），也學習作為戰鬥集體，充分熟悉中隊人員的所有職責。

這種"過渡"訓練的價值是毫無疑問的。不過，我向美國空軍推薦讓"中國軍校學生參加任何現有的戰術部隊或將來可能組織的部隊"，他們在這方面的猶豫不決是完全可以理解的。因為，實戰操作訓練的目標是教導人們作為一支戰鬥隊伍，準備在遇到敵人時立即採取行動。如果中國飛行員在完成訓練期後離開，那麼以前的訓練將在很大程度上無效。

作為替代方案，建議與美國空軍司令部（飛行學校或訓練中心）安排讓中國飛行員將他們的高級課程轉移到一個或多個驅逐機小組。附屬於這些團體的可以是完全由中國飛行員組成的預備

中隊，在三至四位經驗豐富的美國空軍軍官的監督下，提供詳細指導，以便在"過渡"訓練期間指導預備中隊。這種方法的優點是使美國空軍能在其戰術訓練中引導中國飛行員，同時，讓一群接受過這種"過渡"訓練的中國飛行員學習到戰鬥隊的必要經驗，以便在抵達中國後立即投入戰鬥行動。

對於轟炸機飛行員，已經指出，轟炸機組其他職能的缺乏將使轟炸飛行員的前兩個分隊在戰術部隊的"訓練"成為一個明顯的障礙。在規劃未來轟炸機飛行員的訓練時，應糾正這種情況。

4. 減少初級培訓的可能性

來到這個國家的前兩批中國飛行學員都完成了在雷鳥機場的初級訓練。一些教練認為這是不必要的，因為中國飛行學員在來美國之前在中國平均接受了100小時的初級培訓。這些教練認為，在中國接受過類似初級培訓的中國飛行學員只需短暫的大約三周"複習"課程。這樣可以節省大約四到七周初級培訓時間，因為完整的初級培訓課程通常需要七到十周。當然，減少中國軍校學員的初級訓練時間可能應該由美國空軍決定。然而，在下一個訓練分隊到來之前，將此事提請美國空軍司令部（飛行學校或訓練中心）注意是值得的。

附錄6：亞利桑那州鹿克機場歷史 [7]

1941年12月至1943年1月1日

第四章 中國飛行員培訓計畫

在上海以南約80英里的杭州市附近，中國中央政府有一所飛行員培訓學校。1932年，中國政府聘請了8名美國飛行教官包括約翰. H. 簡內特（John H. Jouett）上校來重組這所學校（1）。1937年戰爭爆發時，中央飛行培訓學校的大部分師生和他們的美國教官都遷往內陸的蘭州、廣西，後來遷到雲南省西南部的昆明市，這是位於滇緬公路終端的一個城市。這些教官和他們的飛行夥伴組成了後來的"美國志願大隊"，中國空軍訓練部的美國首席顧問是陳納德上校，成了聞名於世的"飛虎隊"領袖。

第十二期航空班學員在全國各軍事學院參加過軍事和飛行前訓練，後來到昆明以西140英里的雲南驛進行初級班訓練，原有計劃是準備到昆明以東50英里處的蒙自參加中級班訓練，再回到昆明進行高級班培訓（2）。這個班級正在雲南驛學習的時候，當局決定分批派遣500名航校學員到美國進行飛行培訓。

中國分隊

在我們進入戰爭之前的準備階段，中國飛行訓練計畫缺乏可行性。該計劃的存在和發展完全是為了滿足今後的需求。基於美國飛行員的飛行訓練計畫，除了在地面課程中增加所需的英語教學，作了些調整和替換，其他完全是為美國學員而制定的。像美國學員的訓練計畫一樣，還得接受不斷的改進。

第一組中國學員是挑選而來的，他們是軍事學院的畢業生，有軍事經驗，英語說的相當不錯。第二組由年輕軍官組成，他們曾有一到

---

7. 此資料由"雷鳥機場檔案館"提供：IRISNUM 00174815，這是1941年12月1日至1943年1月1日的亞利桑那州鹿克機場的官方歷史，第5卷497頁。官方歷史保存在AF歷史研究機構Maxwell AFB。卷軸5178，#285.79-2 V. 1，IRISREF B2367。

兩年中國軍事學院教育和一些參戰經驗。他們的英語水準差別很大，其中一些人曾經只參加過每週一個小時英語培訓，而且是由那些英語詞彙量有限的中國教師上課。（3）

中國政府指派中國航空事務委員會委員擔任設置在美國的"中國訓練機構"負責人。這名軍官是毛邦初少將（P. T. Mow），在華盛頓特區設有辦事處，監督在美國的所有中國軍校學員和軍官培訓項目。負責中國飛行員訓練計畫的高級官員賴名湯少校在鹿克機場任職，並負責向毛將軍彙報這些學員的管理和各階段訓練進程。（4）

第一批中國分隊42-E級

從第十二期的大量志願者中，通過競爭性測試挑選了50名學員前往美國接受進一步培訓。1941年9月9日至9月15日這6個繁忙日子裡，由曾慶瀾（Ching-lan Tseng）上尉帶領，口譯員趙豫章（Eugene Chao），周樹模（Chu Shu-mu）中尉及學員乘坐中國航空公司飛機登陸香港九龍。（5）

他們在香港度過了十七個令人興奮的日子，獲得了護照簽證，接種，治療，服裝和運輸。1941年10月2日，50名航校學生和另外50名去美國學習武器和無線電的中國軍官們乘坐"皮爾斯總統號"游輪（SS President Pierce）離開香港前往美國。

1941年10月14日，渡過太平洋直接前往夏威夷群島，抵達檀香山。他們被允許上岸並參觀島上兩個現代化設施，希卡姆機場（Hickam Field）和斯科菲爾德兵營（Schofield Barracks）。

"皮爾斯總統號"於1941年10月20日抵達舊金山。這些學員和軍官們在碼頭上受到了沈德燮少將，約翰·霍頓少校（John Horton），Chin上尉和Jumper中尉的迎接。下午5點鐘，學員們上岸，兩小時內上街匆匆瀏覽一番，接著乘火車，在曾慶瀾上尉，趙豫章中尉，周樹模中尉和Jumper中尉的陪同下，於1941年10月21日上午10點抵達加利福尼亞州安大略市，並在萊斯特．S.哈里斯少校（Lester S. Harris）帶領下，在加州飛行學校開始了他們的飛行前期訓練。（6）

兩周訓練後，學員們被送往亞利桑那州鳳凰城附近的雷鳥機場1號（Thunderbird Field No.1）。這是由美國政府租賃的一個廣為人知的好萊塢私人培訓機場，政府根據學員的飛行小時數付費。從1941年11月8日到年底，第一期學員在院長克利斯蒂·馬修生先生（Mr. Christy Mathewson）[8]和飛行教官負責人路西斯·霍爾布魯克中尉（Lt. Lucius R. Holbrook）的指導下學習飛行。（7）

由於難以區分中文姓名，每個學員都獲得一個在美國使用的序號。第一批在雷鳥學習的小組編號從101到150，以下各批連續編號。

1942年1月3日，第一批學員移居到亞利桑那州的希格利機場（Higley Field），後來改為威廉姆斯機場（Williams Field），在那裡，42-E班於1942年2月6日完成了中級班訓練。（8）1942年2月9日，他們受到了鹿克機場（Luke Field）恩尼斯·懷特黑德上校（Ennis C. Whitehead）的歡迎。（9）

在這個機場，除了必要的額外英語教學，建立了中國與美國學生接受相同的課程要求。他們的宿舍和配給都與美國學生相同。然而，中國學員們用他們的服裝津貼在鳳凰城購買他們的制服。（10）

1942年3月，學員們每天早上從鹿克機場起飛，到阿喬（Ajo Gunnery）射擊機場練習，所有費用都由"租借協議"支付。（11）1942年3月27日，48名學員從鹿克高級培訓班畢業，（12）另外2名，第110和130號，在初級班時被轉到第二批。他們的畢業典禮被拍攝成新聞片，（13）從東海岸到西海岸廣為播放，（14）中國空軍的照片還刊登在《時代》和《生活》雜誌上（15），沈將軍，總統行政助理勞克林·居里（Lauchlin Currie）先生和拉爾夫·P. 考辛斯少將（Major General Ralph P. Cousins）均出席這次畢業典禮。

沒過幾天，這些中國飛行員被送到佛羅里達州達拉哈西·戴爾拉布里機場第58戰鬥機中隊（16），進行為期三個月的P-39訓練。他們駕駛著P-39頻繁飛越濕熱的佛羅里達上空。（17）5名飛行員在訓練中喪生（104，118，127，133和150），另外39名畢業了，4人（105，117，123和149）沒有完成規定訓練科目。（18）其中1個，第149號黃迅強，在一次飛機著陸事故中受傷。不過，後來他在第三批完成了這項課程，現

---

8. 原文中克利斯蒂·馬修生（Christy Mathewson）和飛行教官負責人路西斯·霍爾布魯克（Lucius R. Holbrook）的軍銜前後不一致，從中尉Lieutenant（Ltr.），上尉Captain（Capt.）到少校Major（Maj.）。另外，Holbrook的英文譯名與留美空軍飛行學生總領隊譚以德寫的"空軍第三批赴美受訓報告"（附錄7）不同，那篇文章裡稱Lucius R. Holbrook為"何柏"少校。

在是鹿克機場高級中國班飛行教練。

第一批學員在南卡羅來納的查爾斯頓等待飛回中國。未能完成實戰訓練（OTU）的人則乘船返回。在7月和8月期間，飛行員小組分批飛往邁阿密，然後乘坐陸軍運輸機或貨運機，經非洲和南美洲飛往印度。

回到中國後，大約一半人被分配到新組建的第14美國航空隊。另一半被分配到三個中美混合大隊。其中，第一批美國訓練班畢業生121號李鴻齡，146號毛友桂，113號程敦榮，分配到美國第14航空隊服役，最近由蔣委員長為他們頒發傑出戰鬥記錄獎。據報導，7月26日襲擊漢口後，李鴻齡中尉不幸失蹤。（19）

第二批中國分隊

50位成員是從雲南省中國空軍官校第十二期和第十三期競爭性考試勝出的。這批學員於1941年10月末離開昆明，晚上越過廣州周圍的日本控制區，降落在香港對面的九龍。在這裡，他們的護照由英國人提供，然後坐渡輪被運送到香港。（20）

由於他們都是作為學生進入美國，他們用分配到的1500元舊幣購買便服。這筆鉅款相當於110港元或約25美元。這還不夠，中國政府每天為軍官支付10港元、學員8港元。通過分享剩餘的零用錢，他們還設法獲得了足夠的、製作精良的服裝。（21）

與日本發生戰爭的可能性已經出現，大多數富裕或無需滯留香港的歐洲家庭選擇離開，從香港到美國的船位很難獲得。1941年11月8日，在曾恩琳（David Tseng）帶領下的一組23名學員坐上前往菲律賓的交通工具。雖然他們沒有簽證，但他們被允許在馬尼拉登陸。很快，剩下的27名學員緊隨其後坐上中國的快船。

富裕和慷慨的海外華僑在中國駐菲律賓總領事Yound Kwong-Soon博士帶領下包攬了他們在海外的費用。他們住在華僑飯店。他們中的一些人患了瘧疾在華僑醫院接受免費治療，學員們獲得了很好的接待和享受。正是在這裡，學員們開始接受賴名湯少校的管轄。（22）

1941年11月27日，持有頭等艙船票的學員登上了遠洋輪"柯立芝總統號"（SS President Coolidge），人員驟增，在客艙裡只能添加雙層或簡易床。這艘巨大遠洋輪在一艘小型驅逐艦護送下，同時協助美國部隊將士兵從中國帶回來。接著，"柯立芝總統號"和隨船同伴們開始了一場令人神經高度緊張的旅程。在呂宋島的北端，福爾摩沙（當時的臺灣）的視線範圍內，沿著南方及東南方向以鋸齒形路線行駛。在航行期間，乘客們參加了許多棄船演習。

1941年12月7日，船上的電臺突然宣佈珍珠港受襲事件，每個人都很震驚。一些日本乘客被責令回到自己的船艙，以躲避其他乘客的憤怒。乘客們分配到指定的救生艇，並給出了明確的指示。不准洗澡，什麼都不可以扔到船外。機組人員將大白船描繪成黑色，遠洋輪不再使用無線電與出發地港口聯繫或通知輪船路線或速度。（23）

12月12日左右，當該船正靠近帕果帕果島時，他們聽到該島遭到轟炸聲。船長改變航線，再次越過赤道，而後通過廣播又宣佈他們可能迷航了。但是在12月16日，當他們從南面靠近夏威夷群島時，他們擔心地看到了一架可能是日本的飛機和一艘船。當他們的驅逐艦接近那艘船之後，他們大為放心了，於是在另一艘美國驅逐艦護航下繼續航行。（23）

1941年12月17日早上6點，在兩艘驅逐艦的陪同下，"柯立芝總統號"到達檀香山，卻不准入境。沒有朋友可以見到他們，移民當局讓每個人都待在船上直到11點。這時，在船上贏得所有競爭性比賽的中國學員趕快上岸，為負責運輸的船員和護衛艦上的士兵們購買價值約100美元的捲煙送給他們。

"柯立芝總統號"立即被接管，供美國海軍人員及其家屬使用。中國學員和其他乘客們可以選擇將簡易床移到其他地方或下船。這艘船的船長允許所有中國學員將他們的簡易床放在舞廳的舞池上。

學員們上岸受到海外華人代表迎接，並獲得了一天的觀光時間。他們無法充分享受這些待遇，因為他們不願意遠離船隻，唯恐他們的船會隨時離開。他們給中國領事館禮貌地打了個電話，就匆匆回到了舞廳地板上的簡易床。（24）

12月19日中午，"總統柯立芝"號運輸船在一大群驅逐艦護衛下前往東方。第二天，發現只有一艘驅逐艦尾隨他們，這是因為已經進入美國巡邏水域，於是放心駛向舊金山。耶誕節那天一大早，他們到達了舊金山空曠的碼頭，周圍街道不見人跡。（24）

1941年12月27日，第二批學員在一個寒冷潮濕的日子裡抵達鳳凰城。他們遇到了當時雷鳥機場學員指揮官喬治. W. 吉爾摩上尉（George W. Gilmore）、曾慶瀾上尉和趙豫章，以及第一批學員的熱烈歡迎，在這之前大家還以為他們都被淹死了呢。接著，他們乘卡車到雷鳥機場（25）並給與幾天休息時間。

這些學員中的大多數已經飛行了大約180個小時，很快又增加30個小時。可是，他們不喜歡飛AT-6後再駕駛PT-17。正因為如此，他們會偶爾打破這些規定。在初級班，兩名學員被淘汰出局，其餘48名學員和第一批4名學員一起到威廉姆斯機場參加中級班訓練。（26）

1941年10月，曾在中國學習語言四年的克拉倫斯. J. 克納閣少校（Maj. Clarence J. Kanaga）被戰爭部門選中負責中國項目。（27）他於1941年12月21日到鹿克機場報告，（28）因當時所有的中國學員都在雷鳥機場，他就隨之到那裡去了。（29）

在克納閣少校的領導下，中國學員的英語課程取得長足進步。在1942年期間，語言講師都是文職人員，由安妮特. H. 多爾蒂（Annette H.Doherty）女士授課，她受雇於西海岸培訓中心，而後者又聘請了一群失業的演員來擔任講師。這些工作人員多半由脾氣比較固執的一群人組成，他們拒絕養成自律習慣，英語課程因此而受到影響。（30）直到1943年，由克納閣少校（後來晉升上校）接管後，有機會讓軍人取代平民。（31）這次替換之後，才使英語課程出現令人滿意的結果。1942年中國學員飛行訓練困難大部分歸咎於這些學員無法理解美國教練的語言。（32）

早在1942年，賴名湯少校去東部參加位於堪薩斯州的萊文沃思"指揮及總參謀學校"學習，李學炎上尉繼續擔任中國學員計畫的指揮官。威廉姆斯機場的教練們通過誠懇且良好的協調，彌補了教練們的經驗不足。第二支中國分隊是威廉姆斯機場的第二批學員，當時尚未開始為美國學員提供訓練計畫。因此，中國學員得以使用所有的飛機、設施和教練。在最初的七周內，學員們完成了70個小時的飛行，沒有發生任何重大事故，全部50人於1942年3月27日畢業。（33）

在威廉姆斯機場，許多學員購買美國舊汽車並學習駕駛。平均大約15名學員擁有四輛舊車，他們很快被官員們命令離開機場的主要街道，但學員們與校方協調，獲得允許到鳳凰城和圖森旅行。這個小組很好地利用了他們的閒置時間，從而讓自己更美國化。

1942年3月28日，中國學員被轉移到鹿克機場接受高級培訓。（34）在最初幾周內，因疏忽和違反法規導致了一些輕微的事故，兩名學員（第180和166號）被淘汰。（35）

1942年5月15日，在鹿克機場度過了第9周之後，中國42-F級42個飛行員獲得了銀翼徽章。由於黃熱病的接種反應，6名學員遲到了，因此被送醫院隔離。（36）

42名畢業生於5月15日完成高級班培訓，登上火車前往費城，同時帶著P-40去參加實戰訓練。一個星期後，他們在城市周圍休整等待命令，又有其他6名飛行員加入進來。儘管該小組已分為三個部分，但在李學炎上尉和譯員許雪雷（Shelley Show）以及曾恩琳（David Tseng）的帶領下，為執行新的命令，將所有48名學員送到了康涅狄格州的溫莎洛克斯。（37）

那條跑道在海岸附近的山上，有兩條狹窄、偽裝的條帶。學員必須花一周時間學習無線電通信才能按照著陸指示進行操作。由於飛機短缺，他們很少能飛AT-6，P-40也沒有。兩周後，學員們只得返回鹿克機場參加實戰訓練。

在返回亞利桑那州的途中，勞克林·居里（Lauchlin Currie）先生和《生活》雜誌主編亨利. R. 盧斯（Henry R. Luce）先生在紐約接待了這批學員，並在紐約時代廣場為他們拍攝，讓他們在很大程度上觀看到了紐約的繁華。

回到鹿克機場，一切並沒有那麼順利。這是第一次實戰訓練課程，由於軍官食堂設施不足的緣故，他們不得不在學員食堂吃飯並在學員兵營睡覺。請求與負責學員管理的喬治. A. 博施（George A. Bosch）以及克利斯蒂·馬修生（Christy Mathewson）上尉會面之後，他們獲得應允在學員食堂使用一個特殊窗口提前用餐。此外，也允許他們用自己的資金雇用兩個員工打理他們的宿舍。這樣，身為軍官的他們獲得些認可。過去，他們習慣於比較輕鬆的管轄，但由於第一批學員中的百分之十在佛羅里達州的達拉哈西機場實戰訓練中喪生，鹿克機場實戰訓練指揮官受命對他們嚴格管轄，與美國學生一視同仁。（38）

很快中國人要求更好的實戰培訓機會。他們認為，新教員用舊飛機提供3小時的實戰訓練是不夠的。（39）他們還聲稱負責訓練的美國隊長似乎更願意淘汰而不是幫助他們訓練。威廉. A. R. 羅伯遜（Willian A. R. Robertson）上校是該領域的執行官，為該基地提供有關飛行規則、軍隊紀律和其他事項的演講，一些批評經討論獲得令人滿意的糾正。1942年9月13日，41名中國飛行員完成實戰課程後返回國內，從邁阿密登上軍用運輸機。

有七名學員在實戰訓練後被淘汰（154，163，174，182，183，192和193號）[9]，他們被送到碼頭乘船回家，因為沒有準備好如何利用他們的訓練計畫或方案。還有一名學員（200號），李成源中尉因腿太短而無法操作P-40的舵杆，被轉移到佛羅里達州的達拉哈西，在那裡他完成了大約60個小時的P-39訓練。（40）

在第二批50人中，沒有人死亡，11人被淘汰，1人被拘留。回到中國後，他們分配到美國空軍第14航空隊和中國空軍第三戰鬥機大隊。

以下畢業生來自美國第二批訓練組，他們正在中國空軍第三戰鬥機大隊服務：

175 向一學中尉　　　171 何國端中尉

158 李志遠中尉　　　197 段克恢中尉

190 黃震中中尉　　　186 楊樞中尉

第二批到美國訓練的169號湯關振中尉正在美國第14航空隊服役。（41）

附錄6索引

（1）Memo to Historical Officer，fr Maj Christy Mathewson，member of the Col Jouett Commission to China，Dir of Chinese Grd School，Thunderbird Field #，file 314.7.

（2）Fr diary，Sept 1943 to 14 Aug 42，of Eugene Chao，Sec Ch Hq，Luke，Fld，Ariz.

（3）Ltr fr Col Clarence J. Kanaga to CG，AAF，Washington，DC，6 Apr 43，file 210.63，Ch Hq，Luke Field，Ariz.

（4）Ltr from Gen P.T.Mow to Col C. J. Kanaga，21 Sep 42，file 353，Ch Hq，Luke Field，Ariz.

9. 根據第二批赴美受訓領隊李學炎記錄，有八位學員被淘汰，此文遺漏學號130。

（5）Fr diary of Capt Eugen Chao，Sec Ch Hq，Luke Fld，Ariz，1 Sep 41 to 1 Aug 42.

（6）Fr diary，1 Sep 41 to 15 Aug 42，of Capt Eugene Chao，Sec Ch Hq，Luke Fld，Ariz.

（7）克利斯蒂·馬修生中尉（Lt. Christy Mathewson）和路西斯·霍爾布魯克中尉（Lt. Lucius R. Holbrook）是約翰 H. 簡內特上校（Col. John H. Jouett）派往中國執行飛行教學使命的成員，他們在杭州開辦了中央航空學校。霍爾布魯克中尉被戰爭部門分配到美國的中國項目，並帶來了克利斯蒂·馬修生先生來幫助他。三四個月過後，馬修生先生被任命為上尉。https://www.airforcemag.com/PDF/MagazineArchive/Documents/1999/June%201999/0699before.pdf

（8）Tel fr Gen Cousins to CO，Luke，Ariz，31 Jan 42，22 Gent Files.

（9）Memo 211，9 Feb 42，221 Central Files，Luke Fld，Ariz.

（10）Ltr fr Col Ennis C. Whiehead to CG，Ft Sam Houston，9 Feb 42，400 Central Files，Luke Fld，file 221（copy）

（11）Tel fr CG，WCAFTC to CO Luke Fld，27 Feb 42，221 Central Files，Luke fld，Ariz.

（12）Radio fr Col Ennis C. Whitehead to AD Wash DC，27 Mar 42，Central Files 221，Luke Fld，Ariz. See Appen B，photograph，B-IV-1 & 2.

（13）Tele fr Ulio，WD 27 Mar 42，to CO，Luke Fld，Central Files 221，Luke Fld，Ariz.

（14）Tele fr Gen Arnold，Wash DC，to CO Luke Fld，26 mar 42，CF 221.

（15）LIFE Magazine，4 May 42.

（16）TWX fr CO，ACAFS to CO，Luke Fld，25 Mar 42，Col. Kanaga's 201 file，Luke Fld.

（17）Par 2，SO 105，Luke Fld，Ariz.，30 Apr 42.

（18）Ltr fr Col Lee Q. Wasser，Dale Mabry Fld，to CG Drew Fld，Fla，23 Jun 42. File 350.2，Ch Hq，Luke Fld，Ariz.

（19）Ltr fr Gen P. T. Mow to Col. C. J. Kanaga，Luke Fld，24 Oct 43，Col. Kanaga's 201 File，Chinese Hq.

（20）Fr diary by Capt. David Tseng，Chinese Det Hq，Luke Fld，Ariz.

（21）Fr diary 6 Oct 41 to 13 Sep 42 by Capt David Tsend，Chinese Dst Hq，Luke fld，Ariz.

（22）Fr diary 6 Oct 41 to 13 Sep 42 by Capt. David Tsend，Chinese Det Hq，Luke fld，Ariz.

(23) Fr diary 6 Oct 41 to 13 Sep 42 by Capt. David Tseng，Chinese Det Hq，Luke Fld，Ariz.

(24) Fr diary 6 Oct 41 to 13 Sep 42 by Capt. David Tseng，Chinese Det Hq，Luke Fld，Ariz.

(25) Tele fr Capt. L. R. Holbrook，Thunderbird Fld，to Gen. T. H. Shen，26 Nov 43，file 313，Chinese Hq.，Luke Fld，Ariz.（copy)

(26) Radio fr Col E. C. Whitehead to Chief Army Air Corps，Wash Dc，9 Feb 42，and CG，WCAAFTC，Luke Fld，file 221.

(27) SO 275，par 26，WD，26 Nov 41.

(28) SO 291，par 93，WD，15 Nov 41.

(29) SO 174，par 16，Luke Fld，30 Dec 41.

(30) Memo to Intel Ofcer，Subj，"Chinese Program" dtd 30 Sep 43，file O14.3 Intel Ofc，Luke fld，Ariz.（original）.

(31) Ltr Col Kanaga to CG，AAF，Wash，DC，6 Apr 43（copy)

(32) Memo to Intel Ofcer，Subj，"Chinese Program，" dtd 30 Sep 43，file O14.3 Intel Ofc，Luke Fld，Ariz.

(33) Fly Time Rpt by Lt. Earl W. Worley，Williams Fld，15 Mar 42，Chinese Hq File 313，Luke Fld，Ariz.

(34) Ltr. CO，Williams Fld，to CO，Luke fld，28 Mar 42，Luke fld Files 352.16 Central files 221.

(35) Rpt fr Capt Gergus C. Fay to Dir of Chin. Tng，13 May 42，List of damage Luke Fld Ch Hq，File 313. 42-F.

(36) TWX to CG，WCACTC fr Col E. C. Whitehead，221 Central Files，Memo 15 May 42，Luke Fld，Ariz.

(37) Ltr fr CG 33rd Pursuit Sq to Maj Kanaga 7 Jun 42，Kanaga 201 File，Chin Hq Luke Fld，Ariz.

(38) Fr diary 6 Oct 41 to 13 Sep 42 by Capt David Tseng，Chinese Det Hq，Luke Fld，Ariz.

(39) Ltr fr Col J. H. Hills，Luke fld，to CO，WCAFTC，Luke fld Central Files 221，24 June 42.

(40) Cadet Records，Chinese Hq，Luke Fld，Ariz.，file 313.

(41) Ltr fr Gen P. T. Mow to Col. C. J. Kanaga，Luke Fld，Ariz，24 Oct 43，Col. Kanaga's 201 file，Chinese Hq.

民國空軍第一批學員名冊 (Class C-42-E)

譯者注：“*”記號為在實戰訓練中駕駛P-39殉職者

101 Chao Sung-yen 趙松巖

102 Wang Yung-chang 汪永昌

103 Chou Li-sung 周勵松

104 Li Hsun 李勛 *

105 Fu Pao-lu 符保盧

106 Chang Ta-fei 張大飛

107 Chun Hung-chiu 鍾洪九

108 Chiang Han-yin 江漢蔭

109 Yang Shao-hua 楊少華

110 Wang Chi-yuan 王啓元

111 Shin Mei-tsung 史美宗

112 Shen Chang-the 沈昌德

113 Chen Tun-yung 程敦榮

114 Huang Chin 黃晉

115 Tao Yu-huai 陶友槐

116 Tang Chung-chieh 唐崇傑

117 Liu Li-chien 劉立乾

118 Wu Kang 吳剛 *

119 Chou Chao-lin 周兆麟

120 Chang Ya-kang 張亞崗

121 Lee Huang-ling 李鴻齡

122 Chen Hsing-yao 陳興耀

126 Ting Tun-chiung 丁敦炯

127 Liang Chien-chun 梁建中 *

128 Chiao Heng-chang 喬恆昶

129 Chen Ping-Ching 陳炳靖

130 Huang Kan-tsun 黃幹存

131 Chang Chin-lo 張金輅

132 Mao Chao-pin 毛昭品

133 Chen Yen-chien 陳衍鑑 *

134 Lu Yun-hwa 呂雲華

135 Leng Pei-shu 冷培澍

136 Mo Chung-yung 莫仲榮

137 Tseng Tzu-cheng 曾子澄

138 Sun Ming-yuan 孫明遠

139 Chu Shin-chieh 曲士傑

140 Huang Chi-chih 黃繼志

141 Chang Yun-hsiang 張雲祥

142 Liu Chun-yung 劉春榮

143 Hsu Kun 徐滾

144 Soo Ying-hai 蘇英海

145 Wei Tsu-sheng 魏祖聖

146 Mao Yu-kwei 毛友桂

147 Wang Ping-lin 王秉琳

123 Li Chi-chih 李啟馳

124 Feng Teh-yung 馮德鏞

125 Chen Ti-ta 陳地塔

148 Chou Tien-min 周天民

149 Huang Hsun-chiang 黃迅強

150 Li Chi-chia 李其嘉 *

民國空軍第二批學員名冊 (Class C-42-F)

151 Hu Hsi-kung 胡曦光

152 Chen Hung-chun 陳鴻銓

153 Wang Te-min 王德敏

154 Lin Ying-lung 林應龍

155 Feng Shien-huei 馮獻輝

156 Hsiao Tao-min 蕭道敏

157 Ku Ngai-jun 顧乃潤

158 Li Chi-yuan 李志遠

159 Chung Chu-shih 鐘柱石

160 Tsao Shih-peng 操式鵬

161 Tung Ju-tsuan 董汝泉

162 Yang Chi-hao 楊基昊

163 Wang Chin-tu 王金篤

164 Teng Chi-hwa 鄧繼華

165 Lin Ting-chun 淩鼎鈞

166 Chang Chia-hua 張家驊

167 Huang-Hsu 黃熙

168 Ho Chieh-shen 賀哲生

169 Tang Kuan-chen 湯關振

176 Chao Shen-ling 趙森嶺

177 Hsing Wen-cho 邢文卓

178 Huang Pe-ying 黃伯英

179 Chiang China-fu 蔣景福

180 Ching Yao-yu 荊好玉

181 Fang Chien-chen 方傑臣

182 Cheng Chao-min 鄭兆民

183 Shih Tung-hsin 史同心

184 Hsu Wen-su 徐文書

185 Liu Chao 劉超

186 Yang Shu 楊樞

187 Tong Pei-chung 唐沛倉

188 Chung Pao-chung 鍾寶泉

189 Wang Meng-tsuan 汪夢全

190 Huang Chen-chung 黃震中

191 Wan Kai-chwan 萬克莊

192 Li Ching-chung 李競仲

193 Tseng Tien-pei 曾天培

194 Chang Ming-wei 張明緯

附錄7：空軍第三批赴美受訓報告

序 言

甲：來美經過：本隊（第三批）於1942年奉令赴美受訓。

董明德為領隊，劉宗武為副領隊，會部暨校部選派譯員11員，並從十二，十三，十四這三期中挑選學生147名（十二期6名，十三期67名，十四期74名）組織而成。

出國手續辦妥後，於2月28日起開始分批輸送往印度。3月26日全部員生集中孟買候船來美，此船期一再更改，不料竟數月之久。在候船期間為集中管理並實施學術科訓練起見乃向當地政府交涉租用四樓大廈一所，容納全部員生，組織臨時總隊部，將學生分為三個中隊，並設立教育經理文書總務四組。指派譯員分任其事，規定起居作息時間，員生一律身著軍服。

實行軍事管理課程方面為適應當時環境需要，以英文為主，其餘精神講話，游泳運動等均作適當配合，又為考察學生之生活思想，規定每天記載日記，定期呈閱。學生自出國後，大多能自重自德，努力學業。自旅印三月，精神及紀律方面之表現尚稱良善，獲得外人好評，並承眾兄弟鄰邦之印度政府及社會人士之熱烈招待，殊令人感念難忘。

至五月卅一日離孟買登船來美，同船旅客多系遠東各地撤退返國之英美僑民，人數眾多擁擠不堪。船進入大西洋時，正值敵潛艇活動最烈，前後船隻被擊沉多艘。將近紐約威脅更甚，極難前進。美軍事當局為策安全，乃實行海空護航，得以化險為夷。

船上生活四十餘日，全體學生均能利用時間溫習功課，甲板即為自然課堂，到處擺滿小桌小榜，自朝至暮，孜孜不倦。同船英美傳教士來自各地，人才薈萃，多自動擔任導師或講解國際形勢或講述歐美風俗人情或研究各種問題。莫不指示周詳，受益良多，彼此相愛，日久情感與時俱進，及船抵紐約，莫不有臨別依依之感。又在船上曾舉行三次集會，一為六月五日之蔣夫人誕辰；二為七月四日之美國國慶；三為七月七日抗戰建國五周年紀念，或為本隊籌辦，或為外人召集，儀式均極隆重，中西人士聚集一堂，將各次集會意義發揮怡盡，中美交誼甚見親切。至七月十三日紐約登陸，當晚即轉車西行。十七日抵達美國西南部亞利桑那州（Arizona）之威廉姆斯機場（Williams Field），本隊之長途旅行至此乃告一結束。

乙：受訓概況

一，預備教育：預備教育地點在威廉姆斯機場，也稱高級雙發動機飛行學校（AAFAFS）。機場範圍廣大，為太平洋戰事發生前數月設立，容納官生士兵七千餘人。機場能停飛機二百餘架，專訓練雙發動機，設備極為完善。本隊由美方派克納閣上校Col. C. J. Kanaga任聯絡官，克氏曾旅居北平四年，操流利國語，做事極其熱心，為吾人之良友。七月二十一日開始上課，時間五星期。所授課目有英文、物理、數學、美國風俗習慣、美國陸軍組織（包括空軍）、美國海軍組織等。每一課程均編有講義，已譯成中文，裝訂成本，分發學生以作參考。每科結束，必須考試，一般成績尚屬良好。預備教育期間，正當炎夏，日中溫度高至華氏120度。驕陽當空，如火如炎，起居作息地點又分散各處。終日汗出如瀑，衣履盡濕。學生居於帳篷，暑氣蒸騰，更為炙熱。不耐晚間蚊蟲成群，刺膚吮血。美國學生既能忍受，吾人更不應示弱，乃再三勉勵學生發揮軍人本能，加倍奮鬥，所幸均能振作精神，自始至終，未曾稍懈，學校當局深為稱讚。八月二十八日預備教育完畢。

二，初級訓練：（雷鳥機場 Thunderbird Field）名為初級飛行學校，接受初級飛行訓練。該機場系一商辦航空公司並攝製電影片，現為陸軍部租用，教育長何柏少校（又譯為：路西斯·霍爾布鲁克）Maj. Holbrook為陸軍部所派，何柏少校於1932年曾赴中國擔任中央航校教官，非常同情中國對本隊訓練。紀律各方面均極注意。聯絡官馬修生少校 Maj. Mathewson 與何柏少校同時赴中國，任中央航校教官，一腿跌傷，為人誠實和藹，協助本隊不遺餘力。卅一日開課，正副飛行組長飛行教官均系民航飛行員，經驗豐富，教導認真，美陸軍部另派一考試官決定全隊技術上之進退，飛行課目與中國初級訓練情形大致相同。十月三十日初級訓練結束，關於學術科課目另詳"初級教育計畫"。

三，中級班訓練：十一月遷馬拉那機場（Marana Field）中級班飛行學校，距初級班訓練地點150英里。機場為去年夏季開闢，尚未完成。有官生士兵五千余人。教育長梅爾上校 Col. Mayer 為人精旺能幹，予吾人以積極印象。聯絡官仍為馬修生少校。三日開課至十二月卅日結束。關於學術科課目另詳中級教育計畫。

四，高級訓練：進入高級訓練隸屬專科性質，分為驅逐轟炸兩組，以訓練地點分開。管理方面每組須有專人負責。經奉准董明德為轟炸組領隊，劉崇武為驅逐組領隊。中級結業學生127名，就其性之所近及平日飛行成績編入驅逐組77名，轟炸組50名，於本年一月三日同時遷移。驅逐組遷鹿克機場 Luke Field，轟炸組遷威廉姆斯機場 Williams Field。以德（本文作者）以驅逐組人數較多及便於管理各隊事務。重遷鹿克機場。最後將兩組訓練情形分述於後。

1. 驅逐組

鹿克機場（Luke Field）亦稱高級單發動機飛行學校，系美國參戰後全國最大之單發動機飛行訓練中心地點，常自詡全世界最大單發動機訓練學校，其訓練水準極高，在美陸軍部之信譽突出。設備極其完美，器材補給充分，通常能使用之飛機達四百架，每月約可畢業五六百人。教育長何德上校 Col. Hoyt，聯絡官馬修生少校。一月五日開課，三月九日訓練結束。關於學術科課目另詳驅逐教育計畫。

2. 轟炸組

訓練地點在威廉姆斯機場（Williams Field），即本隊預備教育訓練地點。教育長格里氏上校Col. Grilles，聯絡官廓少尉為土生華僑，曾回中國讀書，去年年底畢業美國陸軍航空學校。作事負責，為一有志青年。一月七日開課，飛行正副組長、全體飛行教官教導學生精細周到，極為難得。三月九日訓練結束。關於學術科課目另詳轟炸組教育計畫。

兩組同於三月十日分別舉行畢業典禮。計驅逐組畢業67名，轟炸組畢業42名，到場參加畢業典禮者有毛副主任、蔣夫人代表董顯光先生、羅斯福總統代表居里先生 Mr. Currie、美國西海岸戰時情報局局長拉鐵摩爾先生Mr. Latimore、西海岸訓練總監部代表華頓將軍Gen. Walton、空軍第三十七聯隊司令官金蓋將軍Gen. Thomas C. Kinkaid、亞利桑那州州長、鳳凰城市長、英國盟軍代表、兩校各單位主官暨中西男女來賓千餘人。兩校均就校內露天廣場佈置莊嚴，會場中美國旗飄揚於風和日麗之中，象徵聯盟國之團結精神，精誠無間。各長官各來賓均致辭，勉勵各生勿忘其責任之重大。最後由毛副主任暨學校當局頒給中美飛鷹胸章，軍樂悠揚，掌聲雷動，一時會場氣氛極為熱烈緊張。各報均譯載當日消息，對本隊遠道來美學習之精神及成績之完滿，備致讚揚，攝製新聞片在各地放映，極受歡迎。

五，部隊訓練：部隊訓練驅逐組仍在鹿克機場，轟炸組於畢業後分遣他處，茲再將兩組部隊訓練情形綜述於後：

1.驅逐組：

各生既畢業於高級驅逐飛行學校，繼之應受驅逐部隊之訓練。因人地之宜，故仍在鹿克機場受訓，由部隊訓練處主持。其組織簡稱O.T.U. (OPERATIONAL TRAINING UNIT)，事先由中美兩方當局會商方案，特重新擬定教育計畫，充實課目，增加飛行（鐘點至105小時），因驅逐機油量較小，且動作猛烈，故每日飛行時間均有限制，此105小時之完成非三個月所能達到，故將訓練時間延長一個月。訓練機種包括有新舊各式之P-40 (C.D.E.F.L.)，飛行主要課目為編隊攔擊、長途高空特技、纏鬥、地空靶射擊、低空投彈、夜間及警戒，實施學科則著重於各部門之組織及勤務，在訓練期間因無機使用，時間過久及技術不熟練，致失事頻頻。並有美國教官一人也因失事殞命，其間曾停止訓練兩星期，將飛機大加檢查，自此以後，失事漸為減少，至七月二十日訓練完畢。

2.轟炸組：

三月十二日遷新墨西哥州之羅斯威爾 (Roswell Field, New Mexico)，七日開課，因B-25構造繁複，講解飛機性能達兩星期之久，訓練至一月。因該機場改訓練B-17機，又於四月十二日遷克羅拉多州之納漢塔機場 (La Junta Air Base, Colorado) 繼續受訓，全部飛行時間為105小時，後又增加 ship bombing（船艦轟炸）。平均飛行時間為119小時，至六月二十五日訓練完畢。

丙：總結

　　本隊自出國之日起至訓練完畢所經時間達十七個月之久，途中耽擱約五月（民國卅一年二月二十八日出國，七月十三日抵達紐約），實際受訓練時間共為一年（卅一年七月二十一開課至卅二年七月二十日完畢，計驅逐組受訓一年，轟炸組受訓十一個月），受訓期間除驅逐組在部隊訓練照預定計劃延長時間一月外，其餘各階段均能按照預定計劃，美國學校當局訓練中美學生採取同一方式，並無彼此之分。美國學生所能做到者，中國學生也必須做到，前後經過學校審核。在訓練方面，均已盡到其盡之責任，而事務方面也隨時予以協助。平時私人往來公務接洽均能相待以誠，相見以禮，師生之間更相處親密，並不因種族國家之不同而對吾人有所歧視。所有學術科教官均認真負責，講解詳細，飛行制式教練不墨守成規，時加研究改進，以適應時代需要，飛行進度考試要求極嚴。自初級直至進入部隊訓練，陸續淘汰（在部隊訓練打一次地轉即停飛），每一動作務求確實與純熟而後已。今就學術兩科而言，術科一項雖不能超過美國學生平均成績，然而可與之相伯仲。唯學科一項，因教育根基之參差不齊及語言上之關係不及美國學生平均成績之佳，然而有成績特別優良者，例如學生黃雄盛（清華大學航空工程系畢業），初級結業學科成績竟打破學校歷屆記錄。中國學生之聰明智力已被證明不落人後。中美學生相比最顯著之點，即為體格上之差別，飛轟炸者尤為感到體力之不達。例如飛機落地正駕駛應一手操縱駕駛桿，一手掌握油門，但往往不能達到要求，必須副駕駛為之助力。又如夜間飛行，有在晚上一兩點鐘飛行完畢，翌晨六時仍須起床上課飛行。美國學生因體格之強健，視若平常，而中國學生則有精神疲乏難以為繼者。美國學生之長處，凡學習一事必須透徹瞭解，研究一事必須求得到結果，對長官做到絕對服從。中國學生最大弊病，對於所學大多不求甚解，不肯虛心求教，明瞭大意即認為滿足，所謂推一步走一步，缺乏自動進取之精神，得過且過，最為普遍之現象。之於管理方面，因軍風紀之良莠影響國家地位之重，不得不鄭重將事，一方仿效美國學校培植學生自治方法，由學生中推舉優良者充任隊長分隊長協助紀律之維持，一方責成領隊嚴加管束，至重要事件之取決則仍由以德加以審奪。施行以措施，尚收成效。在訓練期間尚有一點感到困難者，即學生英文程度之參差不齊，直接可以聽講者為數無幾，大多須用翻譯為助。但僅能於課堂聽到口頭傳述一遍而已。除此以外若每一課程均譯成中文，以供自習之參考，時間又有所不許。故學科成績難期達到完滿之境。術科教授系採取直接灌輸方法，每次下達課目由譯員傳譯之後，英語不好者飛行教官可再在飛機上用手指示動作。一次不懂，再作二次，有充裕時間可資練習，以此補救收效甚大。所有因技術淘汰之學生多屬不適應飛行，受言語隔閡之影響為數甚微。此必須說明者也。計本隊開始訓練時有學生147名，至高級畢業僅存109名，部隊見習完畢只存92名。上列數字不為不大，國家所受損失更難以計算。以後如繼續派送學生來美，在官校初級訓練時，體格及技術應採取嚴格淘汰，稍有問題者寧可不送，又學生品行更為重要，在入伍期內應嚴加考核。今既有出國機會，難免有不良分子乘機混入，此種學生即使在學術僥倖成功而德行不修，將來為空軍蟲，國家之害。又學生出國後環境完全改變，學他人之長處難，習他人短處易。以一二人之耳目，考察多數人之思想言行勢必難期周密。即覺察某一學生確有違犯紀律，情事嚴重，應予開除，但念及國家損失之重大，來往路程之困難，又不得不作一時之姑息，改以較輕之處分。以德率領本隊學生出國以來最難處理之事即為紀律之維持。現來美受訓學生人數日益加多，優劣成敗關係空軍建軍前途，非常重大，應於來美之前加緊精神訓練，注重素質之選擇，為空軍奠下不拔之根基。今特在此提出，籍供眾官校教育當局之參考。以德來美一年，謹就平日觀感所及此簡略敘述。至於訓練實施情況另評於後，不多贅言。

留美空軍飛行學生總領隊譚以德謹志
民國卅二年七月於美國鹿克機場

附錄8：赴美殉職空軍名單

姓名	軍銜	中文名	出生年月	籍貫	空軍官校及赴美期數	死亡日期
Wu, Kang	准尉	吳剛 *	1917	北平市	空軍官校12期第一批	04/14/42
Liang, Chien Chung	准尉	梁建中 *	8/27/1919	河南新蔡	空軍官校12期第一批	04/18/42
Chen, Yan Chien	准尉	陳衍鑒 *	2/18/1919	廣東興寧	空軍官校12期第一批	05/10/42
Li Chi Chichia	准尉	李其嘉 *	1916	廣東鶴山	空軍官校12期第一批	06/16/42
Li, Hsun	准尉	李勛 *	1919	湖南安化	空軍官校12期第一批	06/27/42
Kao, Jui	高級班飛行生	高銳 *	1919	河南沁陽	空軍官校13期第三批	11/16/42
Pei, Wen-Shen	高級班飛行生	白文生 *	1919	河北蒙城	空軍官校14期第三批	12/08/42
Sun, Yun Hsia	飛行生	夏孫澐 *	1916	江蘇江陰	空軍官校13期第三批	02/07/43
Chu, Chao Fu	飛行生	朱朝富 *	1918	遼寧瀋陽	空軍官校14期第三批	02/16/43
Yuan, Sze Chi	飛行生	袁思琦 *	1917	河南輝縣	空軍官校14期第三批	02/16/43
Chen, Han Ju	准尉	陳漢儒 *	1918	廣東東莞	空軍官校14期第三批	03/27/43
Chao, Shang Chica	准尉	趙上洽 *	1919	山東觀城	空軍官校14期第三批	05/15/43
Wu, Ping Jen	准尉	吳秉仁 *	1920	河北清苑	空軍官校14期第三批	06/23/43
Chen, Yo	准尉	陳約 *	11/13/1918	江蘇靖江	空軍官校13期第三批	06/25/43
Chwei, Ming Chuan	中級班飛行生	崔明川 *	10/10/1917	山東濰縣	空軍官校15期第五批	07/09/43
Chao, Kwang Lei	准尉	趙光磊 *	1/14/1922	河南洛陽	空軍官校15期第五批	10/22/43
Sung, Haw	准尉	宋昊 *	1922	四川邛崍	空軍官校15期第五批	11/09/43
Liu, Chin Yuan	少尉教官	劉靜淵 *	1919	遼寧海城	空軍官校13期第三批	12/20/43
Chi Hsiang Pai	飛行生	白致祥 *	5/1920	河北獲鹿	空軍官校16期第七批	12/20/43
Han, Chiang	少尉教官	韓翔 *	8/10/1922	四川江油東山	空軍官校14期第三批	02/12/44

Lee, Yei Chang	飛行生	李益昌 *	11/24/1923	江西南城	空軍官校 16期第七批	02/12/44
Lu Ju Hsiang	少尉	閭儒香 *	5/5/1921	浙江嵊州	空軍官校 14期第三批	03/20/44
Nun-Ming Shen	飛行生	沈農民	1/1/1922	浙江金華	空軍官校17期	04/08/44
Chen, Pai Chieh	上尉	陳培植 *	2/8/1914	湖南資興	空軍官校 航炸班四期	09/09/44
Ta Fu Ching	軍士/射擊士	程大福 *	1921	湖北應城	空軍官校 航炸班四期	09/09/44
Chen, Gwon-Choon	准尉	陳冠群 *	1922	廣東梅縣	空軍官校 16期第七批	10/01/44
Lee, Chia-Ho	少尉	李嘉禾 *	1919	北平市	空軍官校 15期第五批	10/01/44
Yang, Li-Geng	准尉	楊力耕 *	1922	河南南陽	空軍官校 16期第七批	10/01/44
Tsao, Yu-Kwei	准尉	曹旭桂	1923	廣西永淳	航校六期 軍械見習員	11/24/44
Shih, Chao-Yu	少尉	施兆瑜 *	1921	江蘇武進	空軍官校 16期第七批	11/29/44
Che Lu-Si	飛行生	盧錫基 *	1921	廣東中山	空軍官校19期 第十一批	12/16/44
Chang, Siu-Yu	飛行生	章修煜 *		江西南昌	空軍官校19期 第十一批	01/31/45
Lee, Tsou-Min	少尉	李澤民 *	1922	廣東中山	空軍官校 16期第八批	02/12/45
Van Shao-Chang	少尉 見習教官	范紹昌 *	1921	江蘇無錫 堰橋	空軍官校 16期第八批	03/14/45
Shu, Ming-Ting	少尉	許銘鼎 *	1921	福建海澄 荷屬東印度爪 哇泗水華僑	空軍官校 16期第八批	03/16/45
Wang Siao-Nien	少尉	王小年 *	1923	湖南醴陵	空軍官校 16期第八批	04/04/45
Woo, Tsih-Shiang	飛行生	吳志翔 *	1/11/1925	江蘇丹徒	空軍官校 19期特班 第十一批	04/05/45
Tien, Kuo-Zee	高級班 飛行生	田國義 *	1924	湖北漢口	空軍官校 19期特班 第十二批	08/29/45
Tsao, Shu-Cheng	准尉	曹樹錚	2/30/1919	安徽霍山	空軍官校 19期特班 第十二批	09/22/45
Cho, Chin-Yuan	准尉	卓志元	7/5/1921	浙江鄞縣	空軍官校 19期特班 第十二批	09/24/45
Chin, Chien-Lin	中尉	秦建林	1916	河南武安	空軍官校10期	09/28/45
To, Chiew Sze	飛行生	司徒潮	1923	廣東開平	空軍官校 22期特班	10/25/45

Chuang, Chao Shu	准尉	趙樹莊	12/3/1924	山東黃縣	空軍官校 20期入關，21期畢業	11/27/45
Foo Tehs Ning	准尉	符德興	1/10/1924	廣東文昌	空軍官校21期	01/07/46
Fung Rei Liou	飛行生	劉鳳瑞	1921	河南登封	空軍官校 19期特班 後轉22期特班	01/17/46
Wei Li	准尉	李偉	1924		空軍官校 航炸班14期	01/25/46
Yang, Fu Kao	初級班 飛行生	楊復高	1927	湖南新化	空軍官校23期	03/09/46
Chuang, Han Kuang	飛行生	莊漢光	1923	廣東寶安	空軍官校24期	05/21/46
Chow, Ping Yung	飛行生	周炳元	1926		空軍官校 航炸9期	05/28/46
Tien, Yu Chung	飛行生	田毓鍾	1921		空軍官校 航炸9期	05/28/46
Tien, Juan Fu	飛行生	田遠復	1922		空軍官校 航炸9期	05/29/46
Chu, An Chi	准尉	朱安其	1921	湖北宜恩	空軍官校 15期特班	06/28/46
Ping Yao Chao	高級班 飛行生	趙炳堯	1924	湖北武昌	空軍官校22期	07/19/46
Feng, Louis	上尉					08/03/46
Liu, Wan-Sen	准尉	劉萬仁	11/21/1923	河北寧津或 吉林虎林	空軍官校23期	08/03/46
Chen, Wen Po	中級班 飛行生	陳文波	1923	浙江永康	空軍官校22期	08/03/46
Chang-Han Sheng	上尉	沈昌漢	9/26/1914	江蘇南通		04/15/47
Yu Kuo-Cheng	准尉	俞國楨			空軍官校 19期特班 第十二批	09/06/45

備註：

1. * 表示犧牲空軍的名字已刻在"南京航空烈士紀念碑"上（共36位）；
2. 目前已找到殉職空軍家屬（共33位）用灰色顯示；
3. 死亡日期相同者說明在同次事故中喪生；
4. 沒有墓碑的失踪者俞國楨在最後一位。

附錄9：參考書籍及資料來源

布利斯堡國家軍人陵園

Fort Bliss National Cemetery

地址：5200 Fred Wilson Road，Fort Bliss，TX 79906

電話：915-564-0201

網站：http://www.interment.net/data/us/tx/elpaso/ftblinat/index.htm

班寧珀斯特堡軍人陵園

Fort Benning Post Cemetery

地址：East Side of Bentridge Drive，Fort Benning，GA

網站：https://www.findagrave.com/cemetery/248765/fort-ben-ning-post-cemetery

美國航空考古調查與研究

（USAAIR: US Aviation Archaeological Investigation & Research）

http://www.aviationarchaeology.com/src/AFrptsMO.htm

央視"等著我"時隔74年侄女替"二叔們"尋找家

http://tv.cntv.cn/video/C16624/344120f732464340b28caad7e2f97043

作者的聯繫郵箱

info.ww2.caf@gmail.com

索 引

前言
【1】《世界週刊》2018年4月29日"民國空軍魂斷美國埋藏半世紀的真相"

第一章
【1.1】"太醫李德立幾遭殺生之禍"故宮博物院　https://www.dpm.org.cn/court/talk/206641.html

【1.2】《曾昭掄》戴美政著 第六章化學國防"赴日考察"

【1.3】"維基百科：國立長沙臨時大學"

【1.4】抗戰工業史上的奇葩——資源委員會中央機器廠研究（邵俊敏-南京大學中華民國史研究中心）

【1.5】羅瑾瑜少尉，空軍官校十四期第三批赴美，1943年10月乘峨嵋號C-47由印度經駝峰返國途中人機失蹤。其名字刻在"南京抗日航空烈士紀念碑"，中國烈士名單G碑上。http://www.flyingtiger-cacw.com/gb_459.htm

第二章
【2.1】"重慶大轟炸"受害者代表馬福成在大阪作證
http://www.xinhuanet.com//world/2014-05/23/c_1110838495.htm

【2.2】《抗戰空軍口述歷史項目：馬豫先生訪談》
http://www.china918.net/news/read?id=12742

【2.3】"致敬！抗日戰爭中，這個傳奇家族走出七位陸軍三名飛行員"，見《家族往事》，三聯書店2017年，作者馬慶芳。

【2.4】"官二代也抗日？回憶高幹子弟空軍烈士翁心翰"
https://xw.qq.com/cmsid/20180920A24AQM00

【2.5】"矢志不移愛國心"https://www.wenmi.com/article/pyvkek007010.html

【2.6】南開中學與中國抗日空軍：臺灣南開校友會

【2.7】"《重慶區汪山空軍烈士公墓次序圖》解密"　https://read01.com/zh-sg/8N4OK3.html#.YCtQudhKg2w

【2.8】"正義復位：記重慶汪山空軍英烈，發現英烈墓次圖"2015-9-10 汪治惠、白中琪 http://www.obj.cc/thread-104815-1-1.html

第三章
【3.1】《國立西南聯大史料—學生卷》p.209

【3.2】《抗日戰爭時期西南聯大學生參加空軍紀實》——馬豫《國立西南聯合大學——八百學子從軍回憶》國立西南聯合大學1944年級編印，北京，2003，11 頁

第四章

【4.1】 https://www.cem.va.gov/cems/nchp/ftbliss.asp

2018年8月之前，該網站記載殉職中國空軍（Chinese Air Force）人數是55名。可是，我只找到52個墓碑。經過打電話查詢和反復核對，陵園主任詹姆斯·波特告訴我原先是一個錯誤，將3個日本人當成中國人，現已經糾正改為52位。

第六章

【6.1】 《抗戰空軍口述歷史項目：馬豫先生訪談》http://www.china918.org/news/read?id=12742

如聯大 1946 年在昆明原校址立有紀念碑，上刻從軍學生 834 人姓名，其中以應徵為譯員者占大多數，投效空軍者多未被收入；另聯大有關研究論著也罕及空軍。（注：另中華人民共和國教育部網站提示紀念碑刻有832人）http://www.moe.gov.cn/jyb_xwfb/xw_zt/moe_357/jyzt_2015nztzl/2015_zt05/15zt05_kzdx/201507/t20150729_196621.html

【6.2】 《抗日戰爭時期西南聯大學生參加空軍紀實》—— 馬豫

【6.3】 《第二大隊第九中隊 馬豫》—— 馬慶芳

http://www.flyingtiger-cacw.com/gb_802.htm

第七章

【7.1】 "美國歷史系列155：租借法案"

https://share.america.gov/zh-hans/the-lend-lease-act-of-1941/

【7.2】 "抗戰時期中美租借關係研究（1941-1945年）"http://gb.oversea.cnki.net/KCMS/detail/detail.aspx?filename=1011183611.nh&dbcode=CDFD&dbname=CDFDREF

【7.3】 "世界上最危險的航線，駝峰航線對中國抗戰有多重要？" https://zhuanlan.zhihu.com/p/50345002

第八章

【8.1】 赴美旅程 http://www.flyingtiger-cacw.com/new_page_224.htm

【8.2】 《中國空軍抗戰記憶》--- 朱力揚 "浙江大學出版社"

【8.3】 《飛虎薪傳：中美混合團口述歷史》——中華民國國防部編印

【8.4】 除了張恩福之外，我還從這本珍貴的"黃埔十六期同學錄"中找到其他幾位赴美殉職民國空軍的名字，如朱朝富，白文生，韓翔，羅瑾瑜等。

【8.5】 從1938年4月1日起"中央航空學校"正式改名為"空軍軍官學校"，由蔣介石擔任校長。

第九章

【9.1】 "Aircraft Wrecks in Arizona and the Southwest"

https://www.aircraftarchaeology.com/bt13catalina.html

【9.2】西南聯大投筆從戎學員戴榮鉅雖然逃過此劫，畢業後回國參戰，被編入"中美混合團"（CACW）五大隊第17中隊。不幸於1944年6月17日在長沙保衛戰中犧牲。見"空軍忠烈錄"第一輯，458頁。戴安葬於重慶汪山空軍烈士公墓。

　　http://www.flyingtiger-cacw.com/gb_211.htm

第十一章

【11.1】"第三批留美學員餐敍"http://www.flyingtiger-cacw.com/gb_459.htm

【11.2】美國民間非營利機構"尋找戰俘失蹤者"https://www.miarecoveries.org/

【11.3】《國殤：國民黨正面戰場空軍抗戰紀實》（第三部）

【11.4】《我的回憶》衣複恩，P.93。

【11.5】"神馬文學網"薩本道 https://www.smwenxue.com/article/1919172

【11.6】"鮮為人知的抗戰國軍空運大隊"http://hangkongzhishi.1she.com/4855/123066.html

第十二章

【12.1】"珍貴物證背後隱藏驚人史實"，河南報業網-大河報，2005年08月11日。

【12.2】"赤色柴捆 烽火朝鮮"戴衛陽編著。

第十三章

【13.1】"43位抗日英雄長眠南京一公墓　烈士事蹟少人知" http://www.chinanews.com/cul/2010/09-13/2528797.shtml

【13.2】"中華人民共和國教育部：西南聯大：抗戰烽火中的不輟弦歌"http://www.moe.gov.cn/jyb_xwfb/xw_zt/moe_357/jyzt_2015nztzl/2015_zt05/15zt05_kzdx/201507/t20150729_196621.html

第十四章

【14.1】P-38 Lightning and Chinese Air Force Reconnaissance

　　http://p38assn.org/pao.htm

【14.2】"百歲抗戰老兵尹士悅:轟炸日機場 親歷東京審判" http://china.cankaoxiaoxi.com/2014/0903/484812.shtml

第十五章

【15.1】楊穎：《南山有幸埋忠骨：尋訪全國最大的抗日空軍公墓》，《環球人文地理》2012年第20期

【15.2】"寂寞的勇者-黑貓中隊第一任中隊長盧錫良" https://www.yooread.net/5/4768/190229.html

【15.3】"抗戰中的'匯文中學烈士'：血灑長空的青春"http://www.xinhuanet.com//politics/2015-08/29/c_1116414614.htm

【15.4】"北京匯文中學"

https://zh.wikipedia.org/wiki/%E5%8C%97%E4%BA%AC%E5%8C%AF%E6%96%87%E4%B8%AD%E5%AD%B8

【15.5】"給西南聯大留下獎學金的抗日航空烈士"http://www.yhcqw.com/28/10335.html

【15.6】"司徒非將軍——南京保衛戰壯烈殉國的抗日烈士"http://www.krzz-jn.com/html/13125.html

第十六章

【16.1】"黃埔軍校中的印尼華僑"http://inhuashe.com/2018/08/07/二战中国空军航校里的印尼华侨们/

【16.2】《黃埔軍校第十八期同學錄》http://big5.taiwan.cn/gate/big5/www.taiwan.cn/zt/lszt/hpjxzn/hpjx/xymc/200906/t20090611_918942.htm

第十七章

【17.1】"興寧各鎮的85位抗日戰爭將領！你認識幾位？有你村的嗎？"http://www.sohu.com/a/161861137_732587

【17.2】"我長輩中分屬國共的四位軍人"https://m.sohu.com/a/314915226_771973

【17.3】"故土河山——往事哪堪回首之二 湖北蒲騷之地的黃浦情結"https://blog.boxun.com/hero/201002/yanxinwenji/11_1.shtml

第十九章

【19.1】"首次公開：安葬在美國的五位中國空軍抗戰英烈珍貴的戎裝照片"http://baijiahao.baidu.com/s?id=1619795649383771258

第二十章

【20.1】"Army Air Forces Training Command"

https://en.wikipedia.org/wiki/Army_Air_Forces_Training_Command#Pilot_Training_Program

【20.2】"AAF Training During WWII"

https://www.nationalmuseum.af.mil/Visit/Museum-Exhibits/Fact-Sheets/Display/Article/196138/aaf-training-during-wwii/

【20.3】"United States Army Air Forces"
https://en.wikipedia.org/wiki/United_States_Army_Air_Forces

【20.4】"駐休士頓臺北經濟文化辦事處陳家彥處長前往El Paso向二戰期間為國捐軀的中華民國空軍英靈獻花致敬"http://www.cna.com.tw/postwrite/Detail/247722.aspx

壹嘉個人史系列叢書簡介

壹嘉個人史系列是壹嘉出版新推出的一個叢書，致力於歷史的個人記錄。我們相信，歷史是長河，個人是水滴，正是千萬水滴的匯聚，才有了長河的奔騰洶湧。

本系列不限於自傳，只要是個人記錄的歷史，均可納入其中。

壹嘉版圖書在各網絡書店均有銷售，可用谷歌搜索書名，選擇您常用的書店。

壹嘉個人史系列已出和即出書目

尋找塵封的記憶：抗戰時期民國空軍赴美受訓歷史及空難探秘（本書）

老卒奇譚——一位逃港者的自述　老卒　2020年10月版　$22.99

"老卒"是上世紀中期兩廣一代逃港群體中，對於多次逃港者的稱呼。本書作者借用為筆名，創作了這部自傳體小說，記錄了主人公楊帆驚心動魄、艱苦卓絕的多次逃港經歷，和從1950年代延續到1970年代末期的"大逃港"浪潮中的多個個案。

李慎之與美國所　李慎之、資中筠、茅於軾等　2020年10月版　$18.99
榮登亞馬遜亞洲歷史傳記類新書第一名　香港電台專題介紹推薦

李慎之是中國美國學的奠基人，中國社科院美國研究所的創辦者、第一任所長，中華美國學會會長。晚年致力於自由主義研究，被譽為"中國世紀之交思想領域的領軍人物"。2003年春，李慎之病逝於北京，他的老同事們自發舉行了多種紀念活動。對於他們來說，李慎之不僅是一位學貫中西、學識淵博、思路清晰堅定的領導，也是一位正直寬厚的長者，一位真誠坦率、值得信賴的朋友，和一位胸懷中國傳統士人的責任感，堅定追求民主自由的現代知識分子。2020年11月，由原美國所同事們合作撰寫的李慎之紀念文集《李慎之與美國所》出版。

魯冀寶藏——我與文化名人的交往　高魯冀　2020年11月版　$22.99

高魯冀，1941年生於天津，1959年考入清華大學土木工程系，因家族關係與著名畫家黃永玉交厚，並進而與著名作家沈從文、蕭乾等成為摯友。1980年赴美國留學，曾在包括香港《文匯報》在內的多家中文媒體任職，以調查報道台灣作家江南遇刺案而聞名遐邇，並因工作關係，與著名學者何炳棣、夏志清、田長霖，畫家侯北人、朱屺瞻，收藏家王己千、曹仲英，以及訪美的數學家華羅庚，畫家吳冠中、劉國松等等建立起友誼。

作者現已年近八十，本著對歷史的責任感，將他珍藏的與這些文化名人之交往記憶，以及一些從未發表的書畫饋贈、往來信函，公諸於眾。他说，"我若不寫出來，無人能知，更是我對歷史的虧欠。"

革命時期的芭蕾　史鐘麒　2019年9月版　$23.99

　　史鐘麒是上海芭蕾舞團第一代演員，樣板戲《白毛女》中男主角大春扮演者之一。這部回憶錄生動地記錄了他與芭蕾相伴的一生。他以感激的心情回顾了芭蕾帶給他的快樂與傷痛，人生命運的考驗與轉折，也從局內人的視角，將上海芭蕾舞團早期的發展歷程，《白毛女》創作、上演，成為樣板戲的經過，周恩來、江青、張春橋、毛澤東對《白毛女》的態度和起到的作用，以及可與"乒乓外交"相媲美，為中日復交立下汗馬功勞的"芭蕾外交"等歷史事件呈現給了讀者。

崎嶇不平人生路　張復升　2018年8月版　$22.99

　　張復升，1940年代生於山東陽信縣一個農民家庭，後隨家庭移居北京，成為小學教師和書法家。2018年逝於北京。本書是這位經歷了中國抗戰、內戰、肅反、文革及改革開放時期的老人的自述。老人由於事故和疾病致殘，又為他的經歷增添了些特殊性。

壹嘉特別推薦

Beijing: A Symmetrical City

兩次獲獎，
榮登亞馬遜"亞洲歷史"和
"亞洲建築"類新書榜第一名

首次向英語小讀者
介紹古代北京的建築佈局
和傳統中國建築哲學

被專業書評雜誌Kirkus Reviews
稱為"美輪美奐"

適合十歲以上孩子, 也適合成年人

可用谷歌搜索書名, 選擇您常用的網絡書店購買。
更多詳情, 請訪問壹嘉出版官網 http://1plusbooks.com